缘 起 农 业

忠 于 农 业

奉 献 农 业

屈振国 著

江苏大学出版社
镇江
JIANGSU UNIVERSITY PRESS

图书在版编目(CIP)数据

农原 / 屈振国著. —镇江：江苏大学出版社，
2016.11
ISBN 978-7-5684-0347-4

Ⅰ．①农… Ⅱ．①屈… Ⅲ．①农业技术－文集 Ⅳ.
①S-53

中国版本图书馆 CIP 数据核字(2016)第 278608 号

农 原

Nong Yuan

著　者/屈振国
责任编辑/吴昌兴
出版发行/江苏大学出版社
地　址/江苏省镇江市梦溪园巷 30 号(邮编：212003)
电　话/0511-84446464(传真)
网　址/http://press.ujs.edu.cn
排　版/镇江文苑制版印刷有限责任公司
印　刷/虎彩印艺股份有限公司
经　销/江苏省新华书店
开　本/718 mm×1 000 mm　1/16
印　张/17.5
字　数/358 千字
版　次/2016 年 11 月第 1 版　2016 年 11 月第 1 次印刷
书　号/ISBN 978-7-5684-0347-4
定　价/50.00 元

如有印装质量问题请与本社营销部联系(电话：0511-84440882)

序 一

PREFACE

　　屈振国同志是江苏农学院恢复高考后的第二届学生,我担任他们的作物栽培学教学任务,他和其他往届考生一样,特别勤奋刻苦,这是 20 世纪 70 年代恢复高考后起初几届学生的共同特征。1980 年的暑假,他留校勤工俭学,到我所在的水稻叶龄模式课题组做助研,我们熟识了,做事认真的他给我留下很深的印象。他们在校外邗江县湾头镇田庄村教学科研实验基地进行毕业实习时,吃住均在农家。当时我是他们的指导老师,由于时间短,试验不能做完作物的一个生长周期,但他仍选择了裸大麦开花灌浆规律的研究课题,通宵达旦地观察,认真细致地考察记录,回院图书馆查阅了大量参考资料,完成的论文质量很高,我给的成绩是"优"。

　　他毕业工作后,我们保持着一定的联系。江苏省农学会、作物学会、省农林厅开会时,我们会共同讨论一些学术技术问题;农业部、省农林厅开展丰收竞赛,我也有机会到镇江考察、验收;镇江有沿江、有太湖、有丘陵,生态类型多样,我院在镇江布有稻麦超高产栽培、精确施肥等示范点,是一个出经验的地方;我在响水县挂职科技副县长时,他在镇江搞稻田稳粮增效技术的试验,响水县也引种了他们筛选的"二水早"大蒜,对提高农田效益和农民收入起到了一定作用;他也参加了我院牵头的"新型耕作栽培技术及其应用研究"重大攻关项目,镇江的子课题包括耕作制度和稻麦轻型栽培,他们完成得很好,对整个项目的圆满结题做出了有亮点的贡献。

　　他走上农业行政岗位后,我们的联系渐少了些,但作为同行、朋友我始终关注着他。正如该书中所记录的那样,他在改进镇江农作制度、作物品种选用与因种栽培、推广先进实用技术、发展生态有机农业、开展国际技术合作、研究农业农村政策、推进新农村建设、推动农业经营管理服务、促进农民增收等方面做了许多富有成效的工作;他发表的《浅谈水稻轻简高产栽培中的品种应用问题》《水稻裂纹米的成因与防止对策研究》等论文，被黑龙江省农垦科学院等国内外同行大量引用，被收录于《Field Crop Abstracts》等国际期刊；他所参与研究的丘陵农业开发、有机农业、防虫网应用、醋糟农用资源化利用等技术在江苏省乃至全国处于先进水平，"镇江丘陵地区驸马庄村资源综合利用单元模式"被 IRRI（国际水稻研究所）、IDRC（加拿大国际发展研究中心）和 FAO（联合国粮农组织）等国际组织建议在东南亚各国推广应用；他的努力工作也得到了省、市政府和相关部门给予的肯定和荣誉。

屈振国同志以自己的朴实感情，习农、研农、一生为农，特别是立足本职，认真工作，研究工作，做好工作，对镇江地区农业发展做出了自己的卓越贡献。我为有这样的学生、校友感到自豪、高兴，故为本书作序。

中国工程院院士、扬州大学教授

2016 年 9 月 15 日

序 二

PREFACE

前些日子,老朋友屈振国送来了记录他从事"三农"工作33年的有关文章和资料,这些是他退职(退居二线)以后整理出来准备出版的,想请我作序。我与他相识是1983年在农科所(1982年他来所时我在日本研修),虽然在农科所共事时间很短,但后来始终保持着工作联系,他在农业局,我在农科所,都是在农业战线上为发展镇江农业这一共同目标而努力。有趣的是,我在农科所是搞稻麦技术研究的,他在农业局是搞稻麦技术推广的,可是不久,他也搞起了农业科研,而我也搞了农技推广,而且都深入农村,在农村驻点,和农民一起搞研究,搞示范推广。不仅如此,两人还都不约而同地把工作领域扩大了,除了稻麦以外,扩大到了果树、蔬菜、畜禽、牧草等农产品,扩大到了丘陵山区综合开发,搞农牧结合、生态农业、有机农业,后来更扩大到了农产品销售,还参与了农村扶贫,研究了农业政策、农业经营管理,后来他到供销合作社当主任,我在句容戴庄村帮助农民搞共同富裕的合作社,又一起研究起合作社来。他说是"农缘",我补充一下,这个"农缘",是"学农、爱农之缘",是"为农民服务之缘"。我们的工作领域和研究方向是跟着农民跑的,农民需要我们做什么,只要是和镇江农业、农村有关的,我们就会自觉地去做。不懂、不熟悉怎么办? 就得去学、去研究,尽可能地多学一点儿,多研究一点儿,为农民多做一点儿事,为镇江农业发展多出一点儿力。在这方面我们俩是有很多共同语言的,当然有时在具体问题上也会有些分歧甚至争论。阅读他辛苦整理出来的这些文章资料时,思路把我带到了过去,重新激起了当年的回忆,既有成功的欢乐,又有失败的遗憾,还有忘不掉的种种友情,农民朋友、老领导、老同事的欢声笑语,镇江农村的美丽风光……感慨万千! 年纪大了,整理整理资料,回顾回顾过去,确实是一件能丰富退职或退休生活的乐事。

镇江解放已经67年了。在中国共产党的领导下,镇江的农村、农业经历了天翻地覆的变化，农民的生活普遍从贫困到温饱再到小康，正在奔向现代化。当然，前进中也有曲折，有经验也有教训，这段镇江农村、农业、农业科技的发展史，应该是有史以来变化最快、变动最激烈的一段，把它力求真实地搜集和记录下来，应该是很值得做的有意义的一件事。我觉得屈振国同志带了个头，帮镇江农业积累了不少宝贵的资料。我们农业战线上经历过各个不同发展阶段的老人，尤其是对镇江农业发展做出过较大贡献的老领导、老专家们，多少都可能有一些文字资料，能否请有关部门组织一下，如果也能把它整理出来，应该会对新中国镇江农业史的撰写有很大帮助，会对后人了解镇江农业的过去和研究镇江农业的未来提供重要的参考，同时也了却了我们作为镇江老农人的一桩心愿！

有感而发，就算作本书的序言吧！

全国道德模范、优秀共产党员、时代楷模、国务院特殊津贴获得者、镇江市人大常委会原副主任、江苏丘陵地区镇江农科所原所长、研究员

2016 年 9 月 5 日

前　言

FOREWORD

《前汉·食货志》曰：农渔商贾四者，衣食之原。我一生为农，致力于解决农民温饱与小康，虽初心离农，但其后倾心思农、研农、务农，情系"三农"，如今回望，乃人生之幸事和快事。

我们生活在一个伟大的时代。高中毕业后，经历了由"文革"向改革开放的时代转变，由推荐工农兵上大学到恢复高考的招生制度转变，让我一个普通农民的子女有机会接受高等教育，改变了人生命运。参加工作后，经历了国家由农业社会向工业社会的转型，计划经济向社会主义市场经济的转型，人民生活由追求温饱向小康富裕的转变；农业生产关系由集体经营向家庭承包经营、继而向适度规模经营转变，农业生产力由追求产量向产量、质量并重，进而向兼顾数量、质量、安全、效益、可持续发展转变，农民由为国家缴纳农业税向获得国家农业补贴转变，农村正在由城乡二元结构向城乡一体化转变，由全面小康向现代化转变之中。我们亲身经历了社会、经济、农业的剧烈而深刻的变革，真实记录这一时期的农业农村变化过程，是时代赋予我们的历史使命和责任担当。这也是我编撰《农原》的初衷。

《农原》是《农缘》的姊妹篇，选编了作者（主笔、主要合作、主审）在各个不同工作时期的研究、调查、总结和发言材料，在一定程度上反映了改革开放至今镇江农业农村发展状况，真实再现了作者"三农"工作历程。《农原》分为耕作栽培制度、农业生产技术、农业发展战略、农村改革发展、新农村建设和农业开发规划等六部分，各部分均以时间先后为序，与《农缘》一起，比较系统地反映了作者对农业、农村、农民问题的理性思考与生产实践，是作者缘起农业、忠于农业、奉献农业的结晶。

时代在变迁，农村在变化，农业在变革，农民在变富。先前的生产方式、技术经验、工作方法对未来的镇江农业农村未必完全适用。希冀《农原》对此后编撰

1

镇江农业农村志等书有一定史料价值,或许书中有些观点、看法、思路对镇江和相似生态农业区的农业农村现代化建设还有一定的参考作用。

《农原》在成书过程中,为尊重历史,对原文基本未做修改,为保持全书体例的协调一致性,仅对部分原文作了重新编辑,加了小标题;但限于篇幅,原文中的参考文献、合作者、共同作者未能一一列出,在此谨对论文中观念被引用者和相关领导、合作人员深表歉意;该书得到了中国工程院院士、扬州大学教授、我大学时期的老师张洪程先生和全国道德模范、优秀共产党员、时代楷模、CCTV"三农"科技人物、原镇江市人大常委会副主任、江苏丘陵地区镇江农科所所长、研究员,也是我参加工作后的第一位领导、导师赵亚夫先生的悉心指导并作序,还得到江苏大学出版社董国军同志的大力支持与帮助,在此一并表示崇高的敬意和衷心的感谢。由于作者的理论实践水平所限,谬误难以避免,敬请读者批评谅解。

屈振国

2016 年 8 月于江苏镇江

目 录 CONTENTS

耕作栽培制度

充分利用水稻秧田 提高综合经济效益

我市水稻种植面积有170万亩,常年留秧田23万~25万亩,大部分秧田冬闲,冬绿肥面积锐减,这既不利于提高秧苗素质,又浪费了冬春时节的光温资源。为了提高土地生产率和经济效益,近两年我们结合典型调查,开展试验示范,探索出秧田合理利用的有效途径。

1 秧田的利用形式及其效益分析

秧田的合理利用,必须以保证育秧季节和培肥地力为前提,以提高秧苗素质和综合经济效益为目的。在利用形式上,一般以培育食用菌、播栽冬春蔬菜及经济绿肥的效果较佳,亦可种植早熟元大麦和白菜型油菜等。

(1)适宜于秧田种植的农作物必须具有耐湿、耐寒性强,生育期短,产量高,有经济价值并不降低土壤肥力等特点。适应我市秧田利用的作物种类可归纳为表1。

(2)秧田利用的形式很多,效益各异。这里仅就农村常见的几种形式效益分析如下:

① 秧田培育平菇。在秧田里开挖菌床。铺入基质材料(主要是棉籽壳),实行分批接种、分批采收上市的方法,于10月中旬开始接种,次年4月底采毕。丹阳县蒋墅、句容县大卓点,今年平均亩产鲜菇3 973.8 kg,产值4 006.70元,去除成本1 286.34元,净收入2 720.36元。

② 菠菜—莴苣。扬中县油坊点试验,于收稻后立即耕翻、浸种催芽播种菠菜,12月中旬收菜,随后又栽莴苣,5月上旬采收,通过加强肥水管理和病虫防治,收获菠菜亩产1 940 kg、莴苣1 564 kg,产值1 705.00元,去除农本和用工费用254.30元,纯收入1 450.70元。

③ 青菜—马铃薯。据扬中县油坊点试验,稻收后定植青菜,翌年1月25日收菜,亩产6 512斤,产值512元。随后又在同一块田施足有机肥耕翻,于2月初播种马铃薯,通过"九二〇"浸种催芽、地膜覆盖保温、增施钾肥、培垄定植等措施,5月上中旬收获腾茬,亩产1 450 kg鲜薯,收入853.00元。菜、薯收入合计1 365.00元,扣除成本309.70元,净收入1 052.30元。又据丹阳县蒋墅点试验,单作马铃薯,元月中旬播种,亩产1 622 kg,产值855.50元,纯收入736.60元。

本文原载于《1986年江苏省水稻生产技术专题选编》(1987年3月)。

表1 水稻换田利用的作物种类、生育期与产量情况一览表

序号	类别	作物	代表品种	生长期（天）	播种期（月/旬）	定植期（月/日）	收获期（月/旬）	产量（kg/亩）	备注
1	根菜类	萝卜	泡里红	55左右	3/上～3/中			750左右	部分品种可用
2	白菜类	不结球白菜	苏州青	1500左右		9/中～10/上	10/下～2/中	1500左右	多数品种可用
3	芥菜类	叶用芥菜	弥陀芥	190	9/下		4/上	2000～3000	少数品种可用
4	甘蓝类	结球甘蓝		130		11/下	4/上中	1500～2000	少数品种可用
5	豆类	蚕豆	牛脚扁	185（嫩荚）	10/下			350～400	部分早熟品种可用
		豌豆	紫豌豆	200（嫩荚）	10/下			嫩梢1000	
6	葱蒜类	大蒜	太仓白蒜	245	9/下		5/下（蒜头）	蒜苔500	多数品种可用，但以食蒜苗、蒜苔为主
7	绿叶菜类	苋菜	青苋	30～40	3/下～8/上			1000	各品种均可用
		菠菜	本地菠菜	50	2/中～4/中			1250～1500	可多季种植
		芹菜	白芹	80	9/上～10/上			2000	个别品种可用
		芫荽	香菜	40～120	8/中～11/上		10/下～4/上	500～750	春秋均可栽培各品种均可应用春播种在惊蛰前后
		茼蒿	蒿子	30～50	8/中～9/上			1000～1250	各品种均可用
		莴苣	圆叶早莴苣	150	10/上	11/中	4/下	2000～2500	各品种均可用
		叶用甜菜	粉甜菜		9/下		4～5月	2500	个别品种可用
		金花菜	黄花苜蓿		10/上		2/下～4/上	500（嫩头）	

续表

序号	类别	作物	代表品种	生长期(天)	播种期(月/旬)	定植期(月/日)	收获期(月/旬)	产量(kg/亩)	备注
8	薯芋类	马铃薯	太原一号	130	1/中下		5/中下	1 500左右	个别品种皆可用
9	食用菌	平菇	大型平菇	45	9/下~10/上			19kg/m	各品种皆可用
10	绿肥	紫云英苕子	紫云英		9/中		5/上掩青	4 000	
11	油菜类	油菜	黄油菜		9/中	10/中	5/中	75~100	本地白菜型品种可用
12	麦类	元、大麦	浙114		10/下		5/中下	250~300	少数早熟品种可用
13	药材类	中药材	玄胡		10/中下		5/中下	150左右	其他如丹参红花等品种也可种植

④ 黄花苜蓿。这是沿江圩区广泛应用的一种形式,它既可作蔬菜食用,也可作青饲喂养畜禽,又是一种很好的绿肥。据扬中县油坊点试验,稻后种植黄花苜蓿,仅采作蔬菜上市,即获产量 1 400 kg/亩,产值 152.00 元,净收入 123.50 元。

⑤ 元(大)麦。丹阳县部分地区有用秧田种元、大麦的习惯,据丹阳蒋墅乡核产,10 月下旬种植"浙 114"元麦,翌年 5 月 24 日略带青收获亩产 309 kg,产值 123.60 元,扣除成本 44.00 元,净收入 79.60 元。

⑥ 黄油菜(白菜型)。据句容县大桌点试验,11 月 8 日移栽黄油菜,密度为 2 万株/亩,次年 5 月 13 日腾茬,亩产油菜籽 87.5 kg,产值 109.25 元,获纯收入 79.25 元。

2 秧田利用对地力、秧苗素质的影响

实践表明,秧田合理利用不会降低土壤肥力,相反还部分改善了土壤理化性状,因而提高了水稻秧苗素质(见表 2、表 3)。

表 2 秧田利用对土壤理化性状的影响(扬中油坊)

利用形式	有机质 (%)	速效磷 (ppm)	速效钾 (ppm)	有机质 (%)	速效磷 (ppm)	速效钾 (ppm)
青菜—马铃薯	2.52	6.2	78.0	2.64	6.85	85.0
菠菜—莴苣	2.69	6.8	82.0	2.79	6.94	83.2
黄花苜蓿	2.59	5.8	81.0	2.61	5.90	82.5
紫云英	2.61	5.9	78.0	2.62	5.95	79.6

表 3 秧田利用对水稻秧苗素质影响(扬中油坊、丹阳蒋墅)

秧苗	青菜、马铃薯	菠菜、莴苣	黄花苜蓿	紫云英	马铃薯	元麦	平菇	冬闲
水稻品种	汕优 63	汕优 63	汕优 63	汕优 63	紫金糯	紫金糯	紫金糯	紫金糯
移栽叶龄(叶)	7.8	7.6	7.8	7.67	7.19	7.21	6.93	7.18
单株带蘖(个)	4.1	4.2	3.8	3.6	2.4	2.2	1.0	1.3
百株重量(g)	59.7 (干)	60.4 (干)	58.2 (干)	56.2 (干)	180.0 (鲜)	151.2 (鲜)	105.8 (鲜)	158.5 (鲜)

说明:秧田种平菇试验未将菌基质残渣还田,故未能培肥秧田。

由上表看出,秧田经过利用,由于农户进行耕翻施肥,土壤得到熟化,蔬菜生长周期短,肥料未被充分利用而残留于土中,并有大量残茬留于田间;经济绿肥则有固氮、富集土壤中磷钾等有效成分之作用。因而,使秧田有机质提高 0.01% ~ 0.02%,速效磷增加 0.05 ppm ~ 0.15 ppm,速效钾增加 1.2 ppm ~ 9.0 ppm。秧田的肥育效果最终表现于秧苗素质的提高上,一般能使单株带蘖杂

交稻增加0.4个以上,单季粳糯稻增加0.7个左右。

3　秧田利用应注意的几个问题

(1)合理安排秧田作物种类,确保适时腾茬,不误育秧的最佳播期。无论种植哪种作物,均宜选择早熟品种,实行浸种催芽、保温栽培为好。一般说来,杂交稻秧田不宜种植元大麦和油菜,即使单晚和杂交制种秧田种植元大麦或油菜,如遇熟期推迟,也必须果断地掩青作绿肥处理,切不可贪前茬微利而贻误育秧适期影响水稻产量。

(2)因地制宜,多品种种植,多形式并存。培育平菇固然经济效益可观,但需一定的资金和充裕的劳力,技术要求也高;青菜虽然易栽培,但品种单一,商品价值低。因此,要根据市场行情,种植适销对路、经济价值高的品种,提倡大力种植经济绿肥,以调节城乡人民的蔬菜供应,并增加饲料、绿肥的来源。

(3)加强技术指导,强化服务体系。蔬菜及一些经济作物的高产栽培对于多数农户来说是陌生的,基层农技部门应加强技术指导,帮助群众选择适宜品种,搞好产前、产中、产后的服务,使水稻秧田真正达到培肥地力、提高苗质、增加效益的要求。

发展多熟制　稳粮增效益

粮食是国计民生的第一需要，是国泰民安的物质保证，是产业结构调整的重要依托，是国民经济协调发展的基础，是现阶段无法替代的特殊物资。党的十一届三中全会以来，随着农村体制改革的不断深入，农村经济持续稳定地发展，然而粮食的社会效益与经济效益、投入与产出的矛盾却愈显突出，农民的种粮兴趣日趋低落，只求有口粮，不求高产量，以致农田抛荒。这在我国粮食不能实行等价交换的很长一段时期内将限制农村经济的持续稳步发展。中央尽管对发展粮食生产采取了一些措施，但还不足以刺激农民的种粮积极性。生产实践表明，目前较为现实的做法，一是提高社会化服务程度，发展农业机械化，从经营规模中求效益；二是提高农田经营效益，即在保持粮食稳定增长的同时，通过大幅度提高粮田经济效益，来增加农民收入，进而刺激农民经营土地的兴趣。从我市目前经济水平和群众种植习惯来看，似以后者更易被群众接受，它有助于促进农业稳定发展，增添农业后劲。

我市现有水稻面积170万亩，常年留秧田23.5万亩，土地较为肥沃，气候条件优越，历来是稻麦连作，但光能利用率只有0.86%，秧田历史上习惯种绿肥，群众有精耕细作的传统经验。自农村实行家庭联产承包责任制以来，由于种粮与其他行业相比，经济收入悬殊，造成水稻秧田多半冬闲，许多稻麦显著性增产技术落不到实处，阻碍了粮食生产的不断发展。因此，近两年，我们从改进种植制度着手，走内涵挖潜的路子，在注重高产优质、土地用养结合的同时，针对秧田更新难度大，"老瘦板"局面愈趋严重，大田生产高产量、低效益，群众富不了的新情况，开展了水稻田发展多熟制、稳粮增效益的研究与普及工作。

1　水稻田多熟制的形式及其效益分析

间套作是我国传统的农业技术，合理运用间套作，充分利用本地的自然资源，并与现代农业科学技术相结合，则可建立高光效复合群体，进行集约化栽培，获取最大的经济社会和生态效益，提高劳动生产力和发挥土地生产潜力。因此，近两年，我们在调查研究、总结群众经验的基础上，经过试验示范，摸索出了一些适宜本市种植的多熟制形式，并取得了较好的效益。

本文原载于《江苏作物学会一九八七年年会论文集》(1988年10月)。耿禾兴为共同作者。

1.1 多熟制的形式

适宜于稻田间套作的农作物必须具备耐湿、抗逆性强、产量高、有经济价值的特点,同时需要生育期短,不降低土壤肥力。据调查和试验,适宜稻田间套轮作复种、用于多熟制种植的作物大致包括:瓜果蔬菜、食用菌、绿肥(包括经济绿肥)、饲料作物、中药材及一些经济作物(见表1)。

表1所列作物只有部分适用于秧田种植,一般均适用于农业年度内同一田块的间套复种,少数作物(如甘蔗)生育期长,虽影响年度内的粮食产量,但在生产布局大稳定、小调整时仍可使用。由表列作物经间套混插轮作复种,便可构成粮经、粮瓜、粮菜、粮果、粮饲、粮肥、粮药、粮菌、粮鱼等多样化的种植方式。例如,本市常见的就有麦(油)/西瓜—稻、菜—藕/稻、菜(肥)—秧田(育秧)—稻、平菇—秧田(育秧)—稻、麦(薯)—稻+鱼、大麦(菜)—早稻—慈姑(荸荠)、青蒜—荀瓜—稻、麦(肥)/玉米—稻、药材—稻等,形式多样,这里不一一列举。

1.2 多熟制的效益

如前所述,水稻田多熟制形式繁多,效益各异,这里仅就具本市特点的几种形式效益分析如下(见表2)。

(1)麦/瓜—稻。这是我市最为普遍的一种三熟制形式。近年来,随着西瓜面积的扩大,麦/瓜—稻种植面积也逐年增加,全市由去年的1.3万亩发展到今年的2.4万亩,平均年亩产粮568.2 kg,产值685.50元,扣除农本净收入500.35元,分别比稻—麦两熟少收185.8 kg粮、增值408.82元、多收入349.67元。该形式选用的品种主要是浙114、苏蜜一号和7038,把高产、高效、优质三者有机地结合了起来;以营养钵育苗;麦瓜间套,缩小共生期,通过双膜、地膜和露地3种方式栽培,控制西瓜均衡上市,水稻通过稀播水育大壮秧、合理密植、瓜藤还田,施足基肥等技术,提高后季稻产量。

(2)草莓—稻。草莓是一种草本浆果。句容县从1984年开始种植草莓,1985年定植近530亩,今年发展到了2 545亩。该县白兔镇已成为草莓生产基地,全镇去年定植504亩,今年扩大到了1 200多亩,从旱地发展到了水田,形成了以草莓增效为中心的多形式种植制。草莓—稻就是其中一例。草莓于10月中下旬定植,盖膜越冬,次年5月下旬采毕,一般亩收750 kg。由于草莓栽培技术尚未被农民完全掌握,因而,白兔镇的草莓产量较低,全镇平均亩产草莓425 kg,按酒厂合同收购每公斤1.20元计算,亩产值510.0元,加上粳稻亩产465 kg,合计年亩产值686.70元,获纯利520.25元,分别较该镇麦—稻两熟少收235 kg粮,增值431.92元,多收383.47元。该镇1978年还将在现有种植制基础上,发展草莓/西瓜—稻,草莓+玉米—稻及草莓—棉花等多种形式。

表 1　适宜水稻田多熟制种植的作物种类及其生育期与产量情况一览表

序号	类别	作物	代表品种	生长期(天)	播种期(月/旬)	收获期(月/旬)	产量(kg/亩)	能否适用秧田种植
1	根菜类	萝卜	泡里红	55	3/上~3/中	11/下~12/上	1 250~1 500	部分品种可用
		胡萝卜	胡萝卜	120	7/下~8/上	11/中	1 500	一般不用
		芜菁甘蓝	洋大头菜	121	7/中	11/中	3 000~4 000	一般不用
		根用甜菜	红菜头	80	春3/下~4/上 秋7/下~8/下	6/中~6/下 10/上~11/中	1 500~2 000	
2	白菜类	不结球白菜	苏州青		9/中~10/上	10/下~2/中	3 000~3 500	多数品种可用
		大白菜	青杂中丰	85~90			5 000~8 500	一般不用
3	芥菜类	叶用芥菜	弥陀芥	190	9/下	4/上	2 000~3 000	少数品种可用
		根用芥菜	本地大头菜	84	8/下	11/中	2 000~2 500	一般不用
4	甘蓝类	结球甘蓝	鸡心包菜	130	11/下	4/上中	1 500~2 000	少数品种可用
5	豆类	蚕豆	牛脚扁蚕豆	185(嫩荚)	10/下		350~400	部分早熟品种可用
		豌豆	紫豌豆	200(嫩荚)	10/下		嫩 1 000	
		毛豆	五月桔	嫩荚59	4/中	8/上	250~300	一般不用
		豇豆	燕带豇	老荚86	4/下	7/中	1 500~1 750	一般不用
6	瓜类	黄瓜	镇江黄瓜	90	4/下	7/下	3 500	一般不用
		中国南瓜	癞子南瓜	84	4/下	6/下~7/中	3 000	一般不用
		印度南瓜	大白皮笋瓜	56	4/下	6/中~7/中	4 000~5 000	

续表

序号	类别	作物	代表品种	生长期（天）	播栽期（月/旬）	收获期（月/旬）	产量（kg/亩）	能否适用秧田种植
6	瓜类	美洲南瓜	一窝鸡	37	4/下	5/下~6/下	3 000~4 000	
		冬瓜	马群早冬瓜	71	5/上	7/中~8/上	2 500~3 000	一般不用
		瓠瓜	面条瓠瓜	43	4/下	6/上~7/中	2 000~2 500	
		菜瓜	花青皮	70	4/下	7/上~7/中	2 000	
		西瓜	苏蜜一号	55~60	3/中~4/上	6/下~7/中	1 500~2 500	
7	果类	番茄	苏红一号 F1		4/上	7/下	3 500~4 000	
		茄子	紫长茄		4/中	6/上~8	4 000	一般不用
		辣椒	早丰一号 F1		4/中	5/下~8	2 500	
		四季豆	紫花刀豆		3/下~4/上中	6/上~7/中	1 500~2 000	
8	葱蒜类	葱	米葱	80	9/下~10/下		4 000	个别品种可用
		洋葱	红皮洋葱	180	11/下	5/下	2 000	一般不用
		大蒜	太仓白蒜	245	9/下	5/下（蒜头）	蒜头 1 000	食用青蒜、蒜苔可用
9	绿叶菜类	苋菜	青苋	30~40	3/下~8/上	3/下~8/上	2 500	可多季种植
		菠菜	本地菠菜	50	2/~4/中 9/上~10/上		1 250~1 500	
		芹菜	白芹	80	9/上~11/上		1 750	个别品种可用
		芫荽	香菜	40~120	8/中~11/上	10/下~4/上	500~750	春秋均可栽培；
		茼蒿	茼蒿	30~50	8/中~9/上	5/下~8	1 000~1 250	春播种在惊蛰前后

序号	类别	作物	代表品种	生长期（天）	播栽期（月/旬）	收获期（月/旬）	产量（kg/亩）	能否适用秧田种植
10	薯芋类	莴苣	圆叶早莴苣	150	10/上~11/中	4/下	2 000~2 500	能用
		叶用甜菜	粉甜菜		9/下	4~5月	2 500	个别品种可用
		金花菜	金花菜		10/上	2/下~4/上	500嫩头	能用
		马铃薯	克星1号	130	1/中、下	5/中下	2 000~2 500	个别品种可用
11	水生蔬菜	藕	花藕	95			750	一般不用
		慈姑	紫园	185			1 000	
		水芹	溧阳白芹	115	8/上中	12/中下	1 500~2 000	
		荸荠	杭荠	120~140			1 500	
12	绿肥	苕子、紫云英	紫云英		9/中	5/上掩青	4 000	能用
13	食用菌	平菇	大型平菇	45	9/下~3/上	5/下~6/上	38/m²	可用
14	果类	草莓	宝交早生		9/下~11/上	5/下~6/上	750~1 000	
15	油料类	油菜	宁油7号		9/上中	5/下~6/上	150~200	本地白菜型油菜可用
16	粮食类饲料	元（大）麦	浙114		10/下	5/中下	250~300	早熟品种可用
		玉米	苏玉1号		4/上中	7/下~8/上	400	早熟品种可用
17	药材类	中药材	玄明		10/中下	5/中下	200左右	早熟品种可用

说明：除上述以外，还有芋苏、麦白、甘蔗、小杂粮（如绿豆、赤豆等）、小宗经济作物（如百合合等）、花卉苗木（草本类和虚根型灌木类）等作物，但这些作物的多数只能用于年度间的轮作，很少在当年度内的稳粮增效多熟制中应用，有的不能种植于水田，故不一一列出。

表2　多熟制的产量效益比较分析

项目	大元麦	西瓜	粳稻	麦稻合计	比较 麦—稻	比较 +、-
产量(kg/亩)	161.85	1 554.5	406.35	568.20	754.00	-185.80
单价(元/kg)	0.40	0.30	0.38			
产值(元/亩)	64.74	466.35	154.41	685.50	276.68	+408.82
成本(元/亩)	33.75	96.40	55.00	185.15	126.00	+59.15
净收入(元/亩)	30.99	369.95	99.41	500.35	150.68	+349.67

项目	草莓	粳稻	合计	比较 麦—稻	比较 +、-
产量(kg/亩)	425.00	465.0	465.0	700	-235.0
单价(元/kg)	1.200	0.38			
产值(元/亩)	510.00	176.7	686.70	245.78	+440.92
成本(元/亩)	93.45	73.0	166.45	118.00	+48.45
净收入(元/亩)	416.55	103.7	520.25	136.78	+383.47

项目	菠菜	莴苣	杂交稻	麦稻合计	比较 麦—稻	比较 +、-
产量(kg/亩)	1 940.0	1 564.0	591.5	591.50	927.4	-335.90
单价(元/kg)	0.602	0.343	0.322			
产值(元/亩)	1 168.00	537.00	190.46	1 895.46	342.90	+1 552.56
成本(元/亩)	172.40	79.90	75.00	327.30	132.00	+195.30
净收入(元/亩)	995.60	457.10	115.46	1 568.16	210.90	+1 357.26

项目	平菇	杂交稻	合计	比较 麦—稻	比较 +、-
产量(kg/亩)	4 582.30	635.90	635.90	772.00	-136.10
单价(元/kg)	1.134	0.322			
产值(元/亩)	5 195.72	204.76	5 400.48	301.45	+5 099.03
成本(元/亩)	1 264.14	75.60	1 339.74	129.00	+1 210.74
净收入(元/亩)	3 931.58	129.16	4 060.74	172.45	+3 888.29

项目	青蒜—笋瓜—中稻				比较		薯—中稻+鱼				比较	
	青蒜	笋瓜	粳稻	合计	麦—稻	+、-	马铃薯	粳稻	鱼	合计	麦—稻	+、-
产量(kg/亩)	563.0	2870.3	563.90	563.9	977.34	-413.44	710.75	467.7	123.55	467.70	687.5	-219.8
单价(元/kg)	0.64	0.52	0.38				0.46	0.38	4.58			
产值(元/亩)	359.70	1477.50	214.28	2051.48	360.94	+1690.54	326.95	177.73	565.86	1070.54	251.00	+819.54
成本(元/亩)	202.24	126.17	75.00	403.41	128.00	+275.41	53.85	64.90	74.68	193.43	117.50	+75.93
净收入(元/亩)	157.46	1351.33	139.28	1648.07	232.94	+1415.13	273.10	112.83	491.18	877.11	133.50	+743.61

注：三麦单价统一按 0.4 元/kg 计算，粳稻按 0.38 元/kg 计算，籼稻按 0.322 元/kg 计算，杂交稻按 0.35 元/kg 计价，水稻按 0.35 元/kg 计价。其他作物按实售价格计算。

（3）菠菜—莴苣—秧田（育秧）—稻。扬中县地少人多，历来蔬菜供应偏紧，该县对症下药，改部分冬闲或绿肥秧田为种植蔬菜，缓和了一些矛盾。一般做法是在收稻后，立即开沟制成秧畦，再施肥，翻土种菜。据油坊镇试验，10月10日前后浸种催芽播种菠菜，12月中旬收菜，随后栽种莴苣，5月上旬采收，每亩仅菠菜、莴苣产值就达1 705.0元，加上杂交稻产值，年亩总值1 895.46元，去除成本和用工，纯收入1 568.16元。他们在菜收后，施足基肥，精做通气秧田，适期育出了壮秧（见表3），及时种上了杂交稻。

表3　多熟制种植对稻田地力的影响（扬中、句容）

多熟制形式	收稻后			种稻前（收菜、瓜、绿肥后）		
	有机质（%）	速效磷（ppm）	速效钾（ppm）	有机质（%）	速效磷（ppm）	速效钾（ppm）
青菜—马铃薯—中稻	2.52	6.2	78.0	2.64	6.35	85.0
菜—莴苣—秧田—稻	2.69	6.8	82.0	2.79	6.94	83.2
金花菜—秧田—稻	2.59	5.8	81.0	2.61	5.90	82.5
紫云英—秧田—稻	2.61	5.9	78.0	2.62	5.95	79.6
麦/西瓜—稻	1.91	5.1	72.0	2.1	6.4	84.0
对照：麦—稻	1.99	5.26	73.7	1.91	5.1	72

注：麦/瓜—稻和麦—稻种植制是在第一年秋播前各测一次。收稻后为第一年。

（4）平菇—秧田（育秧）—稻。平菇是一种耐低温、适应性强的食用菌。近年来，群众将平菇从房前屋后移到了秧田栽培。丹阳县行宫、蒋墅、句容大卓、扬中三跃等地10月上旬在秧田里开挖菌床，铺入基质材料（主要是棉籽壳），中旬开始分批接种，分批采收上市，于翌年4月底、5月初采毕。平均亩产鲜菇4 582.3 kg，产值达5 195.72元，加上水稻，合计产值5 400.48元，扣除成本获纯利4 060.74元。采菇后干整干平，建立通气秧田，适期育秧，栽种水稻。

（5）青蒜—荀瓜—稻。据扬中县八桥镇试验，杂交稻收获后抢种"太仓白蒜"，密度3寸×3寸，春节前后分批采蒜上市。3月中旬作垄，于3月20日地膜覆盖播种荀瓜"一窝头"，6月13日收瓜完毕，随即耕翻晒垡，栽种"盐粳二号"水稻。结果获得产粮568.9 kg/亩，产值2 051.48元，净收入1 648.07元，比当地稻—麦两熟多收1 415.13元。

（6）马铃薯—稻+鱼。丹阳县行宫乡有不少农户稻田养鱼，稻鱼（开深沟）面积之比8∶1，冬春保留鱼沟，水稻前茬种植三麦或经作蔬菜。据试验，1月下旬直播马铃薯（多数地膜覆盖），6月10日收获，产薯710.75 kg/亩，鱼分两批（4月13日、7月10日）放养，品种有鳊鱼、草鱼、鲢鱼等，9月底收获鱼种，亩产123.55 kg，加上粳稻467.7 kg/亩，年亩总值为1 070.54元，获净利877.11元，仅水稻一季比光作水稻净增收500.51元，而且稻田养鱼减轻了虫害(如稻飞虱)，大大减少了农药污染和成本，实现了良性循环，改善了生态环境。

综上所述，灵活运用间套作技术，既发挥了稻麦特别是水稻的高产稳产优势，又扩大了经济作物的种植比例，使农田产值成倍提高，农民收入翻番，同时又使种植业内部结构得到了调整，丰富了农村产品市场的品种，使蔬菜供应上的"两缺一淡"(冬缺、伏缺、春淡)得到了缓和，其社会效益蔚为可观，农田也转入了一个良性循环的轨道。

2 发展多熟制对稻田地力及秧田利用对秧苗素质的影响

实践证明，稻田发展多熟制，不会降低土壤肥力，相反还部分改善了土壤理化性状(见表3)，促进了作物产量的提高(见表2)。秧田经过合理种植，有助于水稻秧苗素质的提高(见表4)。

表4 秧田利用对水稻秧苗素质的影响(扬中、丹阳)

秧苗	青菜、马铃薯	菠菜、莴苣	金花菜	紫云英	马铃薯	元麦	冬闲	平菇
移栽叶龄(叶)	7.8	7.6	7.8	7.67	7.19	7.21	7.18	6.93
单珠带蘖(个)	4.1	4.2	3.8	3.6	2.4	2.2	1.3	1.0
百株重量(g)	59.7(干)	60.4(干)	58.2(干)	56.2(干)	180.0(鲜)	151.2(鲜)	158.5(鲜)	105.8(鲜)
水稻品种	汕优63				紫金糯			

注：平菇收获后，菌基质残茬全部移除秧田，防止烧苗，故未培肥地力。

由表3看出，由于农户舍得在经济作物上投入，而蔬菜等作物生育期又短，肥料不能充分利用即残存于土壤中，且这类作物落花落叶、残茬较多，加上藤蔓秸秆还田及豆科等作物有固氮、富集深层土壤磷钾等有效成分的作用，因而使稻田有机质提高0.01%～0.12%，速效磷增加0.05 ppm～0.15 ppm，速效钾增加1.2 ppm～9.0 ppm。增肥土壤的效果集中反映在后茬作物早发稳长和产量提高上；秧田则体现于秧苗带蘖数的增加。一般能使单株带蘖杂交稻增0.2～0.8个，单季粳糯稻增0.1～1.2个，因地区而异。由此可见，实行水旱轮作，粮经复种，能稳定提高土壤肥力级差，改善秧田"老、瘦、板"局面，是农村稳粮增效致富的有效途径。

3 发展多熟制应注意的几个问题

间套复种是一项受时空制约性很强的技术，参与稻田间套复种的瓜果蔬菜及经济作物商品性也很强，这就要求多熟制的发展必须按照作物生育规律和市场经济规律进行。生产上需注意以下几个问题。

3.1 优化作物布局,确保合理接茬共生

间套作是通过时空的适当调节,充分利用光热水肥和土地等资源来提高土地生产力的,但是,如果间套作物搭配不当,管理粗放,收获不及时,也会导致作物间争肥、争光、争水、争空间的矛盾而减产减效,其矛盾焦点在于茬口衔接和共生期,解决的办法是优化布局。因此,在安排作物和选用品种时,必须考虑作物的株高、根的纵横分布,株型上的展开度及其喜光耐荫性能和生育期长短。合理安排各品种在田间的种植比例,选择适宜的种植方式,合理配置株行距。栽培上要综合运用浸种催芽、保温育苗、保护地栽培、激素调节等现代技术,晚中争早,并且注意适期播种和收获,保证接茬适时,共生期适宜。值得一提的是,秧田利用必须以不误育秧的最佳播期为先决条件,所用品种必须早熟,以确保适时腾茬。一般来说,杂交稻秧田不宜种植元大麦和油菜,即使单季晚稻和杂交制种秧田种植元大麦和油菜,如遇熟期推迟,也必须果断地掩青作绿肥处理,切不可贪前茬微利,而贻误育秧适期影响水稻产量。

3.2 因地制宜,多品种种植,多形式并存

平菇固然经济价值高,但投入大,需足够的资金基础和劳力,技术要求也高,而且大家都育菇,势必供过于求;青菜虽然易栽培,但品种单一,商品价值低。因此,要根据市场行情,因地因户制宜,以堵缺补淡为主,并考虑到加工条件和贮藏能力,立足就近就地消化,种植适销对路、经济价值较高的品种,力求均衡生产,防止一哄而上,大力提倡秧田种植经济绿肥,以丰富的品种,满足城乡人民生活和发展养殖业的需要,并增加有机肥的来源。

3.3 加强技术指导,强化服务体系

瓜果蔬菜及一些经济作物的高产栽培对于多数农户来说是陌生的,多熟制的种植形式和技术也需要不断充实、完善和提高。因此,基层农技部门应加强技术指导,帮助群众选择适宜的品种,选用适宜的种植方式,并教育农民增加投入,用地与养地相结合;为群众提供信息、技术、资金服务,疏理流通渠道,形成产前、产中、产后服务一条龙,以促进多熟制的发展,让这一技术在发展农业、致富农民等方面显示出更强大的生命力。

优化稻田种植制度　提高综合生产效益

1　稻田种植结构的新发展

　　20世纪80年代以来，我市主动调整种植业内部结构，从实际出发，退耕还林、退田还渔，实行农牧结合，开始了生态农业建设，较好地处理了粮经饲、小农业与大农业之间的关系，促进了农业生产稳定提高。就种植业结构而言，也发生了很大变化。一是改"麦—稻—稻"双三制为单双并存，继而又淘汰高投入、低效益的"麦—稻—稻"，发展了以"麦/瓜—稻"为主体的种养结合、粮经并茂的新型三熟制。1983年是一个转折点，这一年，"麦—稻—稻"面积由1982年的14.9万亩骤降到5.55万亩，至1985年就几乎绝迹，与此同时，"麦/瓜—稻"1983年种植面积为0.3万亩，1987年发展到3.38万亩。二是改纯粮连作（麦—稻、麦—稻—稻）为粮经结合种植制，主要是发展了"油菜—稻"。1982年，油菜开始由旱田种向水田，面积达到23.5万亩，1985年发展到43.59万亩，使"油—稻"种植方式得到了稳定发展，对稳定粮油生产起了重大作用。三是改秧田冬闲或光作绿肥为冬春种植以经济绿肥为主体的培肥增益作物。1985年以来，全市累计调整秧田种植方式约15万亩，改善了秧田土壤理化性状，促进了秧苗素质和水稻产量的提高。

2　新型种植结构稳粮增益效果分析

　　实践证明，"油—稻""麦/瓜—稻"是符合我市实际，保持粮食稳定增长、提高稻田综合效益的良好种植制。而且，随着技术的不断完善，其稳粮增益优势将愈显突出。丹徒县高资镇1987年首次在迎江村示范81.51亩"麦/瓜—稻"，即获粮食年亩产582.99 kg，产值1 006.56元的好收成，与"麦—稻"两熟相比，仅少收粮食184.1 kg，收入却净增614.8元；高桥乡示范粮瓜、粮饲结合种植方式1 900亩，其中就有500余亩粮钱达到"双千"指标，平均产粮550 kg，产值1 385元。句容县自1982年以来，大力推广"油菜—稻"，使粮油生产得到了很大发展，其中油料增长3.03倍，粮食增产35.19%，水稻单产提高了146.5 kg，但油菜、西瓜不可能无限扩大，因而，近两年，稻田种植结构又有了新的变化，出现了一些具有地方特色，适应市场需要的新型种植组合。其中初具规模的有"草莓—西瓜—稻""麦/西瓜—玉米""茭白＋稻"等，同时也开展了与创汇农业有关的超高产高效的开发性试验，如"青蒜—四季豆—稻"，稻套平菇等，并取得了显著的社会经济效益（见表1）。

　　本文原载于《江苏作物通讯》（1988年第2期）。

表1 稻田新型种植组合的产量与效益

种植组合	示范面积（亩）	粮食产量（kg/(亩·年)）	产值（元/(亩·年)）	成本（元/(亩·年)）	净收入（元/(亩·年)）	产投比	与稻麦两熟相比		资料来源
							生产粮食（kg/(亩·年)）	净收入（元/(亩·年)）	
油菜—稻	278 700	499	301.10	113.00	188.10	1.66	-220.0	+26.50	综合
麦/瓜—稻	33 800	562.17	704.07	189.02	515.05	2.72	-105.75	+373.89	综合
莓/瓜—稻	368	416.8	1 154.78	222.47	932.31	4.19	-258.2	+768.31	白兔
麦/瓜+玉米	1 180	585.0	933.03	194.20	738.83	3.80	-165.0	+564.83	高桥
麦白+稻	2 915	465.21	521.76	107.35	414.41	3.86	-54.35	+255.61	蒋墅
青蒜—四季豆—稻	0.26	522.9	2 660.54	353.25	2 307.29	6.53	-327.1	+2 102.29	八桥
菜—薯—稻	0.30	585.9	1 726.09	272.62	1 453.47	5.33	-264.1	+1 248.47	三跃
大蒜—稻	0.20	507.7	1 790.06	219.05	1 571.01	7.17	-342.3	+1 366.01	八桥
麦+豌豆—稻	3 431	575.0	500.00	123.00	377.00	3.07	-125.0	+223.00	综合

表 1 说明：① 粮经结合种植与纯粮连作相比,产投比高 0. 28～5. 79,增益效果明显;② 粮食低产地区的效益比高产地区显著,且粮食减产幅度小;③ 从稳粮增益效果看,粮经结合夏熟比秋熟有利;④ 从效益看,以粮菜、粮菌结合种植净收入最高;⑤ 粮经结合,能较好地解决粮食稳定增长与发展经作、扩种饲料的用地矛盾,能充分利用冬春光温资源,挖掘冬季农业的生产潜力;⑥ 能为市场提供丰富的农产品,在弥补蔬菜冬缺春淡、稳定市场经济中起到一定的调节作用;⑦ 发展立体种植,巧妙地将种养加、贸工农结合在一起,有利于农田生态良性循环,发展外向型经济。

粮经结合种植,还有利于稳定提高土壤肥力,较好地协调种地与养地的矛盾(见表 2)。

表 2　粮经结合种植对土壤地力的影响(句容)

年份	种植组合	有机质(%)	速效磷(ppm)	速效钾(ppm)
1984	土壤地力基础	1.91	5.1	72.0
1985—1986 两年平均	麦—稻(1)	1.835	5.62	69.65
	麦/瓜—稻(2)	2.055	6.95	82.00
	(2)与(1)比较	+0.22	+1.33	+12.35
	(2)与地力基础比较	+0.145	+1.85	+10.00

与此同时,水旱轮作,还能改变草相结构,降低杂草基数。据句容县葛村乡调查,推广"麦/瓜—稻"3 年,鸭舌草减少 42.7%,看麦娘减少 57.1%;据扬中县试验,夏熟连续两年麦改菜,绿肥改平菇后,杂草基数下降 53.42%。

3　关键种植技术

3.1　合理安排布局,强化配套服务

合理的布局,是充分利用自然资源,挖掘稻田生产力的重要前提,也是能否保证粮食持续稳定增长,显著增加经济效益的关键。因此,布局的安排,既要考虑作物的高矮,植株的展开度,根系的纵横分布,喜光耐阴性能,生育期长短等,采用适宜的种植方式,配置合理的株行距,也要根据市场经济、商品价值规律,因地因户制宜地选择种植品种。从全市现状来看,总体上是冬春两季产粮少、效益低,因此,实行粮经饲结合,主要是适当改麦茬、绿肥茬和冬闲秧田,种植高效益的经作蔬菜,但至少要保证种植一季高产稳产的水稻或玉米,并尽可能种植杂交品种,这样可较好地收到稳粮增益的效果。在制定布局过程中,农技部门应加强技术指导,引导农民增加投入,种养结合,为农民提供信息、技术服务,帮助疏理流通渠道,农业相关部门也要协助提供农资、资金等方面的服务,做到计划种植,产品分批上市,形成产前产中产后一条龙服务,以促进粮经饲结合型多熟制的稳

定发展。

3.2 适时收种，确保合理接茬共生

茬口衔接和共生期的合理与否，直接影响前后季作物的产量与效益。因此，正确安排播栽期至关重要。要根据作物的种类，综合运用浸种催芽、保温育苗、保护地栽培、激素调节等现代技术，晚中争早，及时收获，提高经济效益。比如，麦/瓜—稻、莓—瓜—稻、麦/瓜—玉米等种植组合，秋播时就需留下瓜路，为了提早西瓜上市，必须兼顾共生期，因地制宜地采用地膜、小棚加地膜、中棚甚至用电热线加温，以提早播种时间，提高西瓜生产效益，保证瓜后茬作物的正常播栽，有利于高产稳收。再如，菜—薯—稻组合，要获得马铃薯高产高效，又保证杂交稻适时栽插，就需要用"920"浸种，打破马铃薯休眠期，在地膜覆盖条件下，提早排种期，使马铃薯在5月底6月初及时收获。

3.3 实行因种栽培，力争各茬作物优质高产

纵观各种作物的生育特性，重点应抓好以下几个方面：一是要选用早熟高产优质的良种。譬如，西瓜要选用苏蜜1号、马铃薯宜用克星1号，玉米用苏玉1号、瓜后稻采用7038，大麦用苏啤1号、矮早三等。二是要合理密植。比如，西瓜在高密度栽培条件下，留一主蔓，每亩可栽800～850株；在技术水平不高的情况下，可采用中密壮株的方法，亩栽600～650株，通过不同的技术途径，达到高产、优质、高效益的共同目的。三是科学运筹肥水。粮经饲结合必须兼顾用养结合，以维持农田生态系统的良性循环。作物的施肥，从共性看，大多需施足基肥，尤其是优质的有机肥，以满足作物一生用肥及其对各种养分的需要，同时还应当注意到各种作物对特种肥料的需求和对某些元素的忌用。如块根类作物，应禁用氯系肥料，增施钾肥；豆科类作物则需增施钼肥，油菜需要施用硼肥等。此外，缺素地区还应酌情施用相应元素的肥料。水分管理也是增产增收中的重要环节。比如，西瓜、马铃薯在播栽过程中需一定量的水分，有时还需浇水，坐果、结块时期对水分敏感，干旱、多雨对产量影响较大，因此，水系配套，注重沟系建设，是高产栽培中不容忽视的重要措施。

3.4 注意轮作换茬，及时防治病虫草

轮作换茬不仅能改善土壤理化性状，而且可减轻作物病虫草害。诸如西瓜、油菜、马铃薯等作物均宜年年换茬，不宜重茬。对各种作物的灾害性病虫草及当地的疫情要有足够的认识，该轮作换茬的要轮换，该进行土壤消毒种子消毒的，决不能放松；要预防为主，防患于未然。在生育过程中要加强对病虫草的监测，及时进行防治。

浅析镇江丘陵饲料玉米的发展前景

粮食问题,实质上是饲料问题。自 1988 年 9 月粮食市场关闭以来,镇江市饲源断流,市价猛涨,畜禽生产受到严重冲击,相继出现苗猪跌价,母猪量下降,种禽减少,苗禽滞销,奶牛滑坡,饲料厂停产或半停产,专业户亏损严重,被迫下马。因此,立足本地,解决饲料资源,对种植业提出了既新又紧迫的课题。

玉米属 C_4 作物,素称饲料之王,也是高产的粮食作物,成品粮折率高,达95% 左右。玉米胚可榨油创汇,营养价值高,其榨过油的玉米胚芽含脂量低,味道香,是生产瘦肉猪的好饲料,又是工业上的重要原料。玉米秸秆是很好的青贮饲料,其饲用价值是稻草的两倍,将其秸秆还田,培肥土壤的效果也比稻麦草要好。因此,开发镇江丘陵的玉米生产,不仅可稳定提高粮食生产,促进畜禽养殖业的发展,也有利于农牧结合,促进良性循环,有利于种植业内部结构的调整,既提高了优质精饲的自给率,又节约了地方财政开支。积极发展丘陵饲料玉米生产,具有很重要的现实意义。

1 发展丘陵饲料玉米的有利条件

由于丘陵地区土地资源相对丰富,以及玉米在种植、养殖业中的特殊作用,形成了发展丘陵饲料玉米的有利条件。

1.1 岗坡旱地、缺水稻田是发展饲料玉米的主要阵地

全市丘陵有岗坡旱地和高塝缺水稻田 60 余万亩,利用的现状是复种指数低,不足 150%,作物产量低,经济效益差,产量与效益均不足普通稻麦田的一半。开发岗坡旱地,合理作物布局,发展饲料玉米,具有很大的潜力。

1.2 玉米适应性强,增产潜力大

玉米面积在世界谷类作物中仅次于小麦、水稻,位居第三,总产仅次于小麦,居第二,平均单产居所有谷类作物之首,也是我省、我市仅次于水稻产量、居第二位的高产粮食作物。丹徒县世业乡 1988 年出现了平均单产超 600 kg 的连片百亩方,荣获省丰收杯竞赛三等奖,市郊官塘桥乡驸马庄村在岗坡旱地上种玉米,出现了亩产 584 kg 的农户。因此,发展丘陵玉米,有利于粮食增产。

1.3 玉米是高能量饲料

丘陵地区畜禽饲养量相对较大,饲养的现状多系单一饲喂稻谷或糠、麸等,

本文系参加 1989 年江苏省作物学会年会交流论文。

料肉比在 1∶4.5 以上,饲养周期长达 10～12 个月,经济效益极差。从营养成分看,50 kg 玉米籽粒≈65 kg 大麦≈60 kg 高粱。据驸马庄基点试验,采用含玉米粉 26.5%～31.5%的配合饲料喂猪,比农户常规法饲养,日粮中每公斤含可消化能增加 12.69%,猪日增重净增 144.59 g,提高 43.31%,差异达极显著,育肥期缩短 39 天,饲料报酬率提高 26.02%,每头猪净利润增加 22.19 元,大大调动了农民种玉米养猪的积极性,调整粮饲经种植结构已成为农民的自觉行动。

1.4 玉米在水旱轮作、间套作中具有重要地位

玉米在丘陵高塝稻田中可作为水旱轮作的主体作物,有利于实行节水栽培,增加土壤通透性,减轻病虫草害;还可通过在丘陵岗坡旱地现行主体作物——大豆、山芋、花生、西瓜等矮秆作物中间套种玉米,达到不增加面积、提高玉米产量和农田效益的目的。

2 饲料玉米的生产现状与发展前景

2.1 生产现状

镇江市历史上就很少种植玉米。直至 1978 年,全市种植玉米才 0.88 万亩,单产 134.53 kg,总产只有 1 183.85 t,1986 年首次过万亩,1988 年超 2 万亩,1989 年全社会预计种植玉米 3.42 万亩,其中丘陵种植 1.42 万亩,预测单产 300 kg 左右,总产将突破万吨,达 1.03 万 t,相当于全社会玉米需要量的 12% 左右,但缺口依然很大。据市畜牧部门测算,全市需精饲料 23.65 万 t,除地产精饲料(主要是大元麦)4.5 万 t、农民以粮代饲(含粮食副产品)15.15 万 t 外,还有约 4 万 t 的饲料(主要是玉米)需从外地调进,按 700.00 元/t 计算,需花费资金 2 800.0 万元。由于我市沿江、平原土地面积少,人均分别只有 1.68、2.14 亩,相当于丘陵人均土地的 49.27% 和 62.76%,稻麦产量又高,一般比丘陵增产 20% 左右,不宜退稻种玉米,即使现有的 2 万余亩漏水洲地,因稻作产量低,可暂种玉米,但随着土地面积的减少,这部分耕地仍需利用水源较好的优势,逐步改造成稻田,从而发展我市饲料玉米基地的唯一出路在丘陵。

2.2 产量与效益

据 1988 年统计年报,全市种植玉米 2.4 万亩,平均单产 290 kg,比大豆 244 kg(折成品粮一算二)和山芋 221 kg(五折一)分别增产 46 kg 和 69 kg,增 18.85% 和 31.22%。据对缺水高塝稻田不同作物的生产力测定结果表明,玉米单产虽比水稻减 51.05 kg,但经济效益相仿,只减 7.12 元,若将副产品计算收入,玉米还要高出水稻 8.81 元,比山芋、大豆、花生的产量更高,经济收入分别增加 31.00、107.01、135.20 元,增幅分别达 12.14%、59.69%、89.48%。因此,在丘陵种植饲料玉米,比现行旱作具有较好的经济效益。

2.3 发展前景

根据我市土地资源及旱地作物生产现状,发展饲料玉米的途径大致有3条。一是开辟丘陵岗坡旱地饲料作物专用地。据市农业区划办调查,我市丘陵岗坡旱地尚有14.1万亩土地未得到开发利用,除可种植部分经济林木、茶叶、蚕桑及一些经济作物以外,还可通过种植豆科作物或牧草,并采取培肥土壤的措施,逐步开发成饲料生产基地。二是适当调整作物布局,合理安排粮饲经结构。据市水利局统计,全市旱涝保收稻田162.12万亩,抗旱小于30天的面积尚有29.4万亩,且多系多级提水田,水源受限制,这类田由于灌溉成本大,灌水不及时,早断水等,稻作产量一般只有350~400 kg,经济效益极差。采取稻玉轮作的方法,适当种植玉米,不仅节约用水,提高产量与效益,而且有利于改善土壤理化性状,促进农田生态良性循环,使种植业结构特别是粮食品种结构更趋合理,提高了粮食的转化效率。三是大力发展立体种植。全市现有大豆、山芋、花生、西瓜等矮秆作物近25万亩,如果纯作改间作,即便每亩间种800~1 000株玉米,就可在影响原有作物产量甚小的情况下,增产100~150 kg,相当于获得了6万~8万亩的纯作玉米面积、10万~12万亩纯作玉米的总产,同时,旱地还可发展"麦/瓜—玉米""草莓/西瓜—玉米"等复种方式,稻田可逐步发展"麦/玉米—稻"等多种形式三熟制。通过提高复种指数,可扩大3万~5万亩的玉米面积。

综上分析,我市至少有种植20万亩饲料玉米的潜力,如果通过提高玉米栽培技术水平,使我市的玉米单产提高到目前全省玉米的平均单产350 kg的水平,那么全市就可生产玉米7.0万t,可供相当于出栏77.8万头猪所需的含30%玉米粉的配合饲料。这就从根本上解决了我市畜牧业发展受制于外调饲料的被动局面。

3 发展饲料玉米需解决的几个问题

目前,玉米在我市依然处于自发种植状态,要发展饲料玉米,必须妥善解决好四方面的问题。

3.1 领导重视,计划生产

发展养殖业,饲料是基础。各级领导要迅速改变玉米在我市是小宗作物的观念,要投放一定的精力,狠抓饲料作物生产,要把饲料作物放到与粮食作物同等重要的位置,要将玉米生产纳入国民经济计划,实行计划生产,正确处理好增产粮食与发展饲料的关系,合理规划粮、棉、油、饲、肥生产布局。

3.2 制定政策,搞好服务

就现状而言,我市玉米一方面大量调进,另一方面,有限的饲料资源又外流严重,其主要原因在政策。诸如粮食部门收购价偏低,又不能抵交定购任务,玉米生产不能享受与稻麦生产同等的待遇,种源受限制等。因此,各级政府及有关部门应当尽快制定政策。建议实行饲肥挂钩,适当提高玉米收购价格,对玉米面积较大的地区,应当给予优惠政策,允许以饲代粮抵交定购任务,并研究相应的奖励措施,可考虑把饲料玉米作为菜篮子工程的一部分,辟出专项资金,扶持玉米生产,以充分调动农民种饲、交饲的积极性。

3.3 统一供种,推广良种

由于我市不是玉米主产区,无种子基地,农民从外地盲目引种,种子不纯,种质不高现象时有发生,对产量影响很大。对此,各级种子部门必须抓好玉米良种的引种繁育工作,要特别注意引进高赖氨酸新品种,提高玉米种子质量和饲用品质,实行统一供种,按生产计划保证用种需要。

3.4 加强技术指导,开展丰收竞赛

农业部门要改变重粮轻饲技术指导的做法,各级农技组织要确立专人负责,加强技术培训,要通过广播宣传、技术资料、现场示范等多种形式,向农民传授玉米高产栽培技术,要把玉米生产纳入各级丰收竞赛的项目,层层设立丰产方,树立典型,以点带面。要针对玉米耗肥多、丘陵土地瘠薄的特点,适当提高密度,增加肥料投入,不断培肥地力,注意防治新玉米区的病虫草害,尽快提高我市的玉米生产技术水平。

从驸马庄村的实践看丘陵农业资源的综合开发前景

驸马庄村位于镇江市南郊,土地总面积约 4 km²,耕地 1 908 亩(人均 1.36 亩)。除 10% 的低丘外,90% 的面积为岗塝冲田,为苏南典型的丘陵区。历史上土地利用仅塝、冲田及部分旱坡地,岗坡及低丘均未充分开发;农业生产结构以粮、猪为主,较为单一;土壤瘠薄,土地生产力低下,至 1979 年才达到粮食自给。生产发展状况在丘陵地区具有代表性。

该村 1970 年以来,由于坚持依靠科技开展自然资源的综合开发利用,花 10 年时间绿化了全部荒山,并在岗坡地上建立了茶园和果园。20 世纪 80 年代又调整了大田种植结构,建立了人工草地,发展奶牛生产,改洼地为鱼塘。至今已初步形成:丘陵岗地-林、茶、果、草立体利用,塝冲田、地-粮饲经肥作物合理布局,养殖业-猪、禽、奶牛、渔全面发展,资源利用-种、养、加配套成龙的单元模式,成为我省丘陵农区合理开发利用农业资源,全面发展农业生产的一个典型。

1 农业协调发展的经验

1.1 调整大田种植结构,推广先进实用技术

该村农田种植结构,近几十年一直以稻麦为主,约占总产的 90% 以上。其弊端是:① 占耕地 11% 的旱地以杂粮、大豆、花生等为主,产量仅 50 kg 左右;水田中亦有 15% 的缺水高塝田,产量比一般水田低 30% ~40%。作物布局不符合因地制宜原则。② 猪禽是主要副业,但饲料生产没有地位。自产杂粮、大麦 1.2 万 kg,加上糠麸 14 万 kg,仅能满足 25% 需要,绝大部分要靠商品饲料。③ 油菜面积极小,只占耕地面积的 3.7%,食油不能自给,也不利轮作换茬、除草与培肥地力。针对以上关键问题,他们以发展玉米和扩种油菜为突破口,进行了大田种植业结构的调整;同时,改良粮油品种与施肥技术,实行规范化栽培,有效地提高了大面积的综合生产水平。

1987 年首次在 15 亩缺水高塝稻田试种夏玉米苏玉 1 号,亩产达 330.5 kg。1988 年发展到 150 亩,1989 年进一步扩大到 425 亩,目前已稳定在 400 亩左右,约占秋熟作物面积的 20%,单产稳定在 350 kg 上下,总产 140 t,基本解决了猪的玉米饲料,自给率已达 90%。玉米无论是实际产量,还是收益均好于水稻。1989 年粳稻(糙米 305.6 kg)亩产值 339.1 元,成本 160.3 元,收益 230.8 元;杂交稻(糙米 294.5 kg)亩产值 367.4 元,成本 129.5 元,收益 237.9 元;玉米

本文原载于《镇江市农学会会刊》(1991 年第 3 期)。

（330.5 kg）产值 402.5 元,成本 104.3 元,收益 298.2 元。如在现有面积基础上亩产进一步提高到 380 kg,总产可达 160 t,就可满足年养猪 2 000 头,每头 80 kg 的饲料需要。发展玉米还使 11% 的低产旱地变为高产地,解决了产量低而不稳的问题,提高了旱地生产能力。

在发展玉米的同时,迅速扩大了油菜种植面积。从 1980 年的 82 亩,扩大到 1989 的 305 亩,占夏熟作物面积的 24.8%,主要安排在塝冲田,实行麦油轮作;有利减轻草害和连作障碍;品种亦由低产的白菜型改为高产的甘蓝型,平均单产由原来的 41.0 kg 提高到 107.8 kg。

近 3 年来,稻麦品种已全部更新一次。水稻由盐粳 2 号改为 8169－22;小麦由扬麦 3 号、扬麦 4 号改为扬麦 5 号。与此同时,推行了培育壮苗、合理密植、配方施肥、三麦少免耕等实用新技术,实行因种栽培,有效地促进稻麦单产大幅度的提高。水稻单产亩增 81.5 kg,增 16.58%,总产增 103.77 t;小麦亩增 31 kg,增 16.58%,总产增加 37.91 t。

作物结构的调整和实用技术的推广,不仅改变了粮食作物的单一结构为粮饲经复合结构,而且在较少增加投入的情况下,获得了较高的土地产出率,增产增效。

1.2　发展草地与食草动物生产相配套

利用岗坡旱地种植牧草是驸马庄村农业的另一特色。现在草地已发展到 300 亩,1988 年奶牛发展到 110 头,形成了人工草地－奶牛相结合的结构。其模式为：1 亩多年生草地(白三叶、红三叶、法斯克斯草等)＋1 亩一年生草地(黑麦草、苕子复种杂交狼尾草)＋1 亩青贮玉米。这样的草地种植方式,全年每亩可产优质饲草 11.08 万 kg,再补充 1 500 kg 混合饲料,即可满足 1 头体重 450 kg 奶牛产奶 5 400 kg 的需要。全村发展 300 亩草地和 400 亩玉米,已可基本满足奶牛饲料的需要,从而稳定了奶牛生产。实践证明,发展牧草－食草动物确是丘陵地区利用土地资源的一条有效途径。

1.3　种植业、养殖业与加工业协调发展

种植业、养殖业与加工业之间应相互适应,协调发展。据 1987 年用含有 30% 玉米的简易配合饲料与当地传统的"有啥吃啥"饲喂试验对比,同为 120 天饲喂期,喂配合饲料的猪增重 57.4 kg,比传统法喂猪增重量净增 3.39 kg。饲料系数分别为 3.42,4.31,收益分别为每头 43.6,21.4 元,效果极为显著。农民体会到发展玉米的重要性。近几年来,基本做到玉米与养猪同步发展,饲料的改进带动了生猪饲养量的稳定增长。生猪出栏率由 1986 年的 52%,提高到 1989 年的 70%。全村已形成户户养猪、家家种玉米的格局。

随着玉米生产和畜牧业的发展,为适应玉米加工与饲料调配的需要,饲料加工业已有了发展。目前已装备小型粉碎机组 2 台,可基本满足自产粮加工的需

要,逐步实现种植-加工-养殖相配套协调发展,建立起农村饲料自产自供体系,以提高系统总体的经济效益与生态效益。

1.4 农、牧、渔结合

20世纪80年代初,他们将过去难以利用的50亩洼地改成鱼塘,并投入奶牛场粪肥以繁衍浮游生物作鲢、鳙鱼饲料,鱼塘周围种草喂鱼,辅以适量精料,实行牧渔良性循环。从精养、半精养与粗养的试验来看,成鱼亩产分别为509,375,100 kg;产值分别为1 202,995,239元,似以精养为好;但投入每元资金的平均收益则分别为1.03,1.21,1.11元,以半精养为最高,从能量产投比与相当粮田(将投入饲料及草均折算为农田面积)的收益比较,也以半精养为优,而且半精养方式技术难度小、风险小,可较好地利用当地资源,投资小、效益高,是目前适宜丘陵地区的较好养鱼模式。

2 农业经济、资源、结构的变化

驸马庄村依靠科技综合开发丘陵资源,使农村经济和面貌发生了可喜的变化。

2.1 土地资源利用逐步扩大和深化

20世纪60年代,水田占土地总面积的35.5%,旱地14.4%,居民区、道路、塘坝、沟渠占19.2%,未利用土地占30.9%。1989年水田占32.5%,旱地12.4%,茶园11.1%,果园林地9.6%,人工草地5.1%,鱼池1%,居民区、工厂、道路、塘坝、沟渠17.9%,未利用的土地仅剩7.6%,且是边界有争议的部分。这显示了土地利用的扩大和深化。

2.2 农林牧副渔协调发展

1980年农业产值27.4万元,副业1.5万元,其他1.1万元,合计30万元。1989年农业产值109.05万元,林业67.1万元,牧业87.8万元,副业5.9万元,渔业8.5万元,合计约278万元,1989年是1980年的9倍多。

从大农业内部各业产值的协调性看:1980年种植业占91%,副业9%,农业基本为种植业的单一结构。1989年种植业占39.2%,林业24.1%,牧业31.6%,副业2%,渔业3.1%,已从种植业的单一结构走上农林牧副渔全面协调发展的农业生产结构,且林牧副渔的增长速度大大超过种植业。这对丘陵地区资源开发利用与大农业建设具有战略性意义。

2.3 主要农产品的人均生产量与商品量全面增长

由表1可以看出,驸马庄村由于坚持稳定农业基础结构,因地制宜积极发展多种经营,不仅粮食人均生产水平大大提高,且饲料、经作生产增加,从而使农产品生产多样化,带动了养殖业的发展,促进了农田生态良性循环,在提高经济效益的同时,社会效益也同步增长。

表1　主要农产品的人均生产量与商品量

kg/人

项目	人均生产量		人均商品量	
	1980 年	1989 年	1980 年	1989 年
粮食	535	684	188	286
油菜	2.3	12	—	—
大豆	1.15	9	—	—
饲料	120	164	—	—
猪	19	104	17.9	81
禽	1.3	4.2	0.8	3.2
牛奶	—	134	—	134
鱼	—	18	—	14
茶叶	—	39	—	39
木材	—	0.07 m³	—	0.07 m³

2.4　粮食生产和经济收入明显提高

由表2可以看出,1989年比1980年粮食总产增长20.8%,粮食播种面积单产增长81%,农业收入增长8.6倍,人均农业收入增长9倍。上述农业生产的实际显示驸马庄村的单元模式所产生的经济、生态及社会效益是显著的。

表2　粮食生产和经济收入比较

项目	1980 年	1989 年
粮食总产(t)	804	971
粮食播面亩产(kg)	174.5	316.0
水稻亩产(kg)	316	489
农业收入(万元)	29	278.4
农:林、牧、渔:副收入比	90:0:5	39:24:37
农用土地亩收入(元)	123	959
人均农业总收入(元)	193	1 986
人均非农业收入(元)	18	539

3　驸马庄村单元模式的要点与特色

区域农业研究与综合开发利用的最终成果可以用单元模式的建立及实施来表达。

3.1 驸马庄村单元模式的要点

（1）按地貌-土地类型的分异进行农业生产的总体安排。山丘宜林,岗坡地宜茶,果园或人工草地、高塝旱地种饲用玉米或粮食,低塝和冲田种粮食,洼地开辟鱼塘,实行立体种植。

（2）大田作物建立以粮为主,粮饲经肥作物的复合作物布局。冲田及低塝田水土肥条件较好,为基本粮田,稻麦(油)两熟;条件差的高塝田粮饲结合,水旱轮作;旱坡地饲经结合,缩小杂粮种植量,扩大玉米、大豆种植量。肥料和养地作物可考虑利用冬闲田恢复种植紫云英、苕子等绿肥,以及发展经济绿肥,如蚕豆、豌豆等。

（3）动物生产将以猪为主的单一结构调整为猪-禽-食草动物的复合结构。人均年养一猪至亩均年养一猪,每亩耕地可得1 t左右的优质基肥。提高猪的出栏率及经济效益的关键在于改变传统的饲喂方法为用混配合饲料饲喂。驸马庄村研究提出的发展玉米-简易饲料加工-就地取材配置混合饲料的途径可借鉴。在粮食有余、土地充裕的条件下,开辟人工草地,养殖奶牛、山羊、绵羊、兔或鹅等食草动物;内塘养鱼,提倡以粪、草为主要投入的农牧渔结合形式。

（4）土地持续生产力应给予严重关注。要通过建立复合农业生产结构,恢复发展绿肥和豆科作物,推广秸秆还田,发展养殖业,以多样生物物质返还土壤,改善系统内部的物质循环,提高土壤肥力和持续生产力。

3.2 驸马庄村单元模式的主要特色

（1）在稳定发展粮食的基础上,农林牧副渔、种养加全面协调发展,主要依靠农业致富。

（2）农业家庭承包经营与村办企业并存,互为补充,有利于开发资源,接受新技术,合理利用劳力及扩大再生产,使农产与集体经济同步增长。

（3）在经济不断发展的同时,由于农林牧副渔协调发展,沼气及废弃物的合理利用,环境得到初步治理,社会贡献增加,三大效益(社会、经济、生态)得到兼顾。

驸马庄村依靠科技促进农业生产发展的事实,足以说明江南丘陵地区的农业资源是丰富的,只要科技进山,合理规划,综合开发,分步实施,积极发展生态农业,丘陵资源就能得到合理利用,农村经济也就能够稳定、协调发展,丘陵农民也就可以富裕起来。美国牧草专家罗纳德·泰勒教授在参观了驸马庄村生态农业模式后,写下了这样的评语:很荣幸参观你们的农业基地,你们在短期内取得很大成绩,相信这种农牧结合的制度,将给世界带来一种模式,并为世界类似地区所采用。

"草莓/西瓜—水稻"的种植技术与效益

白兔镇是我市新兴的草莓生产基地。近年来,该镇利用草莓茬口早、株型矮的特点,积极发展草莓与棉花、西瓜、玉米等作物的间套复种,形成了丘陵地区独特的新型种植制度,较好地处理了粮经关系,有效地提高了自然资源利用率和土地生产力,开辟了一条培肥改土、稳粮增益、致富的新途径。

1 莓/瓜—稻的产量与效益

白兔镇于 1984 年推行草莓—水稻复种方式,1986 年在草莓垄间套种西瓜16 亩,接茬后季稻获得成功。1987 年推广莓/瓜—稻 368 亩,1988 年扩大到 500亩,分别占水田草莓、西瓜面积的 29.41% 和 83.33%。经 3 年多点核产和定点对比调查,平均年亩产草莓 455.99 kg,西瓜 1 898.0 kg,水稻 439.88 kg,年亩产值 1 082.84 元。与麦—稻两熟相比,粮食减产 34.08%,收入净增260.63%;比油—稻两熟少收粮食 29.12 kg,增加收入 756.26 元,经济效益十分明显(见表 1)。

表 1 莓/瓜—稻的产量、效益及其与传统种植方式的比较

种植方式	经济作物		粮食作物		年亩产值合计(元)	年亩成本(元)	年亩纯收入(元)	产投比
	产量(kg/亩)	产值(元/亩)	产量(kg/亩)	产值(元/亩)				
莓/瓜—稻	2 353.99	884.89	439.88	197.95	1082.84	297.27	785.57	3.64
小麦—稻	0	0	667.25	300.26	300.26	126.0	174.26	2.38
油菜—稻	108.99	115.53	469.0	211.05	326.58	125.70	200.88	2.60

2 莓/瓜—稻间套复种的优点

2.1 丰富果品市场,发展加工业

我市仅少量种植桃、梨果树,大量水果依赖外调,草莓基地的建立,弥补了春夏之交水果的亏缺,深受消费者欢迎。白兔镇 1985—1987 年种植 3 300 亩草莓,收入 95.681 万元。句容县利用草莓发展加工业,仅草莓酒一项,3 年制酒710 t,创产值 191.70 万元,新增利税 56.558 万元,企业获利 14.63 万元。西瓜的扩种,也减少了我市夏秋两季食用瓜的调入量,富裕了丘陵地区的农民,具有较好

本文原载于《江苏作物通讯》(1990 年第 1 期)。何正、纪尔基为共同作者。

的社会经济效益。

2.2 开发冬季农业,发展创汇农业

丘陵地区小麦、油菜单产分别只有 200,100 kg 左右,效益很差,农民种植兴趣低落。草莓以其与油菜相仿的生长周期,较高的产量与效益,赢得了农民的种田积极性,与麦、油相比,草莓的投入产出率增加 3.23～4.96 倍,劳动生产率增加 1.44～2.81 倍。因此,冬春季种植草莓是开发冬季农业的良好选择。草莓鲜果速冻品及草莓加工制成品也为外商所青睐,已出口中国香港、日本等地,成为句容县出口创汇的主要农产品之一。

2.3 改良土壤,抑制草害

草莓、西瓜藤蔓均可还田,一般每亩草莓、西瓜分别产鲜蔓 900,1 750 kg,其鲜草量是油菜、小麦的 8.5～10.5 倍,以其还田可增加土壤养分的归还量,有助于提高土壤有机质含量,培肥丘陵地力。麦、油与莓、瓜轮作,以及种植时空上的差异,改变了草相结构,减轻了看麦娘、猪殃殃及眼子菜等杂草的危害。据 1986 和 1987 两年的调查结果,杂草基数平均减少 12.87%,草害损失率下降 35.16%。

3 莓/瓜—稻的种植技术要点

实践表明,种植莓/瓜—稻,要立足于早,重点把握好共生期,主要应抓好以下几个技术关键。

3.1 选用优良品种,合理接茬共生

宝交早生早熟高产,适应性强,是草莓优良品种,一般于 10 月中下旬移栽,翌年 5 月 25 日前后采果结束。苏蜜 1 号西瓜熟期早、品质好、生熟可食,深受群众欢迎。通常于 3 月 20—25 日育苗,4 月 20—25 日定植于预留瓜行中,莓瓜共生期 30 天左右,7 月 20 日左右采瓜完毕。优质中粳"7038",耐寒性强,产量较高,是瓜后稻的理想品种,一般于 6 月 20 日前播种,7 月 25 日左右移栽,10 月下旬可收获。

3.2 优化种植方式,坚持合理密植

草莓采用平垄四行移栽,有利于增加密度,增果增产。垄宽(含沟)1.33 m,行株距 26.0 cm×16.0 cm～18.0 cm,亩栽 8 000～10 000 株。据种植方式与密度复因子试验,平垄 4 行亩栽 11 500 株比平垄 3 行 9 870 株及高垄双行 7 850 株,亩载果量分别增加 1.72 万,3.54 万个,虽然单果重下降 0.2,0.6 g,但实产仍增加 104.3,204.75 kg,分别增产 11.6%,23.6%,亩产达到 1 069.5 kg。定植草莓时,每隔两垄留一条瓜路,行宽 80～100 cm,西瓜栽双行,对爬式,株距 33～40 cm,亩植 700～750 株。瓜后稻栽足 2.8 万～3.2 万穴,15 万～20 万基本苗。

3.3 根据作物生育规律,实行因种栽培

3.3.1 培育中壮苗,提高移栽质量

据试验,在相同栽培条件下,草莓移栽 4.3 叶、单株鲜重 16.8 g 的中壮苗,比 3.0 叶、9.2 g 的小弱苗,单株结果多 4.0 个,亩产增 372.0 kg,产量达831.0kg。为保证种苗质量,需建立专用繁育田,要求是单株 4 叶以上,鲜重 20 g 左右,株矮节密,根系发达。另据播期试验,10 月 10 日至 11 月 10 日移栽的,亩产 1 206.67 kg,分别比 9 月 25 日和 11 月 25 日移栽的增产 3.51%,25.20%,这说明草莓需适期早栽,以利冬前形成一定量的营养体,促进花芽分化,确保壮苗安全越冬,最迟栽期一般不晚于立冬。移栽时要适墒,尽量避开干旱和高温,栽后浇足活棵水,以减轻植伤,提高成活率,确保全苗。西瓜采用营养钵保温育苗,钵径应大于8 cm,以便适当延长苗龄,缩短莓、瓜共生期,移栽宜抢冷尾暖头。瓜后稻的育秧,播种量应小于 30 kg/亩,严格肥水管理,力争多带蘖、带大蘖,防徒长窜高,趁阴雨天气或傍晚移栽,防植伤,促返青早发。

3.3.2 实行配方施肥,提高肥料利用率

莓、瓜皆喜磷钾而忌氮;配方施肥,增施有机肥能提高瓜果品质。据试验,亩产 500 ~ 750 kg 鲜果,平均每 50 kg 鲜果需耗氮 0.82 ~ 1.20 kg,磷 0.18 ~ 0.63 kg,钾 0.15 ~ 0.47 kg。配方施肥比单施氮肥或用氮、磷肥分别增产13.74% 和9.19%,且合理的基追肥之比约为 3∶1。因此,要施足基肥,一般基施腐熟优质灰粪肥 2 000 ~ 3 000 kg 或菜饼 40 ~ 50 kg,标准肥 5 ~ 8 kg,过磷酸钙 25 kg,硫酸钾 8 ~ 10 kg,避免施用氮素肥料。莓、瓜藤蔓及时翻入田间,用作后茬瓜、稻的基肥,多余藤蔓应移出本田,以免烧苗。后季稻在藤蔓还田基础上,增施碳铵 35 ~ 40 kg。追肥上,主要掌握好草莓12 月中下旬的腊肥,促壮苗越冬;2 月中下旬结合破膜炼苗,重施返青肥;4 月初看苗施好初花肥。西瓜着重施好速效苗肥,促瓜放藤,以及采莓结束后,第一个瓜达到鹅蛋大小时开沟重施结瓜肥。瓜后稻的追肥,类同双晚稻栽培。

3.3.3 注意轮作换茬,加强病虫草防治

莓、瓜由于易遭灰霉病、炭疽病、枯萎病、红蜘蛛等病虫为害,因此皆忌重茬。根据调查,西瓜连作,病害死苗率高达 52%,严重影响产量。因此,必须注意轮作换茬。同时,还需沟系配套,降湿防病,及时摘除烧毁病株老叶。始花前用1∶200 倍波尔多液或 25% 多菌灵 1∶120 倍液喷 1 ~ 2 次。莓、瓜田的杂草,可结合整地施肥用氟乐灵 150 g/亩兑水 60 kg 处理,也可在杂草 2 ~ 3 叶时,用稳杀得 50 g 加水 40 kg 喷杀。虫害可用晶体敌百虫、乐果等农药防治。

3.3.4 精心管理,适时收获

为了提高莓、瓜的收益,提早瓜果应市,草莓需在 12 月下旬至 1 月初、西瓜在移栽前趁适墒覆盖地膜,以增温保湿。草莓于 2 月上中旬视气温破膜炼苗,松

土除草,培土壅根,清沟降湿。预留的瓜行需冬翻春捣,早施有机肥,以熟化土壤。西瓜定植出蔓后,及时压藤理蔓,因苗整枝,一般留一主两侧,去除弱、重枝。由于莓、瓜的收获早晚,与瓜果品质密切相关,并影响商品性和后茬作物,因此,一定要适期收获。通常视气温高低及贮藏期长短,在瓜果七至九成熟时,清晨采收,分级出售,以减少损失。

苏南丘陵稻田分层优化作物布局的初步探讨

丘陵农田生产力相对低下。其主要原因是:自然条件受土瘠、水短的限制,社会因素受经济、文化水平落后、农业投入少的制约,生产技术上普遍存在布局不合理、作物种类与品种多乱杂、耕种管理粗放等问题。因此,改变丘陵低产面貌,必须在逐步改善生产条件的同时,大力革新技术,优化作物布局,实行科学管理,以促进农田生产水平的提高。

1 农业自然资源概况

苏南丘陵是宁镇、茅山和宜溧低山丘陵的统称。耕地面积428.21万亩,占全省的6.09%,其中水田占82.11%,旱地占17.89%。稻田面积351.61万亩,占全省的8.51%。境内地形地貌复杂,土地类型多样。低山面积占16.2%,岗坡地占26.1%,塝冲地占34.2%,平原圩区占23.5%,宜林山地占19.9%,水面占12.2%,蓄水条件较差,现有总灌溉库容量耕地平均不足200 m³/亩,水源短缺,干旱年份受旱农田占26.6%。全区年平均气温15.1~16 ℃,无霜期225~240天,大于0 ℃积温5 450~5 800 ℃,日照2 050~2 250 h,太阳总辐射量110~115 kcal/cm²,年雨量1 000~1 160 mm,光温资源对本区多数地区种植稻麦两熟略显有余,但麦稻稻三熟则显不足。本区稻田土壤多数是马肝土和小粉白土,土壤有机质含量平均为1.6%,缺磷少钾土壤占2/3以上,锌、硼等微量元素缺素更为严重,各类低产土壤面积占耕地30%左右,地形、土质的分异性与气候资源的相宜性,决定了本区作物种类的多样性和栽培布局的复杂性。

2 丘陵稻田作物布局的历史演变与现状简析

苏南丘陵稻田的作物布局,历史上一年两熟,以麦稻复种连作为主,水稻以常规中籼当家。夏熟大致经历了冬闲(少量三麦)→发展绿肥→绿肥为主,三麦、油菜并存→"缩肥扩麦"、搭配油菜→稳麦、扩油、挤肥等5个阶段;秋熟大体经历了常规中籼→籼改粳、"中改晚"、"土改良"→"单改双"→"调双扩优"、发展棉花、西瓜等→籼粳并存、搭配种植麦/瓜—稻等5个阶段,亦即现行作物布局是随着一定的自然条件和社会经济条件,经不断调整演变而来的,自然资源的利用相对比较合理,基本上适应丘陵地区的生产水平。但是,20世纪80年代中期以来,受国家宏观调控及工农产品、农产品内部比较效益的影响,出现了粮食生

本文原载于《江苏省1991年水稻生产技术专题论文选编》(1992年4月)。

产持续徘徊,棉花滑坡,饲料匮缺的问题,而小宗经作及多种经营作物却盲目发展,挤占稻田,因而,引起了作物布局的混乱,带来了不少弊端。一是粮食品种结构单一,缺乏饲料作物布局,以致每年被迫以占粮食总产18%左右的粮食代作饲用,造成粮食的很大浪费,影响种粮效益。二是丘陵稻田70%以上长期麦稻复种连作,病虫草害加剧,连作障碍已成为制约粮棉油瓜产量提高的主要因素。三是重用轻养,土壤肥力下降,生理缺素症增多。据镇江市土肥监测点资料,1983—1990年8年间,土壤有机质平均每年下降0.008%,速效钾下降6 ppm,速效磷则随近年来增施复混肥而上升0.2 ppm,有机肥投入的减少,偏施无机氮肥,使土壤养分处于失调、亏缺状态,因而使作物营养不良,抗逆性减弱,病害增多,对产量影响很大。四是农田分户经营,给统一作物布局带来困难,水旱相包,插花种植,品种混杂现象比较普遍,并且导致了秧田"终身制"等现象,影响了农业科技的普及,制约农田生产力的提高。因此,必须根据现状,扬长避短,趋利避害,从稳定提高粮食生产、发展持久农业的角度出发,实行分区域、按地貌合理布局,多熟轮作,提高复种指数,建立起与丘陵稻田相适应的高产、高效、高功能的种植结构。

3 丘陵稻田作物布局的分层优化

丘陵地区作物布局的优化原则是:根据地貌特征、土壤基础、水源条件、种植适生作物和品种,充分发挥作物和土地的生产潜力。

3.1 岗塝冲稻田水稻品种布局的优化

据对镇江丘陵调查,稻田的地形分布为:岗田占20.71%,塝田占35.85%,冲、圩田占43.43%。其中渠系配套面积占35.7%,三级以上提水灌溉占32.5%,易涝田占3.4%,易洪田占1.8%,冷浸田占7%。自然条件与农田基础差是制约丘陵稻作产量提高的客观原因,但是,丘陵地区品种长期多乱杂低劣,也是影响产量提高的重要原因。为此,定田对比观察了岗塝冲稻田各类型品种的产量表现(见表1)。结果表明,杂交稻产量在各类田中均明显高于常规稻,平均增产74.20 kg/亩,增幅16.62%,且随地形下降而增产,但差异不显著。在不同提水级数田中也呈同样趋势,随提水级数的增多产量下降,经济效益变差。据句容县多点调查,二级提水田较一级提水田,杂交稻和粳稻分别减产13.8%,其纯收入分别仅有52.26元和10.49元,减收56.29元和82.93元,其投产比分别为1:1.47和1:1.09,亦即每投入1元成本,二级提水田较一级提水田分别要少收入0.88和0.98元。粳稻纯收入比杂交稻更少,一、二级提水田分别比杂交稻要少收入13.94%和79.83%。由此可见,杂交稻在岗塝冲田均能种植,特别是在岗塝稻田更显其增产增收之优势。应当十分明确其在岗塝稻田中的当家地位,粳稻在低塝稻田和冲田的产量效益与杂交稻接近或相仿,尤其是近两年来,随着粳稻新品种面积的扩大,其实际产量效益已达到甚至超过了杂交稻,而且米质较好,为满足城乡人民生活需要,可与杂交稻配套轮作;常规中籼稻产量虽比粳稻要高,但效益不及杂交稻和粳稻,而且米质较差,应当尽可能压缩。

表1　岗塝冲稻田不同品种的产量表现(溧水,1988—1989 年)

品种		岗田			塝田			冲田		
		有效穗 (万/亩)	总粒 (粒/穗)	实产 (kg/亩)	有效穗 (万/亩)	总粒 (粒/穗)	实产 (kg/亩)	有效穗 (万/亩)	总粒 (粒/穗)	实产 (kg/亩)
杂交 中籼	汕优 63	13.36	128.47	507.2	17.28	130.24	513.05	17.55	146.27	542.0
常规 中籼	扬稻 2 号	17.54	132.31	450.0	18.58	122.34	460.5	16.88	136.49	482.0
常规 中粳	盐粳 3 号	23.66	89.22	420.0	24.57	90.35	428.0	24.60	93.87	438.7

3.2　缺水岗、塝稻田作物布局的优化

岗塝稻田占水田面积的 56.57%,是稻田种植业结构调整的重点区域。据对宁镇丘陵调查,缺水易旱面积占岗塝稻田的 17.76%,亦即全区有 35.53 万亩缺水稻田。仅以 1988 年一般干旱年份为例,丘陵有 9.8% 稻田,约 34.46 万亩因旱减收二至五成,其中失收 1.13 万亩,种稻效益极差。据试验,缺水稻田种植杂交稻,亩产 402.1 kg,纯收益 237.90 元;粳稻 377.6 kg,纯收益 230.80 元;玉米 330.5 kg,纯收益 298.20 元;生产成本三者之比为 1:1.24:0.81。可见,在缺水稻田改稻种玉米,既高产,也高效。如果将目前占粮食总产 18% 以粮代饲的面积改粮种饲,则有 63.29 万亩,除在缺水稻田种玉米外,还需在旱地种植占旱地面积 36.5% 的玉米,亦即改旱杂粮为玉米。事实上,本区年饲养 220 万头猪所需玉米(以占配合饲料 40% 计算)22 万 t,以亩产 350 kg 计算,需安排 62.86 万亩玉米布局,恰与上述可调整面积基本吻合。由此说明,在丘陵农区调整粮食内部品种结构,不仅粮食产供需不受影响,而且能基本做到饲料自给(本区每年从外地调进玉米、大麦 8.25 万 t),实现饲料配方化,既节约粮食,提高饲料报酬率,又能以农促牧、以牧养农,实行农牧结合良性循环。此外,旱地棉花、西瓜可以有计划地与岗塝田实行垂直轮作,岗塝稻田中的连作棉花、西瓜则可与玉米、水稻水平轮作。但塝田西瓜、玉米均需连片种植,并根据水源种上后季稻,不得以特种经作、多种经营挤占稻田。这样,使得岗塝稻田的粮经二元结构变为粮饲经合理配比的三元结构。

3.3　低塝、冲田、圩田作物布局的优化

低塝、冲田、圩田占水田面积的 61.19%,是丘陵农区粮食生产的主要阵地,应当以粮为主。但是,该区域的渍害、涝害和连作障碍对产量影响很大,必须建立起科学的轮作体系,种植抗逆性相对较强的作物品种。据 1990—1991 年 221

个典型农户调查,旱地小麦较水田麦增产48.03 kg,增幅28.42%;水田油菜籽较旱地油菜增产9.6 kg,增产9.66%。因此,必须有计划地使旱地、高塝稻田油菜与低塝、冲田三麦实行双向垂直轮作,这样能较好地克服连作油菜病重、旱地油菜不抗冻和低田麦子不耐渍的问题;又据句容县测定,油菜茬较小麦茬有机质增0.039%,速效磷增1.59 ppm,水解氮增3.46 ppm,油菜茬杂交稻较麦茬杂交稻增产32 kg,增幅5.7%。故在低塝、冲田中,也应该实行小麦与油菜、杂交稻与常规稻的轮作,以获得粮油双增产。同时,秧田"终身制"问题必须分步解决。据试验,秧田冬春种植白菜型油菜和紫云英,能有效地改善土壤理化性状。与冬闲田相比,有机质分别提高0.09%,0.11%,速效磷分别增加0.25 ppm,0.39 ppm,速效钾增加5.8 ppm,2.8 ppm。因此,冬闲秧田用比不用更易熟化土壤,应当大力推广,并且有计划地实行本田稻麦与秧田绿肥、蔬菜间的水平轮作;沿江洲地漏水田,则应实行棉花与玉米轮作,并通过建立水系,逐步扩种水稻。这样,使得低塝、冲、圩田的纯粮或粮肥结构变成以粮为主、兼作饲肥经作的多元结构。

4 讨论

(1)根据丘陵农业资源状况和生产水平,稻田必须从一年两熟、粮油饲生产为主,搭配部分三熟制和棉花、西瓜。

(2)针对丘陵土壤瘠薄及种植绿肥、积造自然有机肥等增肥改土措施在现阶段不能有效实施的情况,必须走合理用地、"用中有养"、积极养地的路子。通过水旱轮作、两熟与三熟制的时空轮作,养地作物与耗地作物轮作,以及按等高线水平轮作,依坡势梯度垂直轮作,形成合理的轮作周期,并辅之以秸秆还田,增施家杂灰粪肥和饼肥等措施,提高土壤养分有效率和营养元素归还率,建立起丘陵稻田肥力自养体系,以达到持续增产的目的。

(3)根据提高自然资源利用率,增产、增收、增地力的原则,丘陵稻田大致可建立起三年六熟、三年七熟两种周期类型的种植模式。

① 三年六熟轮作种植模式

低塝、冲田、圩田"小麦—粳稻→油菜—杂交稻→经济绿肥(蔬菜、白菜型油菜)—(育秧)—稻→";岗田、高塝稻田"油菜—杂交稻→三麦—玉米→三麦+绿肥、蔬菜—棉花→";沿江漏水洲地"小麦—玉米+大豆→大麦+绿肥,蔬菜—棉花→油菜—杂交稻→"。其中,"油菜—杂交稻"是兼具有发挥丘陵粮油生产优势和用地与养地相结合的最佳组合,应当成为丘陵各类模式中所占比例最大的一种。句容县自1982年开始扩种油菜,至1987年油菜面积已占夏熟作物的40%。近年来,油菜面积的60%移向稻田,40%的麦田实行麦油轮作,大力推行"油菜—杂交稻"种植模式,成效显著。1990年与1980年相比,油菜产量翻了三番半,粮食增产近四成,水稻单产提高了207 kg,呈现连年增产的好势头。

② 三年七熟轮作种植模式

根据本区热量分布不均和经济尚不够发达、农村劳力相对过剩的情况,南部丘陵区(如高淳县等)可在水源保障的前提下,保持适当面积的双三熟制,形成"油菜—杂交稻→小麦—稻→油菜(绿肥、大麦)—稻—稻"三年七熟轮作种植模式,以充分利用该区域的热量资源,发挥其粮油生产优势;中北部丘陵则可根据西瓜面积大和扩种饲料玉米的需要,从调节水源、水旱轮作、时空调节角度考虑,在岗塝稻田发展一定规模的"两旱一水"三熟制,形成"油菜—杂交稻→麦 + 绿肥、蔬菜/玉米—稻(或:麦 + 绿肥、菜/西瓜—稻;麦 + 绿肥、菜/西瓜 + 玉米—稻;麦 + 绿肥、蔬菜/大豆—稻等)→麦 + 绿肥、菜—棉→"三年七熟轮作种植模式。其中,"两旱一水"三熟制是集用地与养地于一体,粮饲经肥有机结合,易于亩产吨粮的良好种植方式(见表2)。据试验,"两旱一水"的生物产量、经济产量、粗蛋白产量、亩纯收入都高于麦稻复种方式,且增产了本区短线农产品,生产出更多的副产品还田,有利于提高土壤肥力。特别是"麦/玉米—稻",可以稳粮、扩饲、促牧、增收,综合效益尤为显著。因此,有计划地发展稻田新型三熟制,对农业生产将起推动和促进作用。

表 2　几种"两旱一水"三熟制的产量与效益(句容、镇江农科所,1987—1985 年)

种植模式	粮食产量(kg/(亩·年))	粗蛋白产量(kg/(亩·年))	净收入(元/(亩·年))	土壤肥力(较种植前 ± %)			
				N(ppm)	P_2O_5(ppm)	有机质(%)	容重(g/cm³)
麦/玉米—稻	831.6	118.0	148.3	+ 0.0057	+ 0.0913	+ 0.087	− 0.138
麦/大豆—稻	819.3	158.3	144.6	+ 0.0136	+ 0.0893	+ 0.075	− 0.035
麦/西瓜—稻	562.2	101.5	515.05	+ 0.0253	+ 0.3627	+ 0.0759	− 0.060
油菜—稻	572.6	117.2	225.2	+ 0.0218	+ 0.0863	+ 0.286	− 0.031
麦—稻(CK)	731.6	90.8	121.8	+ 0.0156	+ 0.0823	+ 0.183	− 0.058

注:玉米折粮食1.2;大豆1折2;油菜籽、西瓜不折粮。

(4)在农田分户经营体制下,优化作物布局,实行连片种植,推行科学轮作,必须与适度规模经营相结合,与强化社会化、专业化技术服务相结合,与加强农民技术教育、提高农民科技素质相结合,只有这样,才能种植技术模式化,提高劳动生产率和农田综合生产力。

牧草纳入丘陵水稻农作制的形式及效益

苏南丘陵地区的种植方式是以稻—麦为主体,以一年一熟稻作和丘陵旱作或一熟稻的冬闲田和岗地种植油菜、牧草等冬作物为辅。在不影响粮食总产的情况下,将牧草纳入水稻农作制,对实现稳粮—扩饲—促畜(渔)—增收具有重要意义。1984—1990 年,作者在宁镇扬丘陵地区的镇江官塘乡驸马庄村试验基点建植丘陵农区草地,进行了农牧结合的试验研究。本文着重总结分析牧草纳入农作制的形式,及其提高土地利用率,增加单位面积的能量和蛋白质的总产量,发展养殖业和培肥地力增粮的效益。

1　牧草及青饲料改进种植制度的形式

(1)替代冬小麦,变稻—麦为稻—草复种,或在一熟稻田、秧田的冬闲期,增种一季牧草。适宜的草种有冬牧 70 黑麦、一年生黑麦草、小黑麦等禾本科牧草和毛苕子、箭舌豌豆、紫云英等豆科牧草,这些牧草于 11 月至来年 5 月栽培利用,而不影响夏季水稻的生长。

(2)灌溉水水源不足或贫瘠的低产稻田,改种优质高产牧草,变稻—麦为草—麦种植方式。夏季种植优质高产牧草对养殖业所起的作用是种植稻谷所不可替代的。

(3)在不影响冬小麦秋播的条件下,改稻为青饲料和经济作物,即变稻—麦两熟为青贮玉米—绿豆(饲料菜)—小麦三熟,或在稻—麦复种中,水稻收割前一周套种速生饲料菜,形成稻—菜—麦形式。在水源不足的岗地,水稻产量仅为冲田的 60% ~70%,改种的青贮玉米,于 7 月中下旬收贮,接种绿豆,秋种小麦,种植结构为粮—饲—经多元结构。

此外,在稻田边埂隙地及沟塘,可填闲种植青绿多汁饲料和水生饲料,如蚕豆、水葫芦等。

2　牧草纳入水稻农作制后的效益

2.1　提高土地利用率

一熟稻田和秧田以往多冬闲,不予利用,利用秋冬季节,增种一季牧草,变一季为二季。1985 年秋种箭舌豌豆,来年亩产鲜草 4 500 kg,早春提供奶牛青饲

本文原载于《江苏农业科学》(1992 年第 5 期),第一单位第一作者为白淑娟(江苏省农科院),本人为第二单位第一作者。

料,并不影响种稻。也有的农户将青贮玉米纳入种植制度,收贮后接种绿豆、苞菜,不影响种麦,提高了复种指数,增加了土地利用效益。

2.2 提高能量和蛋白质产量

多年试验证明:11月至来年5月的冬闲田,种植冬牧70黑麦、黑麦草,平均亩产干物质、粗蛋白和产奶净能分别为700~800 kg、80~130 kg和5 024~5 652 MJ;毛苕子、箭舌豌豆分别为500~600 kg、100~130 kg和3 349~3 768 MJ。牧草的能量相当于700 kg稻谷或550 kg玉米;粗蛋白相当于250 kg大豆。

改稻—麦为稻—草的种植方式,以草代麦,表面上少收一季小麦,实际增加了单位面积的能量和蛋白质的产出。如1988年冬牧草品比试验中,冬牧70黑麦的蛋白质和产奶净能分别为冬小麦的241.6%和223.1%;小黑麦为冬小麦的223.7%和206.6%(见表1)。

表1　牧草与冬小麦的产量和营养价值

牧草、作物	籽实 (kg/亩)	秸秆 (kg/亩)	粗蛋白 (kg/亩)	产奶净能 (MJ/亩)
冬牧70黑麦		4 700	94	5 652
小黑麦OH1194		4 023.4	87	5 267
冬小麦(CK)	250	200	38.9	2 533
冬牧70/冬小麦(%)			241.6	934
黑麦/冬小麦(%)			223.7	865

改稻—麦为玉米—麦和草—麦的种植方式。由于玉米是饲料之王,是重要的能量饲料,与水稻相比,代谢能、产奶净能每公斤分别高4.186 8 MJ、2.093 4 MJ。而且,玉米的亩产高于水稻,据试验基点测算,玉米较水稻糙米产量高10%以上,又省肥、省药、省工本。有些玉米品种,如苏玉4号成熟期秸秆和部分叶片仍然保持鲜绿,每亩收籽实391.6 kg外,另收青贮秸秆1 305.4 kg,仅此每亩就增收60元。近年基点玉米种植已扩大到占耕地的20%。

盛夏高温期,栽培的高产牧草杂交狼尾草比此期种植的水稻干物质、粗蛋白和产奶净能分别高10.6%,83.4%,10.5%。在不影响水稻产量计划的前提下,种草养畜效益更好(见表2)。

表2　杂交狼尾草、水稻的产量和营养价值

作物	籽实产量 (kg/亩)	鲜草产量 (kg/亩)	干物质		粗蛋白		产奶净能	
			(kg/亩)	增加(%)	(kg/亩)	增加(%)	(MJ/亩)	增加(%)
杂交狼尾草		4 598.5	780.6	10.6	70.8	83.4	4 841	10.5
水稻(CK)	450	450	711		38.6		4 379	

注:①杂交狼尾草仅为7月1日一次青割产量;②水稻的产量为一般平均亩产,籽实和秸秆粗蛋白含量分别为9.2%,3.8%,产奶净能每公斤8.25,3.48 MJ。

2.3 提高养殖业生产效益

牧草和饲料作物纳入种植制度后,改变了以粮食为主的单一种植结构为粮、饲、经多元结构,同时,将以猪为主的养殖结构改为猪与草食畜禽和鱼相结合的多元结构。1984—1988年在省农科院和驸马庄村基点建立的丘陵农区草地模式表明,①以红、白三叶草、牛尾草为主的多年生牧草,②杂交狼尾草与意大利黑麦草、苕子等一年生套种牧草,③搭配种植玉米青贮,上述三种模式各1亩共产鲜草2万多kg,合干物质3 204 kg,产奶净能22 133 MJ,粗蛋白424 kg(见表3),可满足1头年产5.4 t标准乳的乳牛全年青饲料需要,并比喂饲其他青草节省精饲料300~500 kg。1983—1987年种草养鱼试验结果是,春末夏初以黑麦草、三叶草,盛夏高温期以杂交狼尾草喂鱼,0.6~1亩这类优质牧草(饵料系数为20~30),就可满足1亩(单产500 kg)鱼塘的青饵料需要。利用田边隙地、稻田埂填闲种植多汁饲料苦麦菜、饲料南瓜、胡萝卜、紫云英等喂猪,调查结果为1亩紫云英搭配少量精饲料,可养1头猪,并可获得2 500~3 000 kg厩肥,约增产125~150 kg粮食。

表3　模式草地的营养水平与奶牛的营养需要

供需比较	营养来源与需要	干物质(kg)	产奶净能(MJ)	粗蛋白(kg)
供给量	3亩草地产草	3 204.3	22 133	424.24
	1 500 kg混合精料①	1 275	11 311	248.7
	合计	4 479.3	33 944	672.94
需要量	母牛体重450 kg	4 341.6	29 458.8	621.36
比较	年产标准乳5.4 t②	+137.7	+4 485.2	+51.58

注:① 按1985年南京江浦饲料公司奶牛饲料配方测算;② 按1986年中华人民共和国奶牛饲养标准ZBB计算。

2.4 肥田增粮

牧草地上部分养畜,地下部分肥田,尤其是豆科牧草,以发达的根系和根瘤护坡、保水和固定空气中氮素。驸马庄村基点的白三叶1985—1988年合计亩产鲜草14 586 kg,平均每年亩产3 647 kg,残留于土壤中的匍匐茎、根系4 008 kg,平均每年每亩1 002 kg。种草4年的土壤全氮和有机质含量较种草前分别高110.3%和159.8%,土壤肥力提高,促进后作玉米的秸秆和籽实产量,比休闲地茬分别高79.9%和152.6%。该结果和美国(1975)利用绛三叶为前作获得后作玉米产量68 t/ha,比前作休闲地(25 t)增加172%的结果一致。以紫云英为水稻前作,种植前有机质、速效磷、速效钾含量分别为2.61%,5.9 ppm,7.9 ppm,翻压种稻时,则分别为2.62%,5.95 ppm,79.6 ppm,提高了土壤养分,促进了水稻的生长、发育,籽实产量提高6.6%(见表4)。

表4 紫云英茬口水稻秧苗素质及籽实产量

茬口	移栽叶龄 （叶）	单株带蘖 （个）	秧苗百株 干重(g)	产量 （kg/亩）	比较(%)
紫云英	7.67	3.6	56.2	538	106.6
冬闲田	7.48	2.9	51.7	504.5(ck)	100

3 结语

以稻—麦为主要种植方式的苏南丘陵农区,牧草纳入种植制度,在粮—饲—经和猪—牛—鱼的多元种养结构中,成为中心环节和纽带,对提高土地利用率,培肥土壤,增加单位面积能量和蛋白质产出,具有重要意义。

关于镇江市多级翻水稻田种植业结构调整途径的调查报告

今年三夏期间,春旱接夏旱,我市丘陵地区塘坝干涸,水库蓄水枯竭,导致全市10余万亩三级以上翻水稻田待水栽秧、无水栽秧,严重影响了夏种进度。30年一遇的特大旱灾,一下将我市多级翻水稻田(指三级以上翻水稻田,下同)存在的问题暴露无遗,省领导对此十分重视,高度关注。根据省市领导的重要指示,8月22—28日,以镇江市农林局牵头,会同市政府政策研究室、市水利局、市农科所等4单位有关专家,对我市多级翻水稻田的种植业调整情况进行了调研,现报告如下。

1 多级翻水稻田的沿革和现状

丘陵地区多级翻水稻田的种植调整,一直是我市农业生产新的经济增长点、农村经济发展新的亮点、农民增收的重要来源。天王的"现代有机农业示范区"、春城的"丁庄早川葡萄园"、白兔的"万山红遍现代农业科技示范园"等无一例外都是建立在丘陵地区多级翻水稻田的基础上,相继形成了各具特色的农产品专业生产基地,而且区域经营规模的建设越来越大。丘陵地区多级翻水稻田是我市种植业结构调整的宝贵资源,现状如下。

1.1 类型

多级翻水稻田位于镇江市的中、西南部,辖二市一区共33个乡镇,人口168.46万人,土地面积2 457 km²,耕地面积148.81万亩,旱涝保收面积98.29万亩,其中自流灌溉面积33.70万亩。现存的多级翻水稻田按丘陵类型划分,可分为二类,即茅山丘陵多级翻水稻田和宁镇丘陵多级翻水稻田。位于我市中、南部低山丘陵的稻作,属于茅山丘陵多级翻水稻田,稻作面积7.469 3万亩,占52.68%,共涉及17个乡镇,80个村,1 057个村民小组;位于我市中北部低山丘陵的稻作,属于宁镇丘陵多级翻水稻田,稻作面积6.709 2万亩,占47.32%,共涉及16个乡镇,86个村,777个村民小组。可见,我市多级翻水稻田以茅山丘陵稻区居首,宁镇丘陵稻区为次,分布在海拔30~50 m的低山丘陵范围内(见附表1~4)。

1.2 面积

据统计,全市现存多级翻水稻田的面积共14.178 5万亩,涉及64个乡镇,

本文系2005年《镇江市丘陵山区开发与农业结构调整规划》的配套材料,由我主持的调研组共同完成。

166 个村,1 834 个村民小组。其中,三级翻水稻田的面积为9.055 5万亩,占多级翻水稻田的 63.87%,句容、丹徒、丹阳二市一区分别占57.31%,21.57%,21.12%,涉及 33 个乡镇,106 个村,1 199 个村民小组;四级翻水稻田的面积为3.842 万亩,占多级翻水稻田的 27.10%,句容、丹徒、丹阳二市一区分别占78.08%,14.09%,7.83%,共涉及 20 个乡镇,45 个村,484 个村民小组;五级以上翻水稻田主要分布在句容市和丹徒区境内,稻作面积为 1.281 万亩,占多级翻水稻田的9.03%,句容、丹徒分别占78.06%,21.94%,共涉及 11 个乡镇,15 个村,151 个村民小组。20 世纪 80 年代,我市的多级翻水稻田约是现存的 3 ~ 4 倍,达 30 万亩以上,经过 90 年代和 2000 年以来的连续种植业结构调整等因素,已锐减至目前的水平,且剩下的大多是农民的口粮田。

1.3 效益

据调查,多级翻水的稻田为中低产田,水稻平均单产不过千斤,亩产值在750 元左右,单产比常规田减二成减 100 kg 以上,亩生产成本增加 35 ~ 38 元,纯收入减少 179 ~ 246 元(见表1)。

表1 多级翻水稻田水稻生产经济效益比较

类别	单产 (kg/亩)	产值 (元/亩)	生产成本(元/亩)							纯收入 (元/亩)
			种子	育秧	肥料	农药	机械	灌溉	合计	
岗田	440	704	11	8	98	40	90	60	307	397
塝田	480	768	11	8	95	40	90	60	304	464
常规田 (冲田)	570	912	11	8	80	40	90	40	269	643

1.4 土质

宁镇丘陵多级翻水稻田的土壤有机质 14.3 g/kg,速效磷 6.1 g/kg,速效钾 74 g/kg。茅山丘陵多级翻水稻田的土壤有机质 13.8 g/kg,速效磷 5.9 g/kg,速效钾 66.2 g/kg。两者土壤质地均为小粉土及马肝土,水土冲刷流失较重,土壤肥力贫瘠,土地生产率低下。

2 多级翻水稻区的资源状况

多级翻水稻田的种植业结构调整一直是我市丘陵地区的农业结构调整的重点,区域内的生态资源也较丰富,可以为进一步深化种植业结构调整发挥应有的作用。

2.1 水资源

区域内共有水面31.53 万亩,中小水库80 座,塘坝 11.86 万个,大小河道74 条。正常年景宁镇山脉和茅山山脉年均径流量 1.72 亿 m³,丘陵岗坡地为

3.23亿 m³,沿江和赤山湖平原 0.23 亿 m³,合计地表径流量为 5.18 亿 m³。中小水库库容量 6.84 亿 m³,塘坝沟储量 2.42 亿 m³,地表总蓄水量可达 6.5 亿 m³。但人均水资源量仅 800 m³,在全省排列倒数第 3,属水资源严重短缺的地区。

2.2 耕地

区域内二市一区需要进行多级翻水稻田种植业调整的乡镇有 33 个、行政村 121 个、村民小组 1 325 个、农户 8.701 5 万户,总人口达 40.626 万人,耕地面积为 46.952 1 万亩,人均 1.16 亩。需要调整种植业结构面积 14.18 万亩,占耕地面积的 30.16%,户均 1.63 亩。

2.3 灌溉

区域内兴建的大中小型机电灌站多达 375 处,其中,一级提水 158 座,二级提水 93 座,三级提水 76 座,四级提水 26 座。有效灌溉面积 94.6 万亩,占全市总灌溉面积的 70%。这些泵站大都是扬程在 50 m 以上的多级翻水工程,最高扬程达 200 m。其中扬程在 100 m 以内的有 174 处,占提灌面积的 42%;扬程在 100 m 以上的有 153 处,占提灌面积的 58%。

2.4 劳动力

区域内现有农村劳动力 15.65 万人,约占全市的 1/5。其中男劳力 8.42 万人,占 53.8%;女劳力 7.23 万人,占 46.2%。从事农业的劳力 8.75 万人,占 55.91%;转移到二、三产业的劳力 6.9 万人,占 44.09%。

2.5 气候资源

该区域地处北亚热带季风气候区,年平均气温 15.1 ℃,≥10 ℃的活动积温为 4 840 ℃;常年日照时数为 2 152 h,年日照率 49%,全年太阳辐射能量 116.1 kcal/cm²,年均总降雨量 1 012 mm,无霜期 229 天;属于北亚热带落叶阔叶林与常绿叶混交林带,具有较强过渡性适宜多种植物和经济林果的种植。

3 多级翻水稻区种植调整的现有基础

经过我市连续近 20 年的种植业结构调整,在多级翻水稻区逐步涌现了一大批各级农业科技示范园、农业龙头企业、农村合作经济组织和农民经纪人,这是我市现存的多级翻水稻田深化种植业结构调整的主要力量。

3.1 农业科技示范园

区域内现有各类农业科技示范园区 30 个,总投资 31 378 万元,年销售农产品额 17 455 万元,实现利润 3 605.7 万元,吸纳本地劳力 11 921 人,共注册商标 19 个,通过产品质量认证 15 个。

3.2 农业龙头企业

区域内产值 500 万元以上的加工企业或年销售 1 000 万元以上的流通企业,

具有正式营业执照的涉农企业现有 65 家,其中加工企业 28 家。企业总投资 33 871万元,其中,民资 17 852 万元、工商资本 10 985 万元、外资 5 034 万元,分别占 52.71%,32.43%,14.86%。从业人员总数 4 450 人,其中吸纳本地劳力 3 467人,带动 156 373 农户,调整种植业结构 550 015 亩。农副产品收购总额 63 341万元,实现年销售收入 94 528 万元,利润 8 753.8 万元。

3.3 农产品生产基地

区域内面积在 300 亩以上相对集中的种植业、100 头以上的奶牛养殖基地现有 90 个。其中,林果类 64 个,共 5.272 4 万亩;奶牛养殖类 4 个,共 1 120 头;蔬菜、草莓等特经种植类 22 个,面积 9141 亩。

3.4 种养大户

区域内特色种养大户现有 289 个,总投资 4 059 万元,销售农产品 4 471 万元,净收入 1 863.9 万元。

3.5 合作经济组织

区域内经市民政、农林(业)、科协等部门批准成立的合作社、协会现有 30 个,其中合作社 9 家,协会 21 家,占全市的 1/3。入社(会)农户 2 588 户,发展社(会)员 7 142 人。生产经营规模 5.13 万亩,2004 年销售额 14 177 万元。

3.6 农民经纪人

区域内年销售农产品 50 万元以上农民经纪人大户现有 139 个,共联系农户 15 640 户,销售农产品 25 646 t,销售额 16 089.4 万元,实现销售利润 1 826.7 万元。

4 多级翻水稻田种植业结构调整存在的主要障碍

多级翻水稻区在农田基本建设、水利设施、翻水费用等方面存在以下几方面问题。

4.1 成本高

多级翻水耗电量大,经核定,翻水的水价一般在 0.3~0.6 元/m^3 之间,按一亩栽秧水需 200~300 m^3 计算(水均价 0.45 元/m^3),亩灌一次水约需 90~135 元,最低也要 60 元。加上区域内水资源紧缺,多级翻水后,种一亩稻的灌溉费用显著高于平原圩区。据反映,平常灌一次水、亩收 7 元的翻水费用都无法向农民征收到,加重了县和乡镇两级财政的负担。

4.2 渗漏率大

区域内多级翻水稻作的多数地形复杂,水源较远,输水距离较长,海拔较高(>30 m),大多采用渠道输水。灌溉渠存在年久老化失修、管理落后等通病,而且土渠输送水的沿程渗漏损失相当严重,渗漏率高达 50% 以上。而利用设施

47

好、混凝土制的防渗渠道(干支渠)输送水,其田间渗漏率仍达30%左右。

4.3 效益低

区域内多级翻水稻作的部分地形破碎,地块较小,高效经济作物很少,种植结构不很合理,水费又过高,灌溉效益极低,甚至呈负效应,失去了灌溉水应起的作用。

4.4 旱情重

区域内伏旱10年5~6遇,秋旱10年8遇。今年夏种期间遭受历史上少有的干旱,1-6月份总降雨量294.3 mm,接近历史上的大旱年份1978年,总蒸发量809.3 mm,高于1978年。尤其是夏种期间,5~6月总降雨量67.9 mm,比常年偏少59%,同期蒸发量444.4 mm,比常年偏多30%。多级翻水稻区这种"见雨即涝、遇晴就旱、旱涝急转、灾情易发"的状况是典型的多灾低产稻作区。

4.5 蓄水量小

区域内由于水库、塘坝改造缺少资金,淤积严重,蓄水量大大减少,排涝抗旱能力显著降低,呈现"有雨蓄不上,无雨旱得荒"的境地。

4.6 调整难度大

一是多级翻水稻区大多是农民的口粮田。据走访,很多农民不愿调整,怕吃亏。现行实施的良种补贴、粮食直补惠农政策的落实,激发了农民种稻的积极性,促使其不愿改种其他作物,怕承担风险。二是稻田都是岗坡田,海拔落差悬殊,且不连片,零星散状分布,加上农田基础设施不配套,土地流转矛盾加剧,连片调整难度确实加大。三是国家法律法规不允许利用基本农田栽种果树,由于政策制约,规模开发受影响。四是多级翻水稻区普遍存在农业技术力量薄弱,虽然农民致富心情迫切,但农民素质都不高。

5 多级翻水稻区种植业结构调整的主要措施

要从根本上解决多级翻水稻区农业生产效益问题,最有效的办法就是调整种植业结构,发展节水灌溉,采用各种节水措施,提高灌溉水的利用效率和灌溉水的生产率,降低农业生产成本,增加农民收入。

5.1 指导思想

从多级翻水稻区的实际出发,以科学发展观为指导,坚持农业可持续发展战略,以市场为导向,提高经济效益为中心,促进科技进步为依托,加快发展农产品加工出口为突破口,结合现有的优势产业和基地布局,主攻以林果、苗木、茶叶、蚕桑、牧草和特经为重点的生产项目,加快区域内农产品加工业的建设,形成农业与旅游业、加工业,农村经济与社会发展、自然生态保护的协调统一,实现生态、经济、社会效益的最大化。

5.2　原则

多级翻水稻区的种植业结构调整是一项投资大、周期长、前期见效慢的艰巨工程。因此，种植业结构调整的原则必须依据现实情况和未来发展的趋势，因地制宜，分类指导，确定调整的适宜品种和适度规模，科学规划，合理定位，做到"五个结合"。

一是区域种植调整必须坚持长期规划与分步实施相结合。各地的"十一五"规划，必须优先对丘陵地区多级翻水稻区的种植结构进行深化调整，切实做到科学规划，宏观指导，微观实施。

二是区域种植调整必须坚持强化市场服务与尊重农民意愿相结合。在调整上不搞一刀切，通过加强政策和信息的引导，充分发挥区域内的土地资源、农业经济资源、技术资源的优势，最大限度地调动农民参与调整的积极性。

三是区域种植调整必须坚持企业主体开发与政府扶持相结合。制定区域内相应的系列惠农政策，积极鼓励农业龙头企业、非农企业、农村经济合作组织、经纪人参与丘陵地区多级翻水稻区的农业开发，并获得相应报酬。各地要优先发展农产品加工企业，促进农村劳动力转移，深化区域内农业结构调整。

四是区域种植调整必须坚持规模化发展与多样化发展相结合。既要考虑区域性特色，优先发展与现有品种的核心区相集聚的项目，又要考虑到丘陵不同层次的生态条件，合理营造多层次的人工经济林果带，万亩茶、桑、牧草、立体种养示范区。

五是区域种植调整必须坚持引进新项目与发展现有项目相结合。如区域内农业三项工程、科技园建设、科研、农业资源等新项目的立项、投资和开发，应融于丘陵地区在建的和已建的农业项目。如句容新上项目可纳入该地区在建的农业"三区、十带"工程建设，这样作为扩建的新项目，一上马就具有较强的示范、辐射和带动作用，既扩大了新项目的规模效益，又打出了品牌效应，也增加了项目的经济、社会和生态效益。

5.3　对象

现存的丘陵地区三级以上翻水稻田。

5.4　指标

多级翻水稻田种植业结构调整的技术及经济指标：

（1）面积。宜种植业结构调整三级以上翻水稻田面积 14.18 万亩。

（2）转换。将现存的丘陵地区三级以上翻水稻田，经种植业结构调整改造成经济林果、茶、桑、牧草、立体种养的基地或示范区。

（3）效益。种植业结构调整后每亩收益不低于 700 元。参照值为现行每亩稻田一年两熟（稻—油）生产的经济效益的平均值。

（4）报酬。种植业结构调整 2～3 年后，每亩年收益不低于 2 000 元。参照值为现行个体农业生产平均每亩投资金额 4 000 元、回报期限一般 2~3 年、所得收益的年平均值。

（5）期望值。最终实现区域内农业人口达到小康指标,人均 2 700 元以上。参照值按现行小康目标农业构成仅占 30% 计算,就是种植业结构调整后每亩年受益指标达到 2 000 元、人均 1.3 亩以上。

5.5　种植业结构调整的主要内容

区域内土地和气候资源丰富,区域位置和交通优势明显。适宜于种植的经济林、果、茶、桑、牧草品种多,产量高,生产潜力大,销路好。如深受我市及周边城市市民青睐的应时鲜果品种有梨、桃、草莓、葡萄等品种,而且品质较好,在国内有较强竞争力,部分已符合出口指标。主要推广品种如下。

5.5.1　应时鲜果

属果品类,主要有砂梨、桃、葡萄、柿、枣、草莓、无花果、果桑等 8 个品种。以省道、国道两侧和城镇周边为重点,建立应时鲜果基地。

① 砂梨。原产长江流域,喜温暖多雨的气候,耐高温,要求年降雨量在 1 000 mm 左右;喜中性土壤,对土壤要求不高,土壤 pH 值 5~8.5 范围内的壤土、黏土均可栽培。我市多级翻水稻区适宜栽植。以鲜食为主,适度开发加工食品。

② 桃。喜温暖、湿润的气候,要求降雨量在 1 000 mm 以上;耐干旱而不耐涝,栽植定要排水良好的田地;喜中性土壤,对土壤要求不高,土壤 pH 值在微酸—微碱内的沙壤土、砾质壤土均可栽培。以鲜食品种为主,早中晚熟搭配。苏南地区人民均喜食鲜桃,还可发展果汁加工业,前景看好。

③ 葡萄。喜干忌湿,湿度小、昼夜温差大的气候为佳,要求年降雨量 500~600 mm;对土壤适应性很强,土壤 pH 值在 4~8.5 内的各种壤土均可栽植,但忌土壤黏性重、严重板结、排水不良的田块。苏南地区人民均喜食鲜葡萄,也喜喝葡萄酒。可分鲜食、加工进行适度开发。

④ 柿。原产长江流域,喜温暖湿润气候,耐干燥;对土壤要求不高,土壤值在 pH 值 5~8 内的各种壤土均可栽植,以黏土最佳。我市多级翻水稻区适宜栽植。区域内老品种不耐储运,要逐步淘汰。日本甜柿耐储,可加工,应适度发展。

⑤ 枣。原产我国,喜温,耐极端温度,喜少雨、干燥,需年降雨量 400~600 mm;对土壤要求不高,土壤 pH 值在 5.5~8.5 内的各种壤土均可栽植,但排水要好。我市多级翻水稻区适宜栽植。以鲜食为主,加工略有糖度不够的问题,可作为调剂品种。

⑥ 草莓。已成为我市丘陵地区种植业结构调整的亮点,尚未成为农村经济发展的支柱产业。多级翻水稻区发展草莓分三类指导:一是种植大棚草莓,以鲜食品种为主;二是种植露地草莓,以加工品种为主;三是大棚、露地草莓兼种,主攻出口品种。

⑦ 无花果。已在我市丘陵地区种植,规模尚小。我市多级翻水稻区适宜栽植。以鲜食为主,可作调剂品种。

⑧ 果桑。抗旱、耐瘠薄,营养丰富,食药兼具。一般 2 年投产,盛产期亩产果 2 250 kg 左右,效益 3 000 元以上。我市多级翻水稻区适宜栽植。可在果汁加工企业带动下进行规模开发,发展保健饮品桑葚干红、桑葚饮料。

5.5.2 经济林

主要有花卉苗木、茶叶、蚕桑 3 类品种。

① 花卉苗木。城市绿化、绿色通道建设等需要大量的园林植物——花卉苗木。目前市场畅销的有桂花、栾树、色叶柳类、香椿、香花槐、紫叶矮樱、无患子等诸多品种,可以以丹阳东北部丘陵和句容茅山丘陵为重点,建立花卉苗木基地。

② 茶叶。全国茶叶数江苏,江苏好茶在镇江丘陵地区。全市茶叶目前只有 4 万多亩,年产仅千余吨。多级翻水稻区发展茶叶,以茅山和宁镇山脉两侧为重点,建立名特茶叶基地,推广无性系优良品种。

③ 蚕桑。我市丘陵地区的传统产业。"十五"期间,我市蚕桑产业化实施后,蚕茧质量全面提高,市场竞争能力得到增强,亩桑效益一般在 2 000 元以上,前景看好。适宜在多级翻水稻区种植,可在中老年劳力多(文化低、无技术特长、外出打工年龄偏大)的地区发展。

5.5.3 牧草

主要牧草有白花三叶草、紫花苜蓿、黑麦草等品种。可在养禽、养畜产业基地的带动下,进行订单作业,实现种养结合致富。在多级翻水稻区可实施果草间作,建立牧草基地和草食畜禽基地。

5.5.4 特经

区域内适宜种植特种经济作物诸多,如黑大豆、荞麦、小杂粮、葛根、中草药、淮山药、野山菜、食用菌等诸多品种。可作为多级翻水稻区积极发展多种经营、适度进行规模开发的调剂品种。一是以茅山丘陵南部的多级翻水稻田为重点,建立以药用型山芋、特种玉米、黑大豆、芝麻等为重点的功能型旱杂粮基地;二是以镇荣线、句丹线两侧的多级翻水稻田为重点,以茅苍术、丹参、葛根等为主要品种,建立中药材生产基地;三是以沿江公路、312 国道的多级翻水稻田为重点,以江南食用菌等龙头企业为重点,建立食用菌、野山菜等特种经济作物生产基地。

5.5.5 坚果

区域内还可适宜种植坚果类品种如核桃、板栗、白果等,作为适度规模开发的调剂品种。

5.6 作物品种布局

14.18 万亩多级翻水稻田的种植业结构调整,可经 3～5 年的努力,使之全部调整为经济旱作品种。布局安排为应时鲜果 6 万亩(桃 1.5 万亩、葡萄 1.0 万亩、草莓 1.5 万亩、砂梨 0.5 万亩、枣 0.5 万亩、柿 0.5 万亩、无花果 0.5 万亩),花卉苗木 2.0 万亩,茶叶 2.0 万亩,蚕桑和果桑 1 万亩,牧草 1 万亩,特经 1.38 万亩,坚果 0.8 万亩。

5.7 栽培模式

从旱作品种的栽培特性特点出发,按海拔从高到低的次序相应规模开发。五级以上翻水稻田宜发展茶叶、坚果类品种;四级翻水稻田宜发展桃、梨、葡萄等应时鲜果类品种;三级翻水稻田宜发展葡萄、草莓、牧草、特经等作物品种。向现有农产品生产基地聚集,逐步形成优势生产区。

按旱作栽培的要求,根据不同品种生产利用的特点,实现林果—牧草—禽(畜)共作、林果—蔬菜套作、林果—小杂粮套作、小杂粮—蔬菜间套作等多种立体种植(养)方式。全力提高单位面积土地产出率和投入产出比。

5.8 开发模式

丘陵地区多级翻水稻区的开发,必须与开发地的主导产业发展方向相一致,与农业结构调整紧密结合,全力引进高新技术和雄厚的资金,改造传统产业,开发和培育新兴产业,运用先进的经营方式,扩大优势产业,强化主导产业,按照标准化、规模化、专业化、无公害化要求组织生产、加工和销售,从而促进农业产业升级,不断增强带动农民致富的能力。因此,种植业结构调整采取的开发模式应是多样性的、互补性的和拓展性的。可采纳的开发模式如下。

5.8.1 园区型开发模式

分招商引资型、专业型、园所互作型 3 种类型。

① 招商引资型园区(又称工业开发园区)。

基本特点:政府搭台、项目带动、招商引资、企业化发展。

主要形式 1:项目 + 农业企业 + 种养能手。

主要形式 2:招商引资 + 农业企业 + 种养能手。

考核指标:项目的数量、招商引资的金额、著名或知名商标的数量、生产加工能力、对外贸易额、订单农业的订单数量和订单种养面积。

② 专业型园区(直接经营型)。

基本特点:项目带动、农林部门实施、农业科技企业、专业化生产、直接经营。

主要形式:项目 + 农业科技企业 + 农户。

考核指标:项目的数量、生产加工能力、订单农业的订单数量和订单种养面积。

③ 园所互作型。

基本特点:项目带动、农科院所实施、园所互作、企业化发展。

主要形式:项目 + 园所企业 + 农户。

考核指标:项目的数量、生产加工能力、订单农业的订单数量和订单种养面积。

5.8.2 产业型开发模式

分农业产业化型、合作经济组织型、经纪人型3种类型。

① 农业产业化型。

基本特点：生产专业化、布局区域化、服务社会化、管理企业化。

主要形式1：龙头企业 + 基地 + 农户。

主要形式2：龙头企业 + 协会 + 农户。

考核指标：龙头企业的数量、著名或知名商标的数量、生产加工能力、对外贸易额、订单农业的订单数量和订单种养面积。

② 农村合作经济组织型。

基本特点：生产订单化、经营专业化、服务社会化。

主要形式1：专业合作社 + 基地 + 社员。

主要形式2：行业协会 + 基地 + 会员。

考核指标：专业合作社、行业协会和会员的数量、对外贸易额、订单农业的订单数量和订单种养面积。

③ 经纪人型。

基本特点：加销一体化(收购、加工、运输、销售)、经营灵活化、服务社会化。

主要形式1：自发的营销协会 + 基地 + 农户。

主要形式2：经营公司 + 基地 + 农户。

考核指标：营销协会、经营公司的数量、贸易额、订单农业的订单数量和订单种养面积。

5.8.3 基地型开发模式

分车间型、订单型、协会型和飞地型4种类型。

① "车间型"基地。

基本特点：制订生产计划、下达生产任务、统一收购和加工、公司-基地一体化。

主要形式：生产车间 + 基地 + 农户。

考核指标：生产公司的数量、订单农业的订单数量和订单种养面积。

② "订单型"基地。

基本特点：签订购销合同、建立生产基地、统一收购和加工。

主要形式：加工或流通企业 + 基地 + 农户。

考核指标：加工或流通公司的数量、订单农业的订单数量和订单种养面积。

③ "协会型"基地。

基本特点：产地型生产、基地型经营、协会型组织收购和加工。

主要形式：专业性协会 + 基地 + 农户。

考核指标：专业性协会的数量、订单农业的订单数量和订单种养面积。

④ "飞地型"基地。

基本特点：跨区建基地、资源配置互补、产地和销地双赢。

主要形式：公司＋基地＋"飞地"农户。

考核指标："飞地"型建基地的数量、订单农业的订单数量和订单种养面积。

5.9　实施步骤

对现存多级翻水稻田的彻底改造，一要在尊重农民的意愿上，注重政府导向、法人投资、企业化管理、市场化运作、产业化开发；二要用工业化的生产思路开发农业科技项目，实现经营主体的企业化和经济成分的多元化，逐步形成园区、产业、基地和企业的市场化运行机制；三要做到积极开拓创新、机制创新、科学规划、分步实施。建议分3步进行。

5.9.1　核心区

以农业龙头企业、科技型企业建设的园区为核心区，是丘陵地区多级翻水稻田种植业结构调整的中心区，作为分步种植调整的第1步。

实施时间：2~3年。

实施规模：以3个以上大型农业科技园区的核心区面积(1 000~3 000亩)为基础，组建丘陵地区现代农业示范中心区。每中心区面积1万亩以上。拟在多级翻水稻区建立林果、花卉苗木、特经或立体种植(养殖)等三大类各具特色的现代农业示范中心区。中心区实施面积3万亩以上。以园区型开发模式为主，产业型开发模式为辅。

5.9.2　示范区

示范区是农业龙头企业与科技型企业进行农产品生产的基地、农业科研成果的转化基地和核心区农业产业化带动基地。作为分步种植调整的第2步。

示范时间：2年以上。

示范规模：在核心区的周边作为建设示范区的平台，根据当地自然条件和农业生产特点，拟在多级翻水稻区建立种植业示范区、畜牧业示范区、林果产业示范区、蔬菜特经作物示范区等多种类示范区，实施面积6万亩以上。以产业型开发模式为主，基地型开发模式为辅。

5.9.3　辐射区

紧靠示范区附近，边示范边辐射，带动周边区域农民参与多级翻水稻田的种植调整，是核心区和示范区专业化生产、规模化生产和集约化经营的补充。作为分步种植调整的第3步。

辐射时间：2年以上。

辐射规模：在示范区的周边，根据当地自然条件和农业生产特点，在多级翻水稻区建立各类示范区的辐射带，实施面积6万亩以上。以基地型开发模式为主。

5.10　种植业结构调整愿景

要完成 14.18 万亩多级翻水稻田种植调整(见表 2),据估算,需总投资约 6.55亿元,调整到位后将取得明显的经济效益、生态效益和社会效益,可年增产值约 5.6 亿元,年增效益约 2.78 亿元。调整后多级翻水稻区水资源得以合理分配,避免了经济林果与粮食争水矛盾,有利于一、二级翻水稻田实现高产稳产。同时区域内农业生态环境明显好转,大气质量得到显著改善,农田污染排放明显减少,境内河流源头水质得以提高。从而促进农业经济发展和农村社会稳定,改善人民生活质量,提高农民收入。

表 2　多级翻水稻田种植业结构调整的投资概算明细表

类别	面积(万亩)	每亩投资(万元/亩)	总投资(亿元)
桃	1.5	0.4	0.6
梨	0.5	0.4	0.2
葡萄	1.0	0.6	0.6
草莓	1.5	0.5	0.75
柿	0.5	0.4	0.2
枣	0.5	0.5	0.25
无花果	0.5	0.4	0.2
花卉苗木	2.0	0.6	1.2
茶叶	2.0	0.4	0.8
蚕桑、果桑	1.0	0.6	0.6
牧草	1.0	0.4	0.4
坚果	0.8	0.5	0.4
特种经济作物	1.38	0.25	0.35
合计	14.18		6.55

6　建议

6.1　宣传发动,形成共识,为我市多级翻水稻田种植调整创造良好的外部环境

6.1.1　政策扶持

在丘陵地区的土地利用上,一方面要制定相应的系列惠农政策,注重减少基本农田保护区面积,为多级翻水稻田的规模开发扫除障碍,另一方面要积极鼓励农业龙头企业家、农村经济合作组织、农民经纪人参与多级翻水稻田的规模

开发。

6.1.2 保持清醒的工作思路

各级领导在多级翻水稻田种植调整中不光要号召、引导,更要注重培育和发展农村经济合作组织、农民经纪人队伍,尊重农民的选择,不搞一刀切。要制订多级翻水稻田的种植调整的发展规划,落实具体行政措施和技术措施。

6.1.3 项目引路

在立项上要向多级翻水稻田的规模开发倾斜,项目资金要加大,集中财力,专项开发,专项专用。

6.1.4 典型示范

充分利用各种信息渠道,组织召开农业龙头企业家、农村合作经济组织、农民经纪人的座谈会,表彰他们中的先进人物和先进事迹,用鲜活典型激发群众的致富欲望,增添闯荡市场的勇气,为多级翻水稻田种植业结构调整创造良好的舆论氛围。

6.2 大力调整多级翻水稻田,加强市场建设和水利设施建设,为规模开发提供条件

6.2.1 继续深化种植业结构调整

多级翻水稻田种植调整必须坚持以市场为导向,大力发展多种经营,建设各具特色的农产品生产基地,为农业龙头企业、农村经济合作组织、农民经纪人提供稳定充足的优质资源。

6.2.2 加强市场建设

在多级翻水稻区内要有计划地培育一批专业市场,完成代储、代运、信息、咨询、合同签证等一系列服务。

6.2.3 提供信息服务

农口、物价、工商等部门要搞好信息联网,尽快形成信息网络,及时将搜集到的科技信息、农副产品市场信息通过新闻媒介,定期、定时反馈给开发商。

6.2.4 制定优惠政策

工商、税务等部门在税费征收等政策上最大限度地给予照顾。金融部门也要及时向区域内农业龙头企业、农村经济合作组织、农民经纪人提供贷款业务。另外,通过资金扶持,加大对骨干农业龙头企业建设优质农产品基地的支持。

6.2.5 加大区域内水利设施建设

包括塘坝沟渠的改造,扩大库容增加蓄水量,提高抗灾水平。

6.3 分类指导,优化种植业结构调整,提高产品质量

因地制宜地确定适宜品种,大力发展品质好、产量高、抗病性强、耐旱耐瘠、耐贮运、效益高的名特新优品种,进一步调整早、中、晚熟品种比例,注重发展极早熟和极晚熟的品种(一般早熟品种占10%,中熟品种占30%左右,晚熟品种占

60%);采用标准化生产技术,推广和应用新品种、新技术、新成果,免耕覆盖(盖草压草、种草保墒)、配方施肥、节水灌溉、科学修剪、疏花疏果、人工辅助授粉、病虫害综合防治;加快标准化体系建设,尽快制订苗木繁育规程、优质果品生产技术规程、绿色果品生产技术规程、农药残留量检测方法标准、鲜果贮运技术规程、各类加工产品的质量标准等,并强化质量监督检测体系,加强生产流通的卫生和植物检疫。大力开发丘陵地区特色果品业出口资源。我市应时鲜果产品是具有相当大的出口竞争优势的。要组织力量提高本地区应时鲜果品质和产量,减少农药喷洒和污染,发展加工制品,改进包装,扩大产品的知名度,使其得到国际市场的认可。发挥葡萄、草莓等优质应时鲜果,面向国际市场,建设绿色优质应时鲜果生产基地。通过引进优良品种和先进技术,培育绿色应时鲜果名牌,带动基地生产。重点建设区域化的应时鲜果、苗木花卉、茶叶等特色农业产业带。

6.4　三级以上翻水稻田的调整与丘陵综合治理相结合

不能把三级以上翻水稻田的调整简单地孤立起来,要把这部分田块的调整纳入整个丘陵地区农业结构调整的大局中进行,与三级翻水以下稻田结构调整有机结合,尤其是要根据当地特色主导产业的发展进行调整,有利于形成规模与效益。三级以上翻水稻田采取综合治理的办法:一是要尽快修复水利设施,使其正常发挥作用;因势新建一批塘坝小型水利设施,就近解决部分水源问题。二是要发挥农业抗灾作用,可改种耐旱耐瘠作物,推广抗旱栽培技术,发展节水农业。三是要发挥科技立项的导向作用。农业科研课题立项必须与丘陵地区翻水稻田的综合开发相挂钩。

6.5　政府投入与"三资"投入相结合

要按照中央提出的"两个倾斜、两个高于"的新时期农业投入的要求,充分利用"绿箱"政策,加大扶持"三农"工作力度,建议政府切实加大丘陵多级翻水地区的资金投入,如保证地方财政可用财力的 2% ~4% 用于水利建设、土地出让金的 15% 中的 30% 用于耕地质量建设等,把这些政策落到实处,解决好农民无力解决的农业基础设施等问题。同时,要发挥政府财政资金的导向作用,积极吸引"三资"投入开发农业,解决好农民发展生产的资金短缺难题。

6.6　加强培训,切实提高区域内农民的素质

多级翻水稻区头脑灵活致富能人太少,绝大多数农民市场经济经验不足,对有关法律法规知之甚少,难以适应千变万化的市场经济要求。因此,各级政府和农林、工商、教育、税务等有关部门,拨出一定培训费用,经常请有关专家、教授对农民进行专业知识培训。宣传鼓励工商企业和农产品加工企业通过定向投入、定向服务、定向收购等方式,加强与农户和农村专业合作经济组织的合作,建立稳固的农产品原料生产基地,促进多级翻水稻区农业的可持续发展。

三级				四级				≥五级			
乡镇（个）	村（个）	村民小组（个）	面积（亩）	乡镇（个）	村（个）	村民小组（个）	面积（亩）	乡镇（个）	村（个）	村民小组（个）	面积（亩）
行香	3	12	700	白兔	2	26	4 000	谷阳	2	10	2 000
白兔	2	26	7 000	边城	1	15	1 000	荣炳	1	5	310
边城	3	65	2 000	春城	2	18	1 000	上党	1	12	500
春城	4	118	2 000	大卓	2	5	1 000	白兔	2	16	2 000
大卓	2	25	2 000	二圣	3	69	2 000	二圣	1	9	1 000
二圣	3	69	4 000	葛村	2	23	4 000	葛村	1	13	1 000
葛村	2	23	6 000	郭庄	2	52	2 000	郭庄	1	12	1 000
郭庄	2	52	3 000	后白	2	38	2 000	后白	1	8	1 000
后白	2	38	3 000	华阳	2	16	3 000	茅山	1	14	1 000
华阳	4	76	5 000	黄梅	2	12	1 000	天王	2	23	2 000
黄梅	2	22	2 000	茅山	2	24	1 000	袁巷	2	29	1 000
茅山	2	24	2 000	天王	4	43	5 000				
天王	5	83	7 000	袁巷	2	49	3 000				
下蜀	2	39	1 000	谷阳	3	10	2 400				
袁巷	2	49	5 000	荣炳	1	10	1 010				
宝华	3	7	200	上党	4	42	2 000				
谷阳	3	12	2 800	坤城	4	7	700				
辛丰	4	20	920	开发区	2	9	820				
宝埝	5	60	3 000	河阳	2	13	1 250				
上会	1	2	300	司徒	1	3	240				
高资	9	43	2 980								
丁岗	6	80	3 302								
黄墟	3	70	2 000								
荣炳	1	10	1 680								

续表

三级				四级				≥五级			
乡镇（个）	村（个）	村民小组（个）	面积（亩）	乡镇（个）	村（个）	村民小组（个）	面积（亩）	乡镇（个）	村（个）	村民小组（个）	面积（亩）
上党	4	48	2 550								
全州	3	39	1 860								
坤城	3	10	1 480								
后巷	5	15	1 910								
开发区	5	12	2 920								
河阳	3	7	4 570								
司徒	5	34	3 600								
行宫	1	6	2 540								
延陵	2	3	243								
合计	106	1 199	90 555		45	484	38 420		15	151	12 810

附表2 宁镇、茅山丘陵地区三级翻水稻田的基本情况

乡镇	村（个）	村民小组（个）	稻田面积（亩）	农本				效益（元/亩）
				单产（kg/亩）	翻水费（元/亩）	用工（个/亩）	农资（元/亩）	
行香	3	12	700	542	60	16	247	290
白兔	2	26	7 000	587	60	16	247	296.1
边城	3	65	2 000	542	60	16	247	237.6
春城	4	118	2 000	470	60	16	247	144
大卓	2	25	2 000	515	60	16	247	202.5
二圣	3	69	4 000	557	60	16	247	257.1
葛村	2	23	6 000	528	60	16	247	219.4
郭庄	2	52	3 000	601	60	16	247	314.3
后白	2	38	3 000	519	60	16	247	207.7
华阳	4	76	5 000	512	60	16	247	198.6

乡镇	村（个）	村民小组（个）	稻田面积（亩）	农本				效益（元/亩）
				单产（kg/亩）	翻水费（元/亩）	用工（个/亩）	农资（元/亩）	
黄梅	2	22	2 000	524	60	16	247	214.2
茅山	2	24	2 000	502	60	16	247	185.6
天王	5	83	7 000	544	60	16	247	240.2
下蜀	2	39	1 000	529	60	16	247	220.7
袁巷	2	49	5 000	554	60	16	247	253.2
宝华	3	7	200	529	60	16	247	220.7
谷阳	3	12	2 800	560	110	14	350	200
辛丰	4	20	920	450	70	12	360	280
宝埝	5	60	3 000	505	80	13	380	350
上会	1	2	300	480	70	13	360	380
高资	9	43	2 980	425	60	12	380	400
丁岗	6	80	3 302	506	60	16	385	415
黄墟	3	70	2 000	450	80	12	450	400
荣炳	1	10	1 680	550	60	15	420	400
上党	4	48	2 550	500	80	14	420	350
全州	3	39	1 860	500	160	15	380	200
埠城	3	10	1 480	500	90	14	370	250
后巷	5	15	1 910	510	85	13	400	300
开发区	5	12	2 920	490	180	16	400	210
河阳	3	7	4 570	510	170	12	380	280
司徒	5	34	3 600	490	120	15	370	250
行宫	1	6	2 540	490	120	15	370	250
延陵	2	3	243	490	120	15	370	250
合计	106	1 199	90 555					

附表3 宁镇、茅山丘陵地区四级翻水稻田的基本情况

乡镇	村(个)	村民小组(个)	稻田面积(亩)	农本				效益(元/亩)
				单产(kg/亩)	翻水费(元/亩)	用工(个/亩)	农资(元/亩)	
白兔	2	26	0.4	548.845	75	18	250	208.498 5
边城	1	15	0.1	506.77	75	18	250	153.801
春城	2	18	0.1	439.45	75	18	250	66.285
大卓	2	5	0.1	481.525	75	18	250	120.982 5
二圣	3	69	0.2	520.795	75	18	250	172.033 5
葛村	2	23	0.4	493.68	75	18	250	136.784
郭庄	2	52	0.2	561.935	75	18	250	225.515 5
后白	2	38	0.2	485.265	75	18	250	125.844 5
华阳	2	16	0.3	478.72	75	18	250	117.336
黄梅	2	12	0.1	489.94	75	18	250	131.922
茅山	2	24	0.1	469.37	75	18	250	105.181
天王	4	43	0.5	508.64	75	18	250	156.232
袁巷	2	49	0.3	494.615	75	18	250	137.999 5
谷阳	3	10	2 400	500	150	18	380	150
荣炳	1	10	1 010	450	150	18	380	145
上党	4	42	2 000	450	150	16	380	145
埤城	4	7	700	450	120	15	380	180
开发区	2	9	820	480	205	14	365	205
河阳	2	13	1 250	460	220	16	410	170
司徒	1	3	240	480	180	13	370	210
合计	45	484	38 420					

附表4 宁镇、茅山丘陵地区五级翻水稻田的基本情况

乡镇	村(个)	村民小组(个)	稻田面积(亩)	农本				效益(元/亩)
				单产(kg/亩)	翻水费(元/亩)	用工(个/亩)	农资(元/亩)	
谷阳	2	10	2 000	450	170	20	420	120
荣炳	1	5	310	420	170	19	420	115
上党	1	12	500	420	170	19	420	115
白兔	2	16	2 000	469.6	90	20	253	67.48
二圣	1	9	1 000	445.6	90	20	253	36.28
葛村	1	13	1 000	422.4	90	20	253	6.12
郭庄	1	12	1 000	486.81	90	20	253	89.853
后白	1	8	1 000	410.01	90	20	253	−9.987
茅山	1	14	1 000	406.62	90	20	253	−14.394
天王	2	23	2 000	446.08	90	20	253	36.904
袁巷	2	29	1 000	450	90	20	253	42
合计	15	151	12 810					

农业生产技术

露地盘育秧机插水稻本田栽培技术

近年来,我省各地针对本地热量资源充足的特点,根据工厂化育秧原理,成功探索出水稻露地盘育苗机插配套栽培新技术。它保留了工厂化育秧的科学性,适合目前农村经济技术水平,有利于加快水稻生产机械化的步伐。实践证明,在育好规格化壮秧的前提下,只要狠抓机插质量,加强本田管理,就能增产增收,为农民所欢迎。

几年来的实践表明,单季中晚粳稻机插,亩产可获 450 kg 以上。扬中县新宁村去年首次试插 81.2 亩,亩产即达 539.95 kg,高产田块达到 600 kg 左右,社会经济效益十分明显。一般地,盘育苗机插比常规秧人插,每亩省工 5 个以上,节本增收 10% 左右。但是,要取得高产并获得较好的效益,必须遵循机插稻的生育规律,采取相应的栽培技术。

1 讲究整地水平,提高机插质量

机插秧苗体小,对整地质量要求高。一般要求田面平整,耕层深浅一致,无僵块。整地方法,可干耕晒垡,干整水平。对土质黏重或表土过浮的田块,应沉实 1~2 天再插秧。插深宜调节在 2~3 cm,以降低漂秧缺棵率。

2 选择适宜基本苗,确保茎蘖动态稳

机插水稻单株分蘖多,对增穗有利,但群体过大,会影响个体发育,有碍于增产。实践证明,机插秧宜采用"少本壮株"栽培法,亦即适当减少每穴苗数,充分发挥其分蘖优势,既可培育壮株大穗,又有利控制群体,减轻病害防倒伏。综合近几年的栽培实践,4 叶左右机插的常规粳糯稻,基本苗以 8.5 万/亩左右为宜。在机插规格上,行、株距 23.8 cm × 10 cm 以每穴 3 苗,行、株距 30 cm × 10 cm 以每穴 4 苗为最佳,这样能较好地协调群个体间的关系。

3 合理运筹肥料,确保早发中稳后健

机插水稻既要早发争足穗,又要动态平稳保壮株,攻穗重。在措施上,要肥水协调促控,总用肥量可与常规秧相似或略多,运筹方式宜采用平衡促进法。大面积生产中,往往因机插秧分蘖起步慢,而过频、过多地追施分蘖肥,既收不到早发的效果,又易造成肥料的流失,或带来群体过大、中稳不住、后期小穗的弊病。

本文原载于《农机化科技》(1987 年第 2 期)。

其实,并非本田缺肥,而是其生理特点所致。根据实践,基蘖肥宜掌握在总用氮肥量的65%,其中基肥应占前期用肥的70%以上,基肥中有机肥与无机肥的比例至少要有1:1,分蘖肥可在栽后一周使用,用量折标肥12.5~15 kg。生育中期,当秧苗出现叶色褪淡,分蘖缓慢,开始由营养生长转向生殖生长时,必须及时补施长粗接力肥,谨防中空。用肥的标准宜控制在总用氮量的10%左右,约7.5 kg的标肥。后期用肥应占25%,以分次施肥为好,穗粒肥兼顾,以促花为主,有利于攻大穗,提高结实率。

4 搞好水浆管理,确保活熟到老

机插秧由于苗体小,根系好,又是带土移栽,故宜采用浅水活棵。水层过深,易造成除草剂药害,影响分蘖。因此前期管水的原则,应掌握浅水勤灌,间隙脱水,以促根长蘖。机插秧单株分蘖多,够苗后要十分注意及时烤田。对大群体、长势旺的田块,要先轻后重分次搁,以巩固大分蘖,争取动摇蘖,抑制无效蘖,控制中部叶片和基部节间过于拉长;对小群体、长势差的田块,应分次轻搁,实行间隙灌溉,以提高成穗率。后期则以湿润灌溉为主,既防止长期建水层,也切忌早脱水,以养根保叶,活熟到老,防早衰,争粒重。

此外,在植保技术上,机插水稻也和常规栽培一样,前期防好稻蓟马,中后期打好3次病虫防治总体战,以使稻株青秀老健,防止产量损失。

机插水稻的简易育秧技术

田间简易育秧方法与机插配套的栽培方式,是通过消化吸收工厂化育秧技术,并与本地传统的水稻栽培经验相结合而产生的一种生产效率和经济效益较好的栽培技术。它不需要育秧的专用设备、厂房,节省投资、能源。另外,还可用打洞的地膜、废旧塑料袋代替秧盘。据句容县黄梅点试验,简易育秧的一次性设备投资仅相当于工厂化育秧的1/30。与传统水育秧相比,具有工序简化、省秧田、省种子、省肥、省药、省水、成本低的特点,因而经济效益显著。据扬中县新坝点试验,简易育秧可比常规育秧节省秧田85%左右,亩省工5～6个,省种2 kg,育秧成本下降60%以上。所节省的秧田还可用于播栽三麦、油菜、绿肥或蔬菜、经济作物等,直接增产增收。

1 简易育秧方法

我市近年来所采用的简易育秧方法主要有两种。

1.1 框架育秧法

此法是用薄铁条或木条仿照秧盘内径规格制成的育秧框架,直接放置在做好的苗床上,在框架内放入衬套或打洞塑膜作隔离层,然后装土刮平,随后提取框架,移动位置重复作业。全田脱框完毕即可播种。为提高工作效率,一般先制作一个大的框架,再在框架内用薄铁片或木条按插秧机秧箱的宽度和适宜的长度隔成6～8个秧块,一次可以完成6～8个秧块的作业。所用的衬套可选用一般塑料薄膜、地膜或废旧化肥袋、蛇皮袋。使用前先按规格裁制成长方形块(29.7 cm盘裁成620 mm×320 mm、23.1 cm盘裁成620 mm×250 mm),并按25 mm×25 mm孔距打制ϕ4 mm的孔眼,布孔面积29.7 cm盘为580 mm×275 mm、23.1 cm盘为580 mm×215 mm,以利窨水和秧根穿插。

1.2 割块育秧法

这种方法是直接在整平的苗床上铺垫打洞薄膜,再全床铺上2 cm厚的营养土,然后窨水播种,覆土育苗。为适应机插,有的在播后即按插秧机秧箱的规格用刀具割成秧块,并在刀缝内嵌入条形薄膜或板纸,以使相邻秧块隔离。有的则在成秧后,临插前进行切割,方法都很简单,主要缺点是切割比较费时,规格质量掌握不当时,对机插质量也有一定的影响。

本文原载于《农业科技通讯》(1988年第3期)和《农机化科技》(1988年第1期)。

2 田间简易育秧技术要点

采用田间简易育秧法,播种密度一般每亩在 300 kg 以上。由于秧苗密度大,秧龄短,对秧苗素质、秧块规格要求高,因此,在育秧技术上,必须掌握好 3 个关键环节。

2.1 防超龄,严格掌握"三期"

所谓"三期",是指播期、栽期和秧龄期。由于盘式育秧播量大,秧苗密度高,一般以把握在 20 天左右秧龄移栽为适宜。秧龄超过这个限度,群个体矛盾就会激化,使秧苗生长受到抑制,素质下降,不利高产。所以,必须严格掌握"三期",防止超龄。

播期的确定,应当首先保证水稻安全齐穗,在此基础上,视茬口、面积、机插能力、分批安排栽期,再根据机插最佳秧龄应控制在 20 天左右的要求,确定播种期和每批的播种面积。

2.2 抓基础,精心搞好"三层"

"三层"是指底板层(苗床)、床土层、覆盖层。苗床应选择灌排方便,田面平整的水稻田。苗床面积按秧苗与大田比 1∶60 左右留用。制作苗床可按床宽 1.3 m,沟宽 0.2 m 的规格开沟,采用干耕干整,上水验平的方法,整平床面。秧田高低差应严格控制在 1.5 cm 以内。床土宜采用肥沃度适中的稻田土或旱田土。使用前经晒干、碾碎并用 0.6 cm 孔眼的筛子过筛,去除僵块、杂质。每亩大田需床土 150~200 kg。床土过筛后拌入适量的肥料,每 29.7 cm 盘拌入纯氮、磷、钾各 1 g,或拌入床土量的 15% 的过筛腐熟细灰肥。覆盖层以盖没种子为度。覆盖土中要加入 15%~30% 陈旧草木灰并加盖薄膜和整齐的麦秸。

2.3 育健苗,注意把好"五关"

"五关"即种子处理关,催芽露白关,适量匀播关,齐苗壮苗关,机插配套关。常规粳糯稻,用 50 g 线菌清加水 18 kg,浸种 12 kg,浸 48~60 h 进行种子处理,室内催芽至露白。盘育苗的播量按 29.7 cm 盘插芽谷 125 g,约合干种 100 g 左右,要称量均匀播种,播后盖土覆膜。遇雨应及时排除膜面的积水,防止"贴膏药";晴天高温天气,要揭膜透气防止烧芽。早晚覆盖保温,遇低温可适当延长覆盖时间。覆膜期一般不浇水,揭膜时应及时浇水或沟灌窨水,保持盘土湿润。一叶一心期施好断奶肥,每 29.7 cm 盘按纯氮 1 g 兑水 100 倍喷施,喷施后用水冲洗小苗。发现立枯病可用敌克松药液喷治,用药量按每盘 0.25 g 兑水 5 000 倍使用。机插苗高应严格控制在 20 cm 以内,以 16~18 cm 为最佳。当秧苗徒长或出现秧等田时,宜控水防窜高。栽前 2~3 天应分批施好起身肥,以利大田早活棵、早发早够苗。

影响汕优 63 结实的低温指标研究

汕优 63 在镇江市杂交稻种植中,目前是主要当家品种,尤以成熟早、穗大粒多、茬口适宜、丰产性好而受到农户的普遍欢迎。由于结实率波动大,足穗增粒增产的策略难以得到保证,分析气象条件对汕优 63 结实特性的影响,指出低温危害的综合指标,并根据当地气候资源,合理安排播栽期和最佳抽穗扬花期,以发挥该品种的丰产优势是十分必要的。

1 材料和方法

从 1983 年至 1986 年,进行了 4 年的汕优 63 气候适应性试验研究。每年于 5 月 10 日至 6 月 10 日间隔 10 天播种 1 期,4 年共播 16 期。每年于始穗日起进行每播期定穗挂牌,每日选定当天抽穗的穗数 20 余个挂牌标记,成熟时收获,室内考种,获得大量样本资料。试验主要在镇江农业气象研究所进行,各播期秧龄统一为 30 天。

2 结果和讨论

2.1 温度和日照是影响空粒率的主要因素

试验结果表明,温度的高低既对水稻正常抽穗扬花有影响,也对花期长短有影响,综合考虑两者因素,并根据有关报道,水稻穗花期约需 >10 ℃的有效积温 80 ℃,因而设汕优 63 正常抽穗扬花期平均气温为 $\overline{T}_0$,n 为花期天数(抽穗定穗日至 >10 ℃的有效积温达 80 ℃止总需的天数),则 $\overline{T}_0 = \sum_{i=1}^{n} T_{0i}/n$,同理花期的平均最高气温 $\overline{T}_M = \sum_{i=1}^{n} T_{Mi}/n$,花期的平均最低气温 $\overline{T}_m = \sum_{i=1}^{n} T_{mi}/n$,定穗空粒率为 P_0。计算结果表明,汕优 63 在早播条件下,8 月中旬即抽穗,由于抽穗早,抽穗扬花期间平均气温较高(26 ~ 28 ℃),花期历期较短,一般仅 4 ~ 5 天,迟播后,抽穗延迟,温度偏低,花期历期长,9 月上中旬抽穗时,花期平均气温在 19 ~ 22 ℃时,花期历期长达 8 ~ 10 天。统计分析表明,定穗空粒率 P_0 与花期各温度因子均呈极显著的负指数相关关系,即在 25 ~ 28 ℃的适宜抽穗扬花温度范围内,温度越高,空粒率越低,结实率表现越高,丰产性表现较好;反之,温度过低,空粒率

本文原载于《杂交水稻》(1987 年第 4 期),高金成为第一单位(镇江市农业气象研究所)第一作者,本人系第二单位第一作者,由我参加 1987 年江苏省作物学会年会并在大会上宣讲。

显著提高,空粒数增多,导致结实率下降,稳产性较差。当然需要指出的是,在本试验条件下,1983 年和 1986 年,汕优 63 抽穗扬花期间当日最高气温出现 35 ~ 36 ℃的极端值时,本试验的定穗空粒率并未因平均气温的偏高而明显上升,因此本文不考虑极高温度(> 36 ℃)对空粒数的影响;另一方面也证实,汕优 63 具有一定耐高温特性。各温度因子与定穗空粒率 P_0 拟建的指数曲线关系见表 1。

表 1 汕优 63 定穗空粒率 P_0 与温度各因子的指数方程及相关系数

温度因子	方程式	A 值	B 值	相关系数 r	样本 n
平均温度 $\bar{T}_0$	$y = e^{A + B\bar{T}_0}$	5.412 5	−0.091 3	0.745 9***	128
平均最高温度 $\bar{T}_M$	$y = e^{A + B\bar{T}_M}$	5.013 1	−0.092 2	0.653 7***	128
平均最低气温 $\bar{T}_m$	$y = e^{A + B\bar{T}_m}$	4.475 5	−0.108 5	0.348 9**	128

注:***为 0.001 显著;**为 0.01 显著。

表 1 表明,温度对汕优 63 空粒率的影响显著,并随着花期各温度的提高而呈指数形式递减,随着温度的降低而呈指数形式显著升高。同样设花期平均日照时数为 $\bar{S}_0$,则 $\bar{S}_0 = \sum\limits_{i=1}^{n} S_{0i}/n$。为了正确表达花期平均日照时数 $\bar{S}_0$ 对汕优 63 空粒率 P_0 的影响,可以根据表 1 中花期平均温度的指数方程,计算出理论定穗空粒率 $P_{0理}$,再用实际定穗空粒率 $P_{0实}$ 减去理论定穗空粒率 $P_{0理}$,得残差 ΔG,即 $\Delta G = P_{0实} - P_{0理}$。统计 ΔG 与相应的花期平均日照时数 $\bar{S}_0$ 的关系,发现存在极显著的负相关关系。拟合回归方程为

$$\Delta G = 8.135\,0 - 2.011\,7\,\bar{S}_0 \quad (r = 0.385\,1^{***}, n = 128) \quad (1)$$

式(1)表明,汕优 63 的空粒率不仅受温度的影响,还受花期平均日照时数的制约。若汕优 63 的抽穗扬花期间,晴好天气多,日照充裕,则空粒率就降低,结实率就提高;反之,阴雨寡照,空粒率明显上升。这表明杂交水稻的空粒率是随着花期的日照增多而降低,随着日照时数的减少而提高。所以,经日照时数残差修正后的空粒率的二元回归方程为

$$P_0 = 8.135 + e^{5.412\,5 - 0.091\,3\bar{T}_0} - 2.011\,7\,\bar{S}_0 \quad (2)$$

式(2)中复相关系数为 0.823 0,$F = 26.74^{**}$;式(2)表明汕优 63 空粒率主要受花期平均温度和平均日照时数综合的影响。即杂交水稻空粒率随着花期平均温度和平均日照时数的增加而显著降低,随着两个因子的减少而明显提高。另外,也表明若抽穗扬花时温度条件得到了满足,但日照亏缺,空粒数会增多;相反温度偏低,但日照足也能保证正常抽穗扬花结实。可见汕优 63 正常抽穗扬花需要适宜的温光条件配合。

2.2　影响汕优 63 结实的综合指标

为了便于分析,以 20% 的定穗空粒率和相应的花期平均温度作为低温危害指标,则通过对式(2)的计算,可得出不同日照条件下的花期低温危害指标。花期平均日照时数分为 3 类:日照不足,$\bar{S} \leqslant 6$ h;日照一般,$\bar{S} = 7.5$ h;日照充足,$\bar{S} \geqslant 9$ h。这样计算出影响汕优 63 结实的温度和日照综合指标见表 2。

表 2　影响汕优 63 正常结实的温度和日照指标

花期平均日照 $\bar{S}$(h)	6	7.5	9
低温危害指标 $\bar{T}$(℃)	24.5	23.2	21.9

表 2 表明,要使汕优 63 正常抽穗扬花结实,在一般日照条件下($\bar{S} = 7.5$ h),花期平均温度必须在 23.2 ℃以上;在日照较充裕的连晴天($\bar{S} \geqslant 9$ h),花期平均温度必须在 21.9 ℃以上;而在日照不足的情况下($\bar{S} \leqslant 6$ h),花期平均温度必须在 24.5 ℃以上。

根据汕优 63 花期的温度和日照的综合指标,参照当地气象资料,计算出历年低温危害指标的出现日期,再用 80% 的保证率确定安全齐穗期。计算结果表明,汕优 63 的安全齐穗日期比仅用单项温度指标稳定通过 23.2 ℃终日的 80% 保证率日期还要早,本市为 8 月中旬末至下旬初。考虑到齐穗至齐花需 3 天左右时间,因而安全齐穗日还应前推 3 天,按照综合指标确定的安全齐穗日减 3,这样本市汕优 63 最佳抽穗扬花期可定为 8 月中旬,由此推算最适播期为 5 月 15 日前后(播期提早了 5 天)。该结果自 1985 年本市大面积生产应用以来,汕优 63 结实率稳定在 80% 以上,提高了 5% ~ 10% 的结实率,确保了汕优 63 正常抽穗扬花结实,达到了足穗增粒增产的目的。

可见,这种考虑整个花期的温度和日照的综合指标,比目前广泛使用的仅就 5 天滑动平均温度的指标和确定的安全齐穗期更符合实际情况,也可避免按照不同年型使用不同指标在气候分析中的困难。

明确重点抓关键　丘陵稻区挖潜力

　　镇江丘陵稻区 97.7 万亩水稻,占全市水稻面积的 56.8%,总产占 54.8%,1986 年提供商品粮占全市商品粮总数的 65%,是我市重要的商品粮基地。由于受生产条件的制约,20 世纪 70 年代单产水平一直在 400 kg 左右徘徊。近几年,由于主动调整布局,坚持夏秋兼顾,充分发挥杂交稻的拳头作用,并由此带动了整个栽培技术的进步,单产水平不断提高,与沿江平原的单产差距由 1983 年的 50 多 kg 缩小到 30 kg。

　　今年在天气异常、灾害频繁、农用物资紧缺的情况下,由于立足抗灾、主攻单产的指导思想明确,狠抓了显著性增产措施的落实,获得了丰收,平均单产 482 kg,较去年增 5.2 kg,经历了不利年景的检验,标志着丘陵稻区进入了一个相对稳定的发展阶段。

　　回顾近年丘陵稻区生产的发展过程,我们从特定的基础与技术措施结合的角度,加深了中低产变高产的认识。

1　确立以"中"为主格局,发挥杂交稻的优势

　　农业生产是自然再生产过程和经济再生产过程交织在一起的农业生态经济系统。检验一种布局合理与否,就在于是促进还是削弱了这一系统的效应。

　　丘陵地区地形地貌复杂,肥缺水短,伏旱秋旱的概率达 40% 以上,塘坝自蓄水多数地区充其量只能满足一个亩次,加之田多劳少,劳力紧张,种双季稻或晚粳稻,增加耗肥,拉长用水,既不利当季增产,也不利全年丰收。因此,在杂交稻问世以后,几经调整,逐步形成了以"中"为主,单杂并重的格局。

　　实践证明,调整的方向是正确的。有利于调节用水,缓和劳力、季节矛盾,夺取当季高产;有利于为秋播提供早茬,夏秋兼顾,实现全年增产;也有利于土地生产力、劳动生产力和投入产出率的提高。

　　以"中"为主的布局,特别是杂交稻的扩大种植,有力地推动了丘陵地区生产水平的提高,改变了过去产量低而不稳的状况。首先是以明显的产量优势,促进了水稻单产水平的提高。杂交稻五年平均产量比常规稻高 75 kg。今年丘陵稻区种植 35 万亩,较去年扩大 5 万多亩,平均单产 521 kg,比常规稻增 50 kg,仅此一项使水稻单产提高 2.6 kg。与沿江平原的单产差距较过去缩小了 20 多 kg。今年凡是杂交稻比例大的地区,单产都较高,反之则较低。句容县今年水稻受灾

　　本文原载于《1987 年江苏省水稻生产技术专题选编》(1988 年 3 月)。

严重,之所以能实现平产,就在于扩大了 4 万亩杂交稻。句容县春城乡 20 世纪 80 年代初期是低产乡,今年 3.6 万亩水稻中杂交稻占 71.5%,单产 537.5 kg,成为全县第一位高产乡。其次是带动了以育秧为重点的栽培技术的改革和提高。常规稻在杂交稻多蘖壮秧的启示下,把杂交稻稀播、足肥、精管的育秧技术应用于常规稻,使常规稻播量由 75 kg 降到 40 kg,大田用种量由 10 多 kg 降到 5 kg 左右,带蘖水平由 0.2 个提高到 0.83 个。同时,由于肥水运筹技术的改革,单产由 400 kg 提高到 450 kg。再次,促进了全年增产。为秋播提供了早茬,带来了麦油产量大跳。三麦单产由 150 kg 提高到 200 kg,油菜由 60 多 kg 提高到100 多 kg,充分显示了杂交稻的巨大作用。

实践证明,杂交稻在丘陵种植不仅产量优势明显,而且经济效益也高。据句容县白兔镇茅庄村调查,冲田种植产量均在千斤左右,产量差距较小,经济效益不一定好于常规稻,而塝田种植一般产量要高 60 kg 以上,效益明显高于常规稻。可见杂交稻在丘陵种植还存在因地制宜合理布局的问题。近两年杂交稻面积起伏较大,既有价格体系不尽合理的方面,也有农民温饱解决以后,讲究优质的原因。更重要的还是布局不合理,相对于常规稻还没有种出水平,产量差距不大。如前所述,丘陵肥缺、水紧、劳力紧张,杂交稻花工少,抗逆性强,适应性广,应当比沿江平原的比例更高。今后应在进一步压缩常规中籼的基础上扩大杂交稻,力求由现在的 36% 扩大至 50% 左右,恢复到历史最高水平,充分发挥杂交稻在水稻生产中的拳头作用。

2 掌握夏秋兼顾的原则,发挥油菜的作用

丘陵地区耕作层浅,养分含量低。有机质 1.4% ~ 1.8%,速效磷 5 ppm ~ 8 ppm,速效钾 50 ppm ~ 60 ppm,全氮 0.08% ~ 0.12%。制约着单产水平的提高。近几年,立足农田自身调节,围绕增肥改土,重点扩大了油菜种植。今年夏收实绩达 30 多万亩,分别比 1982、1984 年增加 63%,68%,接近麦油比例的 40%。秸秆还田面积 60 多万亩,占稻田面积的 2/3,开辟了丘陵稻区有机肥建设的新途径。

油菜的发展,给丘陵稻区增添了新的活力。一是茬口好。据句容县测定,油菜茬与小麦茬相比,有机质增 0.039%,速效磷增 1.59 ppm,水解氮增 3.46 ppm。二是提供了大量的秸秆还田,改善了土壤理化性状,培肥了地力。150 kg 秸秆还田,秋收后测定,有机质增 0.06%,速效磷增 2 ppm,速效钾增 5 ppm,空隙度增 0.44% ~ 3.39%,非毛管孔隙增 1.19% ~ 4.52%,容重下降 0.01 ~ 0.1 g/cm^3,有力地促进了水稻生产。句容县自 1983 年逐步扩大油菜以来,水稻单产直线上升,单产由 460 kg 提高到 495 kg,即使在 1985 年大范围减产的年景,句容的水稻单产仍比上年提高 12 kg。今年 26 万亩油菜,秸秆还田 35 万亩,达水稻面积的 68%。51.5 万亩水稻,在受灾严重的情况下仍获平产,达 484 kg,充分体现了油

菜对水稻生产的促进作用。丘陵地种植油菜不仅有饲、有肥、茬口好，而且经济效益明显高于小麦（油菜和小麦的价格比值为2.2∶1）。相对来说，在丘陵山区收100 kg菜籽比较容易，要收200 kg麦子难度较高。因此，扩种油菜成了群众的自觉要求。实践证明，只要因地制宜，立足主攻单产，适当扩大油菜，不仅不会冲击夏粮，还有利于夏秋兼顾，全年增收。句容县春城乡，1978年以来，油菜由3 627亩，单产35 kg，发展到2.01万亩，单产100 kg，水稻总由887.5万kg，增长到1 693.6万kg，而夏粮并没有因此而受到影响，总产由222万kg提高到521万kg。

当然，油菜面积也还受到粮食宏观战略的制约，不能无限制扩大。今年丘陵地区秋种的油菜，已占全市45万亩的77%，从全局看，不宜再扩，重点攻单产。在稳定面积的基础上，地区、村、组间适当调整，同时大力提倡油菜下冲，麦子上坡，实行麦油轮作。

3　实行因种栽培，提高栽培技术水平

实践证明，良种是增产的内因，任何品种都有特定的环境条件需求，只有根据品种固有特性，采用适当的栽培技术，才能最大限度地挖掘良种内在的潜力。丘陵地区由于多种历史原因，水稻品种多乱杂的情况远较其他地区严重，限制了增产潜力的发挥。近两年，各地紧紧围绕以"中"为主的布局格局，从加强示范和原良种生产入手，狠抓删繁就简。据统计，今年生产原种15.9万kg，良种52万kg，约比1982年增加了30%；常规稻品种由1982年的30多个，压缩到10多个；良种覆盖率由50%提高到90%。这大大压缩了常规中籼和低产劣质粳糯稻比例，确立了籼稻以杂交稻汕优63为主体，粳糯稻以盐粳2号、紫金糯当家，搭配扬粳201，后季稻以"7038"为重点的品种布局，促进了产量的提高。据大面积调查，杂交稻较常规中籼亩增60～80 kg，"盐粳2号"较"607"等亩增50～70 kg，更新种较高世代混杂品种亩增40～60 kg。同时为良种良法的配套创造了条件。

近年来，各地在删繁品种的同时，从总结经验教训入手，通过栽培模式的建立和宣讲，逐步把因种栽培的技术传授给农民，应用于生产。据统计，1986—1987两年，共编制模式图4份，印发10余万份，加快了技术普及进程，促进了原有栽培技术的改进和提高。

技术的进步突出表现于四方面：一是改变密植方式。双三熟制逐步压缩以后，随着单季稻的扩大，把双季稻的栽插方式应用于常规稻，大棵密植，密度栽到3.5万穴，20万左右的基本苗，限制了单季稻产量水平的发挥。在杂交稻的带动下，常规稻通过大幅度降低播量，减少大田用种量，培育带蘖壮秧，形成了稀播壮秧、小株少本的密植方式，基本苗降到12万左右，改善了成穗结构，促进了单产水平的提高。改过去主茎穗为主，为主茎、分蘖穗并重，每穗增加5粒左右，单产提高20～25 kg。当然，近几年密度持续下降，今年杂交稻1.65万穴，常规稻

2.6万穴,1981—1987年年递减量分别为0.05万~0.07万穴,这种趋势也必须引起高度重视,限期扭转。二是改革肥料运筹技术。改变早稻"一哄头"施肥技术应用于杂交稻、常规稻的现象,变前重"一哄头"为前后兼顾,形成了杂交稻前促、中稳、后保,常规稻前稳、中补、后保的施肥策略。大致比例分别为7∶3和6∶4。方法上,前期坚持化肥底施,分蘖肥面施,中期注重有机肥长粗,穗肥坚持两查两定,区别苗情,一般掌握杂交稻以保为主,常规稻以促为主,促、保兼顾的原则。今年化肥紧缺,用量普遍下降5~10 kg,但化肥底施面积仍达95%以上,穗肥施用达60%以上,有效地促进了早发稳长。据调查,一般改进施肥法较前重法亩增40 kg以上。三是重视偶发性病害的防治。过去像稻瘟病一类偶发性病害的防治放不到应有位置,尤其是穗颈瘟,常造成危害。近两年通过全面总结,普遍受到重视,常规稻穗期结合防治其他病虫,加入富士一号进行兼治,收到良好效果。据去年调查,重发病田防治与否,产量相差2成以上。四是改进后期水管。丘陵稻区过去"上齐下白"的现象相当严重,教训极为深刻。近两年,多数地方一方面从总结入手,通过总结培训、广播宣讲、印发资料等形式,向群众宣传;另一方面采取必要的行政、经济手段,把后期灌水纳入农水部门和基层干部目标管理的考查内容,有力促进了后期灌水,早脱水面积由过去的40%以上下降到20%左右,收到明显成效。据丹徒县调查,今年9月下旬灌水田,粒重增1 g左右,亩增15~20 kg。然而,后期断水过早,还没能从根本上解决,仍是进一步提高产量的潜力所在。

4　拓宽服务领域,增强服务功能

实践证明,丘陵蕴藏的潜力能否得到挖掘,生产条件的改善和技术的进步是关键,社会化服务是保证。丘陵地区配套服务的基础相当薄弱,一家一户小而全的生产,既束缚农民的手脚,影响丘陵经济的发展,又制约劳动生产力和土地生产力的提高。近两年,在抓丘陵、挖潜力、攻三低、促平衡思想的指导下,在注重普及和提高栽培技术的同时,重视配套服务。虽然还不能与沿江平原相提并论,但已在生产中发挥了积极的作用。

今年,许多乡农服公司围绕服务搞经营,搞好经营促服务,向服务要产量、要效益。三项服务一齐抓,成效卓著。一是提高技术服务。从健全队伍入手,努力提高服务质量。首先是健全推广网络,端正了技术服务的指导思想,改变了过去多一事不如少一事,和相信农民会种田,何必自寻烦恼的错误思想,扭转到面向基层、面向农民,提供优质服务上来。乡村两级技术推广网络健全率由1983年的80%提高到99%。其次是改进工作方法。改变了过去跑跑转转的一般化工作方法,逐步转到印发资料,搞广播讲座,抓典型示范和"丰收杯"竞赛方面来。据统计,今年丘陵乡(镇)印发资料552期次,广播讲座1 289期次,建立示范点212个,参加丰收杯竞赛有120个单位,提高了技术服务效果。二是开拓流通服务。今年在农用物资紧缺的情况下,许多乡农服公司,牢固确立为农服务的思想,急农民之所急,解农民之所忧,发挥多渠道的作用,积极组织化肥和紧俏农药,深受农民欢迎。丹徒县上党、谏壁、大港等乡仅组织防稻飞虱的紧俏农药一项就达主渠道分配的1.5倍。丹阳丘陵的许多乡跑遍各地,想方设法组织化肥,保证了穗肥的施用,对夺取水稻丰收做出了重要贡献。三是发展专业服务。专业服务的基础原来十分薄弱,最近两年,各地积极创造条件,从无到有,从单项到综合,形成了一定的服务规模。据统计,丘陵乡镇,已建立服务(组)队50个,配药站552个,各种单项服务承包项目685个,统一管水的面已达40%,各种植保服务达47%。专业服务的兴起,确实对解决农民种田难起到了一定作用,但更应看到还很不适应生产发展的需要,迫切需要进一步加强。

江苏丘陵地区 400 万亩水稻中产变高产生产技术

1987 年,我省丘陵地区的水稻是在苗期低温少照、中期雨涝成灾、后期干旱缺水的情况下生产的,经受了面积受冲击、物资供应紧、病虫大发生的严峻考验,由于各级领导的重视,经过干群的共同努力,立足抗灾,转化及时,使水稻产量获得了比较理想的结果。

1 产量及产量构成特点

据农业部门不完全统计,全省 15 个丘陵县中,丘陵地区的水稻面积441.25 万亩,平均单产452.54 kg,总产 19.97 亿 kg,分别比去年减少 1.0 万亩、18.19kg 和 1.7 亿 kg。从各县单产来看,表现为"五增八减二平",即六合、江宁、溧水、丹阳、句容增,盱眙、江浦、仪征、邗江、高淳、溧阳、金坛、宜兴减,丹徒、高邮平产。从各稻面积来看,杂交稻、后季稻增加,分别扩种44.2% 和 17.96%,其余均有减少,其中压缩最多的是常规中籼稻,比去年减少 9.25%;从单产来看,杂交稻、常规中籼、单晚增产,分别增32.18,26.65,40.15 kg,早稻、常规中粳、后季稻分别减4.65,32.75,62.2 kg。经分析穗粒结构,产量增减的主要原因在于有效穗。例如单晚的穗数,1987 年为24.86 万/亩,比去年增加0.4 万,而常规中粳稻则比去年少1.3 万/亩,仅有23.6 万穗;在实粒数上,比去年分别增 1.3,1.76粒,各为88.6,82.96 粒,千粒重中粳持平,单晚增加 0.2 g。因而形成了各稻产量增减各异的特点。

2 生产技术经验

1987 年的水稻,尽管产量无甚新的突破,但是,在气候不利、病虫交替发生的多灾之年,能获得如此收成,也是十分不易的,并积累了丰富的抗灾夺丰收经验。

2.1 领导重视丘陵,强化服务体系,是加快水稻中产变高产进程的先决条件

1987 年丘陵地区的夏粮普遍减产一成以上,加重了秋粮生产压力,各地领导充分认识秋粮、特别是水稻在全年粮食生产中的地位,从头抓紧,在关键时刻,领导亲自上阵协调政府各部门工作,狠抓关键措施,较好地促进了各项措施的落实。仪征市市长亲赴外省组织计划外化肥,化纤厂大力支持农村用电,保证了该

本文原载于《江苏省 1987 年水稻生产技术专题选编》(1988 年 3 月),系我主持丘陵地区水稻 4500 工程协作区所作年度生产技术总结。

市适时播栽;南京市和各县奋力抗洪救灾,减少了失收面积;丹阳县委、政府、人大、政协四套班子,在重要农时,下乡分片包干,狠抓措施落实;金坛、丹徒两县的领导亲临基层,以省、市的质量育秧现场为基点狠抓培育壮秧;各地还将有限的补粮资金用到了良种基地建设、低产土改良及一些社会化、专业化服务项目上,使秋超工作开展得扎扎实实。

2.2　扩种杂交稻,推广良种,是稳定提高丘陵水稻产量的中心环节

据丘陵部分县统计,1987 年杂交稻占水稻复种面积的比例为 25.63%,在中稻中占 32.26%,比去年扩种 44.2%,亩产获得 526.6 kg 的高产水平,比常规中稻增产 55.76 kg,这对于大灾之年,稳定水稻产量,起到了重大作用。

应用良种更是最易见效的经济增产措施。由于扩种了常规中籼金陵 57、801 等高产优质良种,全丘陵的良种应用面积达到了水稻面积的 65% 左右,比去年约提高 8%。

2.3　培育适龄水秧,提高栽插质量,是水稻中产变高产的重要基础

今年,省农林厅专门组织了丘陵育秧现场会,大大促进了丘陵两段育秧和稀播育壮秧技术的普及。盱眙县两段育秧面积达到 32 万亩,比去年扩大了 23.1%。据调查,其单株带蘖比露地秧平均增 1.7 个,秧苗带蘖率提高 17.6%,因增穗增粒,单产增 43 kg,总产增加 258 万 kg。习惯于露地育秧的县,秧田播量普遍下降。据丘陵 9 个县调查,杂交稻播量已降至 9.66 kg/亩,常规稻播量为 41.75 kg,比去年下降 4.35 kg,秧大田比例缩小到了 1:7.5 左右。在此基础上,各地普遍加强了配套管理,使秧苗素质得到了较大提高。杂交稻和常规中粳稻在移栽叶龄比去年小 0.35 叶的情况下,单株带蘖仍达到 2.8,1.1 个,与去年相仿;带蘖率也分别达到了 93.66%,60.61% 的较高水平。

栽插质量好,能充分利用土壤地力,提高肥料利用率,有利于早生快发。1987 年,丘陵各地在水源较足的配合下,狠抓了适期播栽,结束栽插的下限时间,普遍提前 3~5 天。在肥料投入逐年减少的情况下,各地狠抓了抢耕晒垡,提高土壤养分的有效利用率,全丘陵干耕晒垡面积达到了水稻总面积的 79.9%,比去年提高 4.1%。同时,又利用油菜面积大的优势,大搞秸秆还田,溧阳、江宁和句容县的秸秆还田面积分别达到了 54.3%,60.2%,71.5%,用量均在 90 kg/亩以上,在碳铵紧缺的情况下,各地组织了部分复混肥料,坚持化肥底施,大大减少了白田栽插面积。

2.4　主动出击抗灾,灵活应变调节,是促进水稻产量转化的关键

1987 年受厄尔尼诺现象影响气候异常,6 至 8 月份气温持续偏低,梅雨期长达 40 天,对水稻生育极为不利。6 月底的苗情普遍不理想,够苗期比去年推迟了 3~5 天,高峰期迟现 5~7 天,且高峰值低于去年。由于各地重视因天因苗管理,普遍强调追施速效肥,个别地区还增施磷钾肥,发动人力加工,促进了苗情转

化,使75%以上的水稻得以适龄够苗。据六合、江宁、宜兴、句容四县栽后20天调查,杂交稻同期苗数虽比去年少2.23万/亩,但同叶龄与去年十分相近,11.12叶的苗数达到了18.36万/亩,基本上在有效分蘖临界叶龄期内达到了等穗苗数。

7月、8月份的两次洪涝,使丘陵106.4万亩水稻受灾。各级领导组织了强有力的抗洪救灾工作,除8.2万亩失收外,有6.96万亩水稻得到了及时抢种补栽,有67.82万亩水稻的产量损失被降低到了最小限度,挽回损失近1亿kg。大部分受灾经冲刷、过水的稻田,普遍增施了速效促蘖肥,迅速恢复了稻苗生机。

后期干旱,对丘陵水稻的结实率和千粒重构成了很大威胁。丹阳县延陵镇根据近年来普遍发生的早割、早断水等新问题,在9月下旬统一增灌一两次水,调休国庆节假期,推迟收割3天以上,使结实率千粒重有所提高,每亩挽回损失38.92 kg。

在防治稻飞虱等病虫害方面,各级领导高度重视,抓得紧,普遍推行病虫总体防治战术,打得狠,使冒穿面积控制到了最低限度。

2.5 开展丰收竞赛,推广模式栽培,是促进平衡增产的有效措施

农业部实施的丰收计划和省丰收杯竞赛,调动了丘陵干群科学种田的积极性。据统计,丘陵11个县(不含盱眙、宜兴、邗江、高邮)的丘陵地区设有丰产方、高产田741个,占这些县参赛方、田总数的50.2%,丰产方平均单产567.31 kg,高产田亩产高达637.85 kg,比该地区水稻平均单产分别增121.41 kg和191.95 kg,由此足见丘陵地区的增产潜力和增产的可能性。六合县乌石乡108.9亩汕优63,平均单产694 kg,其中2.7亩高产田,产量达到742 kg,成为丘陵水稻产量最高的丰产方和高产田;参与部丰收计划的丹阳县建山乡7 483亩杂交稻,单产高达628.7 kg,比去年增产12.7 kg,被列为丘陵地区杂交稻单产最高的乡;江宁县的十万亩水稻中产变高产丰收计划,产量平均达到534.5 kg,比上年增产14.33%,一年即超过部定指标。所有这些成绩的取得,离不开领导重视和推广模式栽培的成效。全丘陵1987年模式栽培的覆盖面达到68.83%,比1986年新增12.27%,丘陵乡镇间的产量差距也进一步缩小,由1986年的263 kg缩小到了1987年的205.5 kg,压缩21.86%,使丘陵水稻产量进一步向平衡方面发展。

3 限制因子与增产技术

丘陵地区由于复杂的生态环境和农民薄弱的技术基础,使水稻产量依旧受到很大限制,必须对症下药,研究其增产对策。

3.1 推广高产良种,改革品种布局

江苏丘陵历史上就是一个中稻区,以中籼为主,但因品种多乱杂差劣,严重

限制良种增产潜力的发挥。六合县调查,丘陵有40多个品种或品系,其中80%以上退化严重,平均单产比金陵57减少50~100 kg。高淳县1986年农民自发种植34.96万亩中粳,平均亩产仅401 kg,比以扬稻2号为主体的10.45万亩中籼平均单产515 kg减114 kg,减幅达22%。杂交稻经各地多年种植,充分显示了它的高产优势和适应性广的特点。经江宁县品种比较试验,汕优63比金陵57亩增22.08%,比扬稻2号增产14.95%,均达极显著水平。丹徒县辛丰镇调查,在水源紧缺的岗塝稻田,杂交稻尽管不能充分发挥其高产优势,但仍比常规稻要增产150 kg以上。由此可见,以杂交稻为主体,搭配常规中籼良种,适当兼顾高产优质粳糯稻,是丘陵地区较为理想的品种布局。但丘陵地区在扩种杂交稻时,要十分重视白叶枯病的防治工作,谨防扩散。对于引进试种协优圭33等高抗白叶枯病的水稻品种,加强种子基地建设,建立健全良种繁育体系等,更是重要的基础工作。

3.2　加强基础建设,改善生产条件

3.2.1　水是稻的命

丘陵地区水利条件差,种植水稻对自然降水的依赖性很大。据部分丘陵县调查,丘陵地区灌排渠系配套面积占水稻总面积的50.2%,而且低级提水面积小,多级提水面积大。因而,往往影响水稻适期栽插,甚至危及水稻面积,对科学管水影响更大。据六合县调查,丘陵水稻每年有1/3面积前期深水,后期有48.4%~56.5%的面积受旱,降低千粒重0.5 g左右,影响产量5%以上。

3.2.2　水又是稻的病

正因为丘陵水源紧缺,广大农民惜水如金,不注意间歇灌溉。水稻前中期,往往田间长期淹水,造成根系渍害严重,土壤还原性增强,有效养分利用率下降,田间湿度加大,对水稻早发、中稳、后期不早衰、不倒伏、减轻病虫为害等都很不利。据丹徒县调查,1987年丘陵地区烤田质量不高的,在50%以上,以致较大面积的早衰和6%以上面积倒伏。丹阳县松卜乡试验表明,倒伏一般减产9.8%~27.7%。所以,加强水利建设,是丘陵地区发展农业带战略性的问题。高淳县顾陇乡由于沟系配套工作做得好,坚持开挖里坎沟,降低渍害,常年粮食产量遥遥领先于该县丘陵地区、甚至全县之首。

3.3　增加农田投入,改良低产土壤

丘陵地区土壤瘠薄、耕作层浅。化肥紧缺,有机肥减少,更加剧了投入与产出的矛盾。据六合县调查,丘陵地区1985—1987年平均亩施化肥只有9.88 kg纯氮,比圩区少4.13 kg,有机肥投入量折纯氮仅有1.32 kg,占总肥量的12.5%。这一施肥水平,只能生产400~450 kg稻谷,因此,要改变丘陵中低产面貌,必须在改善基本生产条件的同时,增加肥料投入。一方面,进一步扩大秸秆还田面积,增加用草量;另一方面,教育群众多渠道、多形式积造自然有机肥,发展畜禽

饲养,因地制宜地扩大"油菜—稻"的种植制度。据句容县定位观察,同块半油菜、半麦对土壤理化性状的结果表明,油菜茬比麦茬有机质提高0.39%,速效磷增加1.59 ppm,速效氮增加3.46 ppm,土壤容重也有所减轻,说明应用"油菜—稻"的种植方式,对农田土壤养分结构有改善的趋势,还要提倡在秧田大种经济绿肥,将用地与养地有机结合起来,使稻田转入低投入、高产出的良性循环轨道。

缓解化肥供需矛盾,根本的问题是增加生产,要切实落实粮油、粮肥挂钩政策,妥善安排好供肥时间,将有限的优质化肥优先满足秧苗追肥和穗肥的施用,并组织供销社、农服公司多渠道组织计划外化肥,努力提高用肥水平。

3.4 推广模式栽培,改进种田技术

3.4.1 以培育壮秧为突破口,加快中产变高产的过程

壮秧是高产的基础。1987年,六合县水稻丰产方、高产田名列前茅的秧苗均系两段秧。据江宁县试验,同一播栽期的8叶1心汕优63,两段秧比一段秧单株带蘖增加2.4个,达到5.8个,百株鲜重增长89.5%,每穗实粒增10.0粒,千粒重高0.5 g,产量提高39.0 kg,增产6.8%。因此,丘陵地区因地制宜发展两段秧,降低露地育秧播量,培育壮秧的增产潜力是很大的。

3.4.2 以合理密植为重点,奠定好足穗基础

适当的栽插密度与株行距配置是足穗的基础。丹阳县大泊乡的试验正说明了这一点。杂交稻平均亩插1.92万穴比1.7万穴每多插千穴,增产12.85 kg;亩插1.7万穴的比1.53万穴的每增千穴增产28.85 kg;亩插1.53万穴的比亩插1.34万穴的每千穴增产39.6 kg。说明杂交稻栽插密度宜在2.0万穴以内,随密度的增加而增产。盱眙县通过对产量与穗粒结构、密度的相关分析表明,杂交稻亩产500 kg以下和500~600 kg的有效穗与产量呈显著相关,分别为0.681 5[**]和0.363 9[**],而穗数又与亩穴数呈极显著相关,r值为0.560 3[**]和0.325 5[**],每穗实粒则与产量相关不明显,说明中低产变高产必须以适当的增加密度来保证足够的有效穗。应当根据水稻的生育特点来正确选择密度和配置相应的株行距。

3.4.3 以开沟烤田为中心,加强水管保活熟

丘陵地区的渍水冲田,能确保中稳,明显提高土壤氧化能力,促进了根系深扎,增强活力防早衰,提高了成穗率,增加产量。在开沟烤田基础上,后期注意间歇灌溉,更能保证水稻活熟到老。据调查,在9月15日后,相比灌一次水,灌三次水的杨粳201单株绿叶增加1.2叶,千粒重增加1.7 g,单产提高40 kg;比受旱田绿叶数增加2.5叶,千粒重提高3.98 g,增产76 kg。

3.4.4 以用好穗肥为关键,主攻大穗增粒重

在丘陵地区坚持"两查两定",适时适量用好穗肥,是提高水稻产量的关键措施,在用肥水平低的丘陵尤其要注意前期肥料宁可略为少施,不可不用穗肥。过去,部分丘陵沿用"一哄头"的施肥方法,结果形成"笑苗哭稻"的做法一定要

改进。1987年六合县横良乡中低产变高产示范方,105亩金陵57,增施了5 kg尿素作保花肥,单产516 kg比去年不施的增加46 kg,每公斤纯氮增产20 kg稻谷。

3.5 推行统一管理,改观服务质量

品种插花,水旱互包,秧田分散,灌水困难是丘陵带普遍性的问题,严重影响因种栽培和科学管理。对此各级党政和农技部门,要通过强化服务,把该统的统起来,妥善解决好这些问题。江宁县上坊乡,1987年在中产变高产示范点上坊村建立了专业服务组织,统一安排品种布局,秧田集中连片,统一供种供秧,分户株寄移栽施肥,统一防治病虫和管水,收到了较好效果,千亩示范片,平均单产589 kg。因此,必须逐步建立健全农技专业化、系列化、社会化的配套服务体系,以促进丘陵面貌的尽快改变。

献改 63 分蘖特性及成穗规律初探

献改 63 是江西省萍乡市农科所以献改 A×明恢 63 育成的杂交新组合。我市自 1986 年试种该组合至 1989 年已在全市 46 个乡镇示范种植 7 401 亩,并在其生物学特性、栽培技术等方面取得研究进展。本文就献改 63 在秧苗带蘖数、大田栽插密度、氮肥用量等因素单独作用下的分蘖特性及成穗规律作一探讨,以求为指导生产提供科学依据。

1 试验基本情况

1988—1989 两年分别在丹阳市珥陵镇、蒋墅乡农科站对献改 63 在本田进行秧苗带蘖数、栽插密度及氮肥用量的单项试验(见表 1)。秧苗带蘖设带 0,1,2,3,4 个蘖 5 水平,每水平分别设汕优 63 作对照;栽插密度设每亩 1.8 万穴、2.0 万穴、2.2 万穴三水平,以汕优 63 每亩 2.0 万穴作对照;氮肥用量设每亩用纯氮 15 kg,17.5 kg,20 kg 三水平,其运筹方式,前、中、后期用肥比例三水平一致,以汕优 63 每亩用 17.5 kg 纯氮作对照。分蘖追踪从秧田始蘖起,移栽时按本田处理定株标记,每隔 5 天观察叶龄、分蘖一次,记载农艺措施,成熟时室内考种。

表 1 试验基本情况

处理	试验水平	播种(月/日)	秧龄(天)	移栽期(月/日)	移栽叶龄(叶)	全生育期(天)
秧苗带蘖数	5	5/18	31	6/18	7.2	139
氮肥用量	3	5/18	30	6/17	7.2	140
栽插密度	3	5/19	28	6/16	7.2	140

2 结果与分析

2.1 分蘖的发生与成穗

2.1.1 分蘖的发生

1988—1989 两年观察结果表明,献改 63 主茎出叶 15~17 张,平均 15.85 叶,有 9~10 个分蘖节。一般地,全出叶 15~16 叶者,分蘖成穗可达第 9 叶位;

本文原载于《江苏省作物学会水稻专业委员会 1989 年度学术研讨会论文报告(摘要)集》(1990 年 3 月),丹阳的陈维轩、姜志芸参加了分蘖追踪观察试验。

全出叶 17 叶者分蘖成穗可达第 10 叶位。通常 7 叶 1 心移栽的秧苗,因植伤第 5 叶位缺蘖。1989 年经观察 60 株,平均单株分蘖 13.3 个,其中二次分蘖 6.75 个,与汕优 63 相比,分蘖发生总数略少。随着蘖位的高低,分蘖发生存在差异,据丹阳珥陵镇观察,献改 63 低位分蘖及秧田分蘖少于汕优 63,大田分蘖和高位分蘖略多于汕优 63(见表 2、表 3)。

表 2　献改 63 与汕优 63 分蘖、成穗情况对比

品种	合计			其中 1~4 叶位			一次分蘖			二次分蘖		
	分蘖(个/株)	成穗(个/株)	成穗率(%)	分蘖(个/株)	成穗(个/株)	成穗率(%)	分蘖(个/株)	成穗(个/株)	成穗率(%)	分蘖(个/株)	成穗(个/株)	成穗率(%)
献改 63	13.3	9.9	74.4	2.46	1.93	78.3	6.5	5.63	86.6	6.75	3.9	57.8
汕优 63	14.4	11.5	79.86	3.1	3	96.8	7.0	6.0	85.7	7.3	4.5	62.1
比较	-1.1	-1.6	-5.46	-0.64	-1.07	-18.5	-0.5	-0.07	+0.9	-0.55	-0.6	-4.3

注:少量三次分蘖忽略不计。

表 3　献改 63 与汕优 63 秧田、大田分蘖及成穗对比(丹阳珥陵镇)

品种	秧田分蘖			大田分蘖		
	分蘖(个/株)	成穗(个/株)	成穗率(%)	分蘖(个/株)	成穗(个/株)	成穗率(%)
献改 63	2.3	2	86.96	11.5	7.9	68.69
汕优 63	3	2.8	93.33	11	7.2	65.45
比较	-0.7	-0.8	-6.37	+0.5	+0.7	+3.24

2.1.2　分蘖成穗

由表 2 看出,献改 63 分蘖成穗率为 74.4%,比汕优 63 低 5.46%,主要是低位蘖、秧田蘖和二次分蘖成穗率低于汕优 63 所致。而大田分蘖、高位分蘖及一次蘖成穗率比汕优 63 略高或相仿。

一般地,低位分蘖、二次分蘖穗的多少主要决定于秧田期,献改 63 分蘖成穗与汕优 63 的差异又主要受制于低位分蘖的多少及其素质的优劣。因此,献改 63 的蘖、穗挖潜应着眼于秧田期。

2.2　秧苗带蘖数对大田分蘖、成穗的影响

秧苗带蘖数的多少是秧苗素质的重要指标。试验结果表明,带 3 个蘖以上的秧苗,从分蘖发生总数、分蘖成穗数及穗粒协调等方面看,皆比带 2 个蘖以下的秧苗占有优势,其优势主要表现在低叶位缺蘖少、成穗率高,二次分蘖的发生与成穗较多(见表 4)。

表4 不同带蘖数秧苗分蘖成穗情况比较

秧苗		0			1			2			3			4		
		分蘖(个/株)	成穗(个/株)	成穗率(%)	分蘖(个/株)	成穗(个/株)	成穗率(%)	分蘖(个/株)	成穗(个/株)	成穗率(%)	分蘖(个/株)	成穗(个/株)	成穗率(%)	分蘖(个/株)	成穗(个/株)	成穗率(%)
总量		8.5	8	94.1	9.5	6	63.16	12	8	66.67	16.5	11.5	69.7	18	15	83.3
1~4叶位		0	0		1	0.5	50	2	1.5	75	3	3	100	4	3.5	87.5
6~10叶位	分蘖	4	4	100	4	4	100	3	3	100	4	4	100	3.5	3.5	100
	比例	47.1	50		42.1	66.7		25	37.5		24.2	34.8		19.4	23.3	
二次蘖		4.5	4	88.9	4.5	1.5	33.3	7	3.5	50	9.5	4.15	47.4	10	7.5	75
缺蘖叶位		0/1 0/2 0/3 0/4			0/1 0/2 0/3 0/6			0/1 0/6			0/4			0/6		

85

由于低位分蘖一般较高位分蘖出叶多,生物量大,因而有利于形成大穗,提高结实率(见表5),高位分蘖的发生及成穗在不同处理间没有明显差异。因此,培育多蘖壮秧,提高低位分蘖穗在穗群中的比例有利于形成协调的穗粒结构。

表5 秧苗带蘖数对大田分蘖及穗粒结构的影响

秧苗带蘖数(个/株)	0	1	2	3	4
大田分蘖数(个/株)	0.5	9.5	11	14.5	15
单株成穗数(个/株)	9	7	9	12.5	16
每穗总粒数(粒)	215.9	214.2	156	166.39	171.03
结实率(%)	61.23	62.61	62.34	59.79	63.69
单株产量(g)	32.72	25.82	24.07	34.20	48.15

2.3 不同密度对分蘖成穗的影响

据珥陵镇试验结果,随密度的增加,总出蘖数有上升的趋势,但从秧田分蘖和大田分蘖,以及分蘖级别看,成穗的绝对数相对稳定,亦即分蘖成穗率随密度的增加而下降,其中以大田分蘖成穗率和二次分蘖成穗率下降趋势明显(见表6)。

表6 不同栽插密度对分蘖成穗的影响

栽插密度	合计			秧田期			大田期		
	分蘖(个/株)	成穗(个/株)	成穗率(%)	分蘖(个/株)	成穗(个/株)	成穗率(%)	分蘖(个/株)	成穗(个/株)	成穗率(%)
1.8万穴/亩	13.8	9.9	71.7	2.4	2	83.3	11.4	7.9	69.3
2.0万穴/亩	14.1	9.8	69.5	2.3	1.9	82.6	11.8	7.9	67
2.2万穴/亩	15.1	9.9	65.6	2.3	2	90.9	12.9	7.9	61.2

栽插密度	一次分蘖			二次分蘖			单株产量
	分蘖(个/株)	成穗(个/株)	成穗率(%)	分蘖(个/株)	成穗(个/株)	成穗率(%)	
1.8万穴/亩	7.1	5.01	83.1	6.7	4	59.7	42.07
2.0万穴/亩	6.8	5.8	85.3	7.3	4	54.8	38.31
2.2万穴/亩	7	5.8	82.9	8.1	4	50.62	27.3

密度的增加,抑制了分蘖成穗,尤其是高位分蘖成穗,增加了无效分蘖的比例,这样有可能和有效分蘖竞争养分,而不利于大穗的形成。从试验结果看,单

株产量以 1.8 万穴/亩为最高,达到 42.07 g,并且处理之间差异明显。因此,从提高分蘖成穗率,协调穗粒结构等方面看,不宜建立过高的基础群体,一般以 1.8 万穴/亩为好,生产水平低的地区亦可稍作提高,同时应促进大田早发,力争提高大田分蘖成穗率。

2.4 大田不同用氮量对分蘖成穗的影响

大田用氮肥量的 3 种不同处理中,分蘖发生最多的为亩施 17.5 kg 纯氮,达到 12.8 蘖/株;其次为亩施 20 kg 纯氮,达 12.2 蘖/株;亩施 15.0 kg 纯氮分蘖发生最少,为 11.7 蘖/株。分蘖发生量的差异主要来自 6~10 叶位分蘖及二次分蘖,说明大田用氮量低于 17.5 kg 有可能影响该组合形成足够的群体。从分蘖成穗对比分析可知,不同用氮水平下虽然总成穗数无明显差异,但其穗型有随用氮量增加而增大的趋势,且不同叶位、不同蘖次间趋势一致,尤以栽后发生的高位蘖每穗粒数呈规律挂递增(见表 7),表明大田用氮量不仅与群体建成有关,而且影响个体素质。因而,本试验表明,献改 63 单株穗粒挖潜的大田适宜用氮量不宜低于 17.5 kg。但本试验中亩施 20 kg 纯氮的处理,后期发生倒伏,因而,献改 63 的用氮量在 17.5 kg/亩时丰产稳产性能最佳。

表 7   大田不同用氮量对分蘖成穗及穗型的影响

用氮量 (kg)	6~10 叶位			二次分蘖			平均		
	分蘖 (个/株)	成穗 (个/株)	总粒 (粒/穗)	分蘖 (个/株)	成穗 (个/株)	总粒 (粒/穗)	分蘖 (个/株)	成穗 (个/株)	总粒 (粒/穗)
15	3.3	3.2	187.82	5.3	4.63	136.87	11.7	10.0	173.27
17.5	3.8	3.3	191.66	6.9	4.5	140.09	12.8	10.0	176.53
20	3.6	3.2	195.28	6.0	4.74	144.35	12.2	10.0	183.07

3 讨论

(1)综上分析,献改 63 分蘖及其成穗在很大程度上决定于秧苗素质的好坏。提高低位分蘖数量和质量有利于增加有效穗,奠定足穗和大穗基础,促进穗粒协调(见表 8),其关键在秧田期,抓好秧田稀播、足肥、精管,这对献改 63 显得尤为重要。

表 8   秧田分蘖和大田分蘖穗部性状的比较

项目	单株穗 数(个)	每穗总 粒(粒)	每穗实 粒(粒)	结实 率(%)	单穗 重(g)	一次枝梗(个)		二次枝梗(个)	
						正常	退化	正常	退化
秧田分蘖	1.96	215.79	159.68	74.26	4.39	16.6	0.77	39.19	33.93
大田分蘖	7.9	161.74	120.2	74.36	3.31	14	1.74	27.42	27.21

（2）一般地,高位分蘖及二次分蘖穗穗型相对较小,高产栽培中应采取培育壮秧、促进早发等技术措施,适当降低高位分蘖和二次分蘖穗在穗群中的比例。

（3）1988 年分蘖追踪结果显示,双本栽插比单本栽插有利于抑制高位分蘖及二、三次分蘖的发生与成穗,缩小穗群中小穗的比例,增加低位一次蘖成穗的比例,从而提高单穗穗质。因此,生产上宜根据秧苗带蘖的多少,采取单双本结合栽插的方法。根据本试验结果,带 3 个以上分蘖的秧苗宜单本栽插,单株带蘖 0 ~ 2 个的可双本栽插,这样有利于穗粒兼顾而高产。

（4）本文仅就"献改 63"在秧苗带蘖数、栽插密度及氮肥用量 3 个因素单独作用下的分蘖特性及成穗规律作了初步观察,肥料的运筹方式及多因素相互作用对其影响有待进一步研究。

水稻后期叶面喷施生化制剂增产机理的研究

自 1989 年以来,开展了生化技术在作物高产栽培中的应用研究,着重进行了农用生化制剂筛选及应用时期的比较试验,结果表明:在孕穗至齐穗期喷施强力增产素、丰产灵等生化制剂,有利于增强光合势,提高净同化率,加速光合产物向穗部的转运,有效地提高单位面积的实粒数和籽粒饱满度,增产效果较佳。本文通过 1990—1991 年多点试验资料的整理分析,试图就水稻后期叶面喷施生化制剂的增产机理做初步探讨。

1 材料与方法

1990—1991 年在丹阳市云林、河阳、延陵,句容县环城、石狮,扬中县三茅、联合等乡镇,选择长势相对一致、成穗数相近的田块设置试验。供试药剂与亩用量分别为:(折)强力增产素 3 g、丰产灵 7.5 ml、叶面宝 5 ml、喷施宝 5 ml、丰收宝 5 ml、植保 18 150 ml,供试品种为中粳 8169-22,喷施时间在孕穗至齐穗期内,采用随机区组设计,设喷清水为对照(CK),重复 3 次。喷药后以强力增产素处理为代表,每隔 5 天测定单株绿叶数、叶面积指数、植株干重、籽粒干重,成熟期测定所有处理的产量结构。

2 结果分析

2.1 增产效果

试验结果证明:各处理实收亩产较 CK 增加 13.2 ~ 48.4 kg,增幅为2.63% ~ 9.73%。新复极差测验显示,喷施强力增产素、丰产灵的增产效果显著优于其他剂种处理(见表 1),两处理较 CK 亩增产分别为 48.4,42.9 kg,两处理之间产量差异不显著。

$$SE = 1.86 \quad V = 12$$

进一步分析其产量构成,有效穗为试验控制相等,每穗总粒与 CK 比较差异不显著,增产作用来自结实率和千粒重的提高,说明喷施处理后弱势花得以灌浆结实,籽粒充实度得到了提高。其中喷施强力增产素及丰产灵的处理结实率分别提高 1.69% ,1.43% ,千粒重提高 1.22,1.05 g,增效显著高于其他处理。以强力增产素处理及 CK 的产量结构做通径分析表明,在穗数相等的前提下,喷施处

本文原载于《1991 年江苏省水稻生产技术专题论文选编》(1992 年 4 月)。各辖市、县作栽站参加了共同试验。

理结实率和千粒重的通径值分别为 0.818 9,0.824 2,而 CK 则为 0.334 6,0.410 4,即喷施处理使品种原有产量结构发生变化,使结实率和千粒重在产量构成中占有更重要的比例。由此说明,喷施处理结实率和千粒重的提高是增产的主导因素。

表1 水稻后期叶面喷施生化制剂的增产效果及其差异显著性测定

剂 种	实产(kg/亩)	差异显著性	
		0.05	0.01
强力增产素	550.3	a	A
丰产灵	544.8	a	A
叶面宝	530.2	b	B
喷施宝	524.8	bc	BC
丰收宝	521.1	c	C
植保 18	515.1	d	C
CK	501.9	e	D

2.2 增产机理

2.2.1 绿叶面积

孕穗期喷施强力增产素后不同时期叶面积指数见表2。从试验田间观察及分析可知,孕穗—破口期喷施处理在齐穗期即见效,从齐穗期后 10 天、20 天、30 天至成熟,各阶段平均每亩日降绿叶面积 18,30.01,50.03,59 m^2,齐穗至成熟全程平均每亩日降 42.04 m^2,而 CK 则分别为 38.02,33.35,60.7,60.03,48.86 m^2,可见,喷施处理绿叶面积的下降速度远远低于 CK;经测定,两处理叶片长宽度无差异,至成熟期喷施处理的单株绿叶面积及单茎绿叶数均高于 CK。由此说明喷施处理维持光合面积的作用在于"保绿",即延缓叶片衰老,延长叶片功能期。

表2 叶面喷施生化制剂对水稻 LAI 动态的影响

生化制剂	孕穗	齐穗	齐穗 10 天	齐穗 20 天	齐穗 30 天	成熟	成熟时单茎绿叶数
孕穗期喷强力增产素	7.47	6.60	6.33	5.88	5.04	3.89	3.50
CK	7.45	6.55	5.98	5.48	4.57	3.40	2.95

2.2.2 干物质生产与净同化率、光合面积的增加直接导致了光合产物积累量的增加

由表3可知,在处理前全田干物重相等的情况下,处理后 30 天以内,喷施处

理干物积累平均强度高于 CK 1.32 ~ 3.88 kg/(亩·日),但呈逐步减弱之势。在齐穗后 20 天内,喷施处理的平均净同化率亦明显高于 CK,但齐穗 20 天后则逐步减弱并渐接近于 CK,亦即产量的增加主要得益于用药后 30 天内植株净同化率的提高和干物积累量的增加。

表3 生化制剂处理后干物质生产动态

生化制剂	项目	孕穗期	齐穗期	齐穗后 10 天	齐穗后 20 天	齐穗后 30 天	成熟期
孕穗期喷强力增产素	干物重（kg/亩）	491	631	327.2	1 034	1 072	1 128
	净同化率（g/(m²·日)）		2.99	3.66	4.08	3.53	3.28
CK	干物重（kg/亩）	491	592.2	767.7	943.4	996.4	1 058.9
	净同化率（g/(m²·日)）		2.17	3.01	3.52	3.29	3.14

2.2.3 籽粒灌浆速率

将孕穗期喷施强力增产素处理及 CK 齐穗后籽粒干重 W 与距齐穗期时间 t 配合 log/stlc 曲线方程,分别令其三阶导数 $W''' = 0$,求得对喷施处理有 $t_1 = 5.033\ 8$ 天,$t_2 = 20.996\ 7$ 天,对 CK 有 $t_1 = 6.273\ 3$ 天,$t_2 = 23.54$ 天,则可将整个灌浆过程分为前期缓慢增重期、中期快速增重期、后期缓慢增重期 3 个阶段。可见喷施处理进入中期快速增重阶段较 CK 早 1.24 天,其快速增重阶段历期亦较 CK 短 1.3 天。将各阶段临界时值代入方程得,在快速增重期内,喷施处理平均灌浆速率为 1.078 mg/(日·粒);CK 仅 0.97 mg/(日·粒)。从齐穗至快速增重期末,喷施处理平均灌浆速率为 0.977 mg/(日·粒),CK 为 0.856 mg/(日·粒),处理和 CK 籽粒累积干物重分别为 20.51 mg/粒和 20.15 mg/粒,处理较 CK 增重 0.36 mg/粒,而喷施处理较 CK 早 2.54 天完成快速增重阶段进入老熟阶段。综上分析,喷施处理籽粒的快速增重阶段基本与叶片净同化高峰相吻合,说明叶片同化物能顺利向籽粒灌输,使籽粒及早充实,提前进入养老阶段。

2.2.4 茎鞘贮藏物质对籽粒增重的贡献

据试验结果分析,孕穗期喷施处理与 CK 相比,灌浆结实期间茎鞘贮藏物质向穗部的转运量分别为 94.17 kg/亩和 108.77 kg/亩,其对籽粒增重的贡献分别为 14.76% 和 18.34%,亦即后期同化物对籽粒的贡献,处理比 CK 至少提高 3.58%。由此进一步说明水稻后期喷施生化制剂有利于提高稻株光合效益,这对水稻高产更高产具有重要作用。

3 小 结

（1）水稻孕穗至齐穗期叶面喷施生化制剂具有明显的增产作用,主要缘于结实率和千粒重的提高,其增产机理在于增大光合面积,增加植株干物质积累,促进籽粒灌浆。

（2）齐穗后 20 天内是籽粒灌浆的关键时期,喷施处理在此期内叶片光合效率较高。同化产物对籽粒的贡献较 CK 为大,这是加快籽粒灌浆速率并提高其充实度的主要原因。

（3）喷施处理籽粒灌浆高峰的提前,使强势粒及早得到充实,而齐穗 30 天内处理比 CK 又具有较强的光合势,据此可以推断,弱势粒的灌浆高峰也相对提前或比 CK 具有相对充裕的灌浆物质,因而结实率得到了提高。

（4）喷施处理后期单茎绿叶数较多,群体维持较高的叶面积指数,进入养老阶段亦较早,因而养老稻阶段的植株营养条件较 CK 优越,这也是千粒重增加的原因之一。

百年未遇的灾害　出乎意料的收成

——1991年水稻生产技术总结

今年的水稻生产是在夏粮大幅度减收,继而又遭受百年未遇的特大洪涝灾害及历史罕见的特大稻飞虱灾害的情况下进行的。由于各级领导高度重视,突出"以秋补夏",农技人员加强应变指导,依靠科技抗灾,广大农村干群奋力救灾,狠抓恢复补救,落实转化促进措施,加上后期较为有利的气候条件配合,使大灾之年获得了出乎意料的收成。据市统计局预测,全市171.09万亩水稻,亩产488 kg,总产8.35亿 kg,与去年相比,虽显"三减"状态,即面积减1.93万亩,单产减11 kg,总产减0.28亿 kg,减幅分别为1.1%,2.2%,3.2%,但是与灾后预测减产0.76亿 kg相比,则挽回涝灾损失0.48亿 kg,占稻谷总产的5%。并且,除去重灾区失收因素之外,无灾、轻灾区获得了普遍增产。

1　生产特点

特殊的气候年景造就了特殊的生产管理过程,形成了与常年有诸多区别的独特的生产特点。

1.1　布局有变化

一是各级政府及农业部门为发挥新品种的优势,适应城乡人民生活的需要,主动地"缩杂扩粳"。全市落实杂交稻面积56.33万亩,比去年少种15.17万亩,单晚106.88万亩,比去年扩种9.68万亩,增9.96%;二是受洪涝灾害影响,被迫"缩中扩后",由于秧苗及栽后大田受淹,致19万亩中晚粳稻需要重新改种,全市中稻实收面积132.77万亩,比去年少种0.73万亩;后季稻则因涝灾退水迟早不一,品种呈籼粳糯并存的局面,其中"早翻早"浙辐802为2.6万亩,其余主要是中粳8169-22和镇糯9380。

1.2　杂交稻显优势

杂交稻在灾年充分显示了其广泛的适应性和较强的抗逆性。据丹阳市、扬中县调查,在秧苗严重受淹、大田重复受淹3次的情况下,汕优63仍能获得422.55 kg/亩的较好产量,较同等受灾的8169-22增产81.63 kg,增幅达23.94%;又据丹徒、句容两县调查,同一田块的杂交稻与常规粳稻,在同样遭受7天以上淹水条件下,杂交稻平均单产达344 kg,粳稻则仅有158.25 kg,杂交稻较粳稻增产117.38%。并且在缺水稻田,同样受旱条件下,杂交稻充分显示其

本文在全省水稻生产技术专题会议上交流。

抗灾增产优势。据句容县在岗塝田调查,杂交稻较粳稻平均增产86.1 kg,增幅为20.31%,且随提水级数的增加,粳稻减幅大于杂交稻减幅。因此,杂交稻不仅茬口早、产量高,而且耐旱耐涝,具有较高的抗灾稳产性能,这对灾年夺丰收是很重要的。

1.3 减穗增穗重

今年轻灾、无灾区水稻的穗粒结构表现为"一减三增",即杂交稻减穗2.06万,总粒增12.85粒,结实率提高7.46%,千粒重增加0.23 g,其中成穗率、结实率双超历史,分别达到77.68%、90.96%;单季常规粳稻减穗1.8万,每穗增总粒4.4粒,结实率提高2.07%,千粒重增加0.79 g,其中成穗率、结实率和千粒重三超历史,分别达到83.11%,93.06%,27.24 g。因而从产量构成因素不难看出,增穗重之得弥补了减穗之失,重灾区以外的水稻是增产的。

1.4 因灾不平衡

今年的水稻产量,随灾情的不同、灾后补救措施的不同、管理水平的不同及品种耐淹性的不同而差异悬殊。从灾情大小看,产量等级从几十公斤到750 kg皆有分布,扬中县三茅乡中乔村百亩武育粳2号丰产方中,赵本良农户的2.4亩高产攻关田,验收实产756.4 kg/亩,创我市常规稻高产历史纪录。该县兴隆镇继去年水稻单产突破600 kg后,今年又超历史6.1%,达640 kg,蝉联全市高产乡镇冠军。但另一方面,全市因灾减产面积达55.36万亩,减产稻谷0.34亿kg,其中减产1~2成面积占79.61%,减产3~4成的占11.25%,减产5成以上的占9.14%,并有3.49万亩水稻因灾失收;从补救措施看,在同样加强管理的条件下,随着补种时间的推迟,同一品种产量为:直播>小苗直栽>长秧龄大苗移栽稻。据句容县后白农场对比试验,同样在7月14—17日播种的浙辐802,水直播亩产412 kg,小苗带土移栽386 kg,稀播水育秧移栽365 kg,抛栽361 kg,高播量旱播小苗移栽289 kg。随补救时间的提前,产量潜力大的品种,其产量也高于产量潜力小的品种。对同一品种,随播期的提前,产量也相应提高。据句容县调查,6月25日前补种的8169-22的产量和效益远高于浙辐802。8169-22在6月15—30日之间每推迟5天播种,产量下降64.28 kg,过迟播种则易造成失收。从管理水平看,在同等受淹情况下,及时换水通气、洗苗扶苗、割叶补缺、施肥防病、根外追肥或喷施生化制剂的产量就高,延误管理时机的,则易造成死苗失收。据句容县二圣乡6月18日调查,杂交稻秧苗淹水3天后退水露苗,及时洗叶的,分蘖死亡率为40%,单株枯叶仅0.6张,而未洗叶的分蘖死亡率为67%,单株枯叶达2.93张。又据丹阳市珥陵镇调查,两户共种的同一块田武育粳2号,水淹5天6夜,7月12日退水后,一户及时治虫防病除草,分3次追肥,使濒临失收的稻苗迅速恢复生机,亩产309.7 kg,而另一户水退后基本不管,亩产仅15 kg左右。从品种的耐淹性看,杂交稻>常规晚稻>中稻,株型紧凑的水稻>株型松散的水稻。据丹徒县荣炳乡调查,7 月上、中旬同样受淹两次,各受淹 7 天、3 天后,同一块田中的杂交稻与武育粳 2 号,穴损失率分别为 15%,35%,产量分别为 498,265 kg,且在产量构成因素中,差异最大的是穗型,杂交稻每穗实粒达 128.55 粒,而武育粳 2 号仅 54.35 粒,可见杂交稻的抗逆性能和自身补偿能力远强于常规稻;该乡另一块武育粳 2 号与 8169-22 共栽田,在 7 月上旬同样受淹 5 天的情况下,亩产分别为 358.5,244.2 kg,产量差异也主要表现在穗型上,前者每穗实粒 87.38 粒,后者每穗 62.88 粒,说明生育期长的晚粳在前期受淹后,由于缓冲调节余地大,攻穗重仍有增产潜力,而中粳的回旋余地则相对要小得多。另据句容县行香乡调查,株型紧凑的中粳"570"较株型相对松散的 8169-22 在同样受淹情况下,产量增加近 100 kg。因灾造成的地区间不平衡性则更大,但是轻灾、无灾区的水稻长势喜人,表现为平衡增产。

1.5 多灾损失重

今年的水稻生产是在一灾为主、多灾齐袭的情况下进行的。全市先后有 98 万亩次水稻受淹,30.6 万亩受旱,虽经水口夺粮、奋战旱魔的战斗,仍因淹损失 0.34 亿 kg,因旱损失 0.11 亿 kg;全市稻田遭受了历史上最为严重的稻飞虱的袭击和纵卷叶螟的包围。今年的稻飞虱比常年提早了一个世代暴发,二、三代褐稻虱的发生量分别达 19,97 头/穴,比大发生的 1988 年还分别高 6.7 和 0.5 倍,纵卷叶螟也由常年的次峰变成今年的主峰,提前 7～10 天暴发。但是在各级党政和农业部门的重视和指导下,大力推广应用扑虱灵等新农药,大打病虫防治总体战,使病虫草害损失降到了多年来最轻的程度,损失量仅占稻谷总产 1.81%,比 1988 年少损失 1.73%。

2 基本经验

灾年的好收成来之不易,是领导重视抓农、40 年来水利基础设施支农、乡镇工业经济实力建农、发展科技兴农和后期气候利农的结果,是各行各业团结一心抗灾补救奏出的一曲丰收凯歌,经验是宝贵的。常规性成功的技术在灾年得到了检验,水稻生育规律在灾年得到新的认识,抗逆高产栽培技术有了新的发展,水稻高产稳产栽培技术体系得到充实、完善和提高,这必将推动我市水稻生产发展到一个新的高度。

2.1 变普及型壮秧为标准化壮秧是实行高产、抗灾和经济栽培的基础

今年的培育壮秧工作,特别是壮秧标准化试行工作成效是显著的。在舆论宣传上,4 月份开展了"壮秧宣传月"活动;5 月上旬开展了"壮秧科普周"活动,市县科技人员科技赶集 10 场次,数万农民接受了咨询;5 月中旬开展了以提高播种质量和稀播为中心的"培育水稻壮秧突击旬"活动,市、县、乡农技部门印发了 10 万余份技术资料,拟定了技术规程,层层进行专题培训,增强了广大农民的

壮秧意识。在措施落实上有了较大进展,冬春秧田综合利用率达到62.84%,比上年增加10.26%,通气式秧田占86.34%,提高4.08%,留而不用、做而不播的现象得到收敛,秧田面积利用率达到98.29%,秧板利用率也提高了2.58%,亦即秧大田比例有所缩小,常规稻秧田播量平均为35.22 kg/亩,较上年下降1 kg;秧田应用复合肥面积占45.91%,增加8.04%。在肥水管理上也较上年有所进步。实施标准化壮秧面积占36.38%。在壮秧效果上,尽管因灾使秧苗素质的各项指标均有所下降,直观效果不明显,但是,经特大灾情考验证明,老健壮秧比瘦秧耐淹、抗灾,具有早发、足穗、大穗的优势,尤其是使用多效唑的秧苗更是如此。据丹阳市作栽站用受淹60小时、带蘖数相同的8169-22秧苗剪根测定发根力,使用多效唑的秧苗单株发根7.6条,未用药未受淹的秧苗发根0.7条,未用药受淹的秧苗无根。而且使用多效唑的秧苗,不仅耐淹,而且大田缓苗期短,易于早发。由此看来,如果不培育壮秧,灾情将更为严重。

2.2 变重群体数量型栽培为群个体协调质量型栽培是水稻高产的有效途径

今年抗灾夺丰收的生产过程给我们以不少启迪与教育。栽培策略似以秧田低播量,培育中壮苗,本田少本插,小群体,通过提高成穗率、攻穗重取得高产。今年的秧苗素质、栽插基础、前期早发均因灾相对较差,密度比去年少0.1万穴/亩左右,基本苗少1.5万苗左右,够苗期、高峰苗出现期均比去年迟8~10天,且杂交稻和常规稻高峰苗数分别比去年少6.23万和4.49万,仅有19.76万和29.44万,均为历史最低年。但是,各级农技部门针对小群体的基础和长期淹水根系发育不良的实际,有效地实施了促转化措施,围绕增大、延长地上顶部三张功能叶面积和寿命及地下上部三台根根量与活力,采取了适当推迟烤田、分次轻烤、带肥烤田、加大穗肥用量、推行药肥混喷等措施。据调查测算,全市分次轻烤面积145.26万亩,占84.8%,比上年提高22.23%,穗肥比上年增加0.04个亩次,用量增加1.13 kg纯氮,后期用肥比例比去年提高5.4%,占20.4%,根外追肥81.85万亩,占47.82%。这些措施的落实使后期光合效率大大提高,干物质生产增加。据苗情资料计算,汕优63移栽—剑叶全展期间净同化率为3.68 g/(m²·日),比上年同期下降0.42 g,降幅为10.24%,而剑叶全展—齐穗及齐穗—成熟则分别达到4.51,3.42 g/(m²·日),比去年同期分别提高2.06,0.73 g,增幅分别为84.08%,26.67%。中粳8169-22也呈相同趋势。由此可见,今年成穗率的提高、单穗重的增加,无灾、轻灾区的增产,主要得益于中后期净同化率的提高、个体素质的增强、群个体生产潜力得到了协调发挥。诚然,出梅至成熟,日照充足,气候适宜也是水稻得以迅速转化的重要因素。据扬中县气象站分析,杂交稻和常规稻灌浆结实期间的光温比分别为0.28,0.35,均比常年和去年高0.03~0.04,0.05~0.09,是3~4年一遇的有利于养老稻的气象条件。

2.3 变大众化经验型栽培为因苗分级应变型栽培是实现平衡增产的关键

长期以来,农业生产的指挥与指导多满足于一般号召,基层干群多依赖于传统经验从事生产,措施不当或措施效应不明显的情况屡见不鲜。但是,在多灾重灾的今年,苗情特别复杂,各地各级农技部门强化了踏田诊断、分类指导、因苗管理、分级转化、应变栽培的措施。针对洪涝淹毁秧苗和本田已栽水稻,根据退水时间的早晚,采取了补种中粳8169-22、镇稻9180、"早翻早"浙辐802,补种玉米、栽种晚山芋、绿豆、赤豆及短周期蔬菜等5套方案,使失收面积降到了最低程度;针对灾情的轻重,采取了多种补救措施,如边排水边洗苗,清除稻叶上附着的污泥,剥蘖移栽补缺,去烂叶,割黄披叶,喷药防病,增施速效肥,浅水勤灌,养根护叶,喷施植物生长调节剂等,促进了苗体恢复生机,迅速转化,使灾害损失大大减轻;针对不同苗情采取了多种管理措施,如根据大面积水稻前期生长量不足的情况,各地普遍增施长粗接力肥,应用面积占水稻总面积的75.83%,较上年增加28.94%,采取了攻穗重,提高成穗率的各项可行措施,氮、磷、钾肥总量分别较上年增长13.81%,35.47%,17.68%。为了延长功能叶寿命,增强根系活力,全面实施了以湿润灌溉为主的水管方式,大力推广了药肥混喷技术,全市实施粉锈宁或三环唑加生化制剂混喷面积达52.52万亩,占30.68%,比去年有了长足的进展。由于各地一手抓重灾区生产补救,一手抓无灾、轻灾区的秋超活动,因地制宜、因苗管理措施扎实有力,实现了重灾区少减产,无灾、轻灾区平衡增产的好收成。

2.4 变传统的促进型栽培为现代的调控型栽培是实现理想株型栽培的有效手段

以往水稻栽培,人们多侧重于水肥促进,农民则偏爱水稻一生"一路青",现代栽培则是促中有控,控中有促,促控结合,围绕高产优质,既有栽培总目标,又有阶段发育指标,实行有序的理想株型调控栽培。近两年来,全市各级农技部门通过对20世纪80年代水稻生产技术经验的总结和新技术研究,对水稻栽培策略进行了适度调整,重点抓了三方面的调控技术,取得显著成效。前期,特别是秧田期应用多效唑培育水稻中壮苗,实践证明它具有矮化、增根、促蘖、抑草、早发、增穗增产的作用,今年全市秧田应用4.46万亩,折合大田面积35.68万亩,占20.84%,比去年翻了一番,尤其在灾区,由于其叶片缩短、增厚、变宽而直立、分蘖多、根系发达、活力强,充分显示了抗灾保苗的作用;中期则基本改变了一次重搁田,使田面开裂伤根系的中空中控管理方式,今年60.65%的稻田成功地运用了够苗即烤、分次轻烤、带肥烤田、促控有度的中期肥水运筹新模式,达到了促进稻体氮、碳代谢转化,充实长粗,叶片上举,控上促下,使营养生长向生殖生长过渡的阶段发育指标较为适宜,对提高成穗率、增大穗型具有重要作用;后期改变了以单靠水管养老稻的旧方法,推行了叶面喷施生化制剂新技术,实践表明,孕穗至抽穗期间,叶面喷施强力增产素、丰产宁等生化制剂具有延长功能叶寿命、提高光合效率、促进光合产物向穗部转运、使冠层配置和粒/叶比更趋合理等作用,能有效地提高结实率和千粒重。据全市 11 个点试验资料,在参试 13 种叶面喷施剂中以强力增产素、丰产灵效果最佳,分别比喷清水(CK)结实率提高 1.69%,1.43%,千粒重增加 1.22,1.05 g,增产 48.4,42.9 kg,投产比达1:20。因此,调控型栽培在塑造理想株型、建立高光效群体、促进水稻高产更高产方面发挥着愈来愈重要的作用。

2.5 变单纯的化学防病治虫为药肥混喷、防调结合是实现高效低耗栽培的中心环节

20 世纪 80 年代以来,病虫防治已从见病虫治病虫发展到了病虫综防,打总体战,近两年来进一步从单纯的化学防治发展到了药肥、农药与生化制剂混喷,以一药多效的病虫防治与稻体生长调节相结合的综合化控。实践证明,这种新技术高效低耗低毒,是集保产与增产为一体的新型栽培技术。今年在历史上罕见的稻飞虱特大发生的情况下,大力推广扑虱灵,收效极为显著。据植保部门观察,不用药的田块 8 月下旬即有"透天",但今年全市"透天"总面积只有几十亩,造成的产量损失是多年来最轻的,挽回的产量损失占水稻总产的 15% 以上。针对今年稻根发育不良、肥料流失多、稻株易早衰的情况,全市上下大搞药肥混喷,提出杂交稻用粉锈宁加生化制剂,常规稻用三环唑加生化制剂进行叶面喷施的技术方案,收效较为明显。据丹阳市云林乡试验,杂交稻以粉锈宁 50 ml 加强力增产素 3 g 或丰产灵 7.5 ml 兑水 50 kg 于齐穗期叶面喷施,分别较单用粉锈宁的处理绿叶增加 0.36,0.17 张,结实率提高 3.7%,1.33%,千粒重增加 0.85,1.03 g,增产 6.4%,5.4%,经测验,达极显著差异。又据扬中县兴隆镇试验,粳稻以三环唑 100 g 加强力增产素 6 g 兑水 50 kg 于破口期叶面喷施,分别较单用强力增产素、单用三环唑和喷清水(CK)的处理单穗增重 0.03,0.38,0.6 g,增产 0.73%,5.16%,9.49%;从产量构成因素上看,也主要表现为结实率和千粒重的提高,投产比达 1:4,且对穗稻瘟的防效也有提高,药素混喷的防效达 77.3%,比单用药提高 1%。该镇 70% 的粳稻推广药素混喷技术,提高结实率2.2%,增加千粒重 1.08 g,亩增产 36.1 kg,亩增收 18.67 元,社会经济效益极为显著。因此,水稻大搞药素混喷具有病虫兼防、增强光合作用的综合增产效果。

3 值得深思的问题

自然灾害的发生,使生产过程中的问题也暴露无遗,令人深思。

3.1 基础不牢,生产被动,难以高产稳产

今年洪涝、干旱的发生,既体现了 40 年来水利建设的作用,又暴露了水利工程年久失修,残缺不全的薄弱环节。许多农田涝灾积水排不出,干旱有水灌不上,致使大片水稻受淹,甚至淹死,岗塝稻田不能按水稻需水规律管水,对稻作产量影响较大。因而,必须乘党的十三届八中全会的东风,大搞农田水利建设,改

善生产条件,逐步建设高产稳产农田。另一方面,部分基层干群,片面认为前期基础差,后期管理好照样能夺高产,因而忽视了形成高产的最基本条件——壮秧合理密植,错误地认为,培育壮秧、合理密植已不那么重要,生产上在局部地区瘦秧、大棵稀植现象有所抬头,阻碍了水稻高产更高产。

3.2 抗灾意识不强,技术缺乏,是造成失收减收的根源

面对百年未遇的洪涝灾情,部分地区的部分干群束手无策,怀着望天收的思想,听任涝灾肆虐,使一些有力的救灾措施被打折扣,坐失良机,造成了一些不应有的损失;另一方面,各级对灾情的估计不足,补救措施不配套,物质准备不充分,对挽回产量损失也有一定的影响。因此,灾情给我们以教训,不但要立足抗灾夺丰收,更重要的是要立足防灾保丰收,即变被动的抗为主动的防,要对各种可能出现的自然灾害进行必要的抗灾、防灾、救灾技术的超前研究,以利抗御和战胜各种自然灾害,确保水稻高产稳产。

3.3 生产管理畸轻畸重,顾此失彼,难以平衡高产

在经济比较发达而社会化、专业化服务组织尚未健全的地区,一种就丢的失管田占有一定比例,即使丰产方也不例外,很难平衡高产;在生产管理上,重种轻管,重常规管理轻新技术应用,重用无机氮、磷肥,轻施有机肥与钾肥,重治常规病虫,轻防偶发性病虫仍有一定的普遍性,因而造成了生理失调、生理早衰、生理病害,三化螟、小球菌核病、基腐病等一些原来不为人们注意的问题则逐步上升为限制稻作产量提高的主要因素,即使一些显著性常规增产措施在一些地区进户、到田率也很低,拖腿田面积在扩大,影响大面积平衡增产。因此,贯彻落实国务院关于加强农村社会化服务体系建设的决定迫在眉睫,这已成为进一步提高农业生产的当务之急。

3.4 新技术进展缓慢,发展水稻生产缺乏后劲

直播稻、抛秧稻、"两旱一水"等种植技术适应形势发展的需要,展示水稻栽培或粮食发展方向,在全国范围内,特别是在南方已初露端倪,是有发展趋势的新型耕作栽培技术。我市虽然也在小面积上试验了 2~6 年,但是一直未能走出试验田,经费投入少,技术研究不配套,加上各级行政、农业部门对农业生产"重当前、轻后劲"的现象较为普遍,缺乏强有力的技术攻关、生产示范、宣传培训等组织工作,因而新技术进展相当缓慢,在一定程度上制约着水稻生产或粮食生产的发展,即使在新品种、新组合的筛选上也缺乏力度,接班品种尚不明确,我市将进入一个新的品种多乱杂时期,这些问题必须引起各级领导和农业主管部门的高度重视。

以无害节本增收为目标　推动植保服务产业化

植保工作要认清新形势,分析新问题,根据新要求,以减灾节本、无害增收为目标,推进植保服务产业化,并致力于增强"八个性",在"五个无"上下功夫。

1　增强"八个性"

1.1　稳定性

增强稳定性即稳定植保专业技术队伍,健全测报网络建设,提高技术业务水平。各辖市、区要保证植保技术力量,优化人员组合;健全、完善测报点和测报网络的建设;注重植保技术研究,提高技术业务水平。重点是坚决贯彻、落实省政府有关政策,抓好乡镇植保队伍的建设,保证各个生态区域在乡镇级具备一定的植保力量。

1.2　适应性

增强适应性即植保工作要适应农业结构调整,适应加入 WTO 和城乡居民生活水平提高的新形势。要顺应农业结构调整,拓宽植保服务范围,重点是要抓好经济作物和茶果菜主要生育时期主要病虫害的防治工作;要抓好植物检疫工作,以适应加入 WTO 后的新形势,防止恶性的病虫草和外来有害生物的侵入、扩展;要抓好无公害植保技术的研究和服务工作,适应城乡居民生活水平提高的新形势,满足无害化农产品生产的新要求。

1.3　预见性

增强预见性即准确、及时地预测预报病虫害的发生动态。依据"预防为主、综合防治"的植保工作方针,要加强和完善测报网络的建设,在保证测报力量、增加测报点的基础上,重点抓好预测预报工作,对重大病虫害发生动态的掌握要有超前性,为及时开展防治工作争得主动。

1.4　准确性

增强准确性即全力提高病虫测报、防治的准确性。要增加测报点,扩大样本容量,在保证调查、测报数据具有代表性的基础上,做到判断正确、决策科学、防治准确,确保用药防治的时间准确、药种准确和剂量准确。

1.5　安全性

增强安全性即全力保证作物生长、农产品安全。保证作物生长安全,一是确

　　本文系根据我在镇江市农林局召开的由各辖市、区分管局长、植保站站长、植保公司经理参加的全市植保工作会议上的即席讲话记录整理而成,原载于《农林工作简报》(2003 年第 12 期、21 期)。

保药剂对作物的安全性,无药害事件发生;二是全植保系统同心协力,共同努力有效治理病虫草害,把损失控制在一定的经济水平范围内,决不允许有大面积病虫害暴发危害。保证农产品安全,即实现农产品无害化,降低农药残留量,禁止使用高毒高残留农药,首先植保系统内严禁销售已禁用的高毒高残留农药,同时对限用的高毒农药进行毒品化管理,建立责任可追溯制度,高毒类农药必须经过农药经营法人签字同意后才能销售。因放任高毒农药销售引起的人民生命财产安全事故,所在地农林部门主要负责人要负总责,分管局长要负主要责任,严肃追究经营者经济责任直至法律责任。

1.6 经济性

增强经济性即注重经济效益,抓好植保产业化服务,处理好社会利益与系统利益的关系。加大优质高效新农药的宣传、推广力度,提高植保服务水平;要从增加农民收入、减轻农民负担的高度,认识经济用药的重要性,只要能够将损失控制在经济阈值范围内,能不用药就不用,决不盲目加大剂量,更不能增加用药次数,决不增加不必要的农业投入,减少农药残留量,提高农产品品质。

1.7 创新性

增强创新性即做到体制创新、机制创新、技术创新。体制创新,要抓好技术服务工作,在保证公益性服务的基础上,积极开展有偿服务工作,实现技术价值;要将公益性工作与经营性工作分开,经营性工作要实行企业化管理,自负盈亏。机制创新,要进行分配制度改革,做到同岗同酬、绩效挂钩。技术创新,要抓好无公害植保技术和新型病虫害防治技术的研究,研究更有效、更合适的农药新配方。

1.8 主动性

增强主动性即全面争取植保工作的主动性。首先是抓好以上"七个性"的工作,奠定良好基础。其次是实现植保业务、经营创收、植物检疫三方面工作的主动。在植保业务上,要树立有作为才有地位的观念,要加强技术研究、提高业务水平、提高服务能力,力争多做贡献,才能进一步加强植保工作的地位,以贡献争得主动;在经营创收上,要注重经济效益,提高经济实力,以实力赢得主动;在植物检疫上,要主动出击,严格执法,以战绩占据主动。

2 在"五个无"上下功夫

2.1 无灾害

无灾害即植保部门要积极参与水灾之后的各类作物补救工作,抓好病虫防治,以实现大灾之后无大害。今年的秋熟生产,在夏熟因灾减产的情况下,肩负着以秋补夏,完成市委、市政府下达的全年农业生产工作目标的重任,秋熟生产过程中绝不允许出现任何的疏忽。7月5日以来,我市连降暴雨,雨量之大为历史所罕见,造成了多数农田受涝,不少作物受淹,蔬菜、旱粮、水稻均不同程度地受损害,影响了秋熟优质高产,对此,各地均采取了积极有效的措施进行抗灾,减轻水灾损失。植保部门要积极献计献策,预防为主,防止大灾之后病虫暴发流行。要着重抓好近期大量迁入的迁飞性害虫白背飞虱、稻纵卷叶螟等病虫的防治工作,做到全力以赴地抓好各类病虫测报工作,及时全面地掌握发生动态,科学决策,积极指导开展防治,有效地控制各类水稻病虫的发生与危害,保护好水稻生长,确保无大面积的病虫危害,把病虫危害率控制在经济阈值之内。

2.2 无公害

无公害即病虫防治必须严格按无公害的要求进行。随着人民生活水平的提高,广大市民的食品安全意识普遍增强,这就要求植保部门在病虫防治指导工作中,要大力推广高效低毒低残留无公害农药、生物农药,不得推广、销售任何禁用、限用的高毒高残留农药,并要积极配合相关部门,严肃查处此类事件,促进我市农业生产整体向无公害方向发展。

2.3 无疫区

无疫区即杜绝外源有害生物的侵入,确保我市不出现农业有害生物的疫区。各地要加大植物检疫的工作力度,加大对种子及农产品调运的检疫管理力度,特别是要加大近期扩散速度较快的各类植物检疫性病虫草害的检疫力度,做到多查、多检,勤查、勤核,决不放过每一起可疑疫情,坚决将其拒之于市外,确保我市不出现疫区。

2.4 无假冒

无假冒即不得销售假冒伪劣农药。植保系统的农药经营公司,首先要严把农药进货关,确保各植保公司无假冒伪劣农药;其次,植保部门要积极配合相关部门,抓好农资市场的检查,加大对假冒伪劣农药的查处打击力度,以保证我市农资市场无假冒伪劣农药销售,保护广大农户的合法利益。

2.5 无违纪

无违纪即不出现违法违纪事件。各植保系统的公司、经营者,要严格要求自己,从严约束自己,守法经营,绝不允许出现盲目提高农药价格的事件,更不允许有"收受回扣"的事件发生,一旦发现,将对其严肃查处。

浅谈恢复姆场水稻产量的生产技术途径

自 1971 年开始建设 Mbarali Rice Farms Ltd.（中译名：姆巴拉利水稻农场有限公司，以下简称姆场，位于南纬 8°40′，年平均气温 22.9 ℃，年平均降雨 27.65 inch，平均蒸发 94.39 inch，平均相对湿度 66%（55% ~ 82%），日照 8.3 h/d（6 ~ 10.7），风速 9.8 ~ 18.79 mile/h）以来，大致经历了投资建设（1971—1977 年）、效应释放（1976—1984 年）和生产衰退（1985 年至今）三个时期，其中 1976—1984 年是姆场水稻生产的鼎盛时期，连续九年水稻单产稳定在千斤水平（921 ~ 1 042.5 斤/亩），为祖国赢得了荣誉，为中坦友谊做出了贡献。

分析这一时期的高产经验不难看出，优良的品种布局，完善的基础设施，良好的生态环境，符合农艺要求的机械作业，水稻生育规律与自然规律的协调发展，有效的农田管理和训练有素的职工队伍，为持续稳定高产创造了条件。而 1985 年后生产的连续滑坡，则与品种潜力的降低、农田生态条件的恶化、基础设施的老化、投入水平的下降、生产技术的退化和经营管理不善等有关。只有找出症结，排除障碍因子，才能使姆场水稻生产走出低谷，恢复生机。

1 水稻生产衰退的原因浅析

水稻产量的形成是生产要素综合作用的结果。生产的滑坡同样非单一因素所致，而受诸多限制因子的共同影响。

1.1 农田生态恶化

1.1.1 "三害"严重

姆场稻田耕作层已被"三害"草种严重污染，形成了一个庞大的草种库。以稗草、白芒野稻和杂稻为例，15 ~ 20 cm 耕作层内的种子量已分别达到 9.25 万粒/m^2、2.35 万粒/m^2 和 3 154 粒/m^2，且已形成一年生与多年生并行，野生稻、杂草、杂稻并存，种子、茎节和根系繁殖并举的杂草群体。由草害所致水稻失收和弃种面积逐年扩大。全场水稻种植面积已从 1984/1985 年度的 7 413.24 ac，被迫退至 1994/1995 年度 4 500 ac 左右。1993/1994 年度的水稻失收面积高达 1 000 ac 左右，主要系稗草暴发和多年生野稻、多年生杂草为害猖獗所致。

本文系我 1992 年 12 月至 1995 年 1 月在执行援坦桑尼亚农业技术项目期间，根据姆场生产实际作于 1994 年 6 月，主要用于援坦农业技术组与坦合作方商谈，提供给农业部中农公司、省农林厅外办为姆场发展作决策参考。本文引用了 1981 年国际杂草学会稻田杂草防除会议《野生稻及其防除》有关资料；参考了前人在姆场的有关工作成果，并引用了姆场试验区的有关工作资料，在此一并表示谢意。

1.1.2 地力衰退

长期以来,姆场水稻连作,不施有机肥,偏施氮化肥,加上多年来的连续烧草,使地力衰退较大,土壤理化性状变劣,部分田或地段,特别是新区土壤沙化、板结、龟裂严重,难以齐苗。据 1993 年对土壤测定结果,新区有机质含量已下降到 0.905 5%(0.35% ~1.4%),全氮含量仅 0.069 2%(0.04% ~0.10%),有效磷 5.017 4 ppm(1.23 ppm ~34.89 ppm),其中小于 5 ppm 极缺磷面积占 76.92%,高于 20 ppm 的仅占 2.56%,缺素症状在部分田已相当严重,僵苗不发,更加剧了草害威胁。

1.1.3 病虫害加重

近年来,姆场水稻病虫害日趋严重。水稻叶鞘腐败病、稻瘟病普遍达到防治指标;纵卷叶虫在 Kilombero 上发生较重;突眼蝇、稻瘿蚊、螟虫在部分田块也有发生。但近几年来,姆场对病虫熟视无睹,既无药也无药械可治。

1.2 基础设施老化

1.2.1 农田水利差

水利设施依干、支、农、排、毛为序,毁坏趋于严重,毛渠和排渠已无一完整设施,淤积、堵塞严重,田埂坍塌、缺口较多。条田已不分长短,均只有一两个毛门进水,田、渠、路等高情况已在多条田中尾部呈普遍现象,有些田块甚至出现灌渠、路面低于田面,而排渠底部高于田面,不能从排渠排水的极不正常现象。水利设施呈现灌不上、排不出、保不住、灌速慢,严重影响正常管水的局面。

1.2.2 农田平整度差

多年来,农田极少平整,农田平整度愈来愈差,条田内高差普遍在 20 ~30 cm内,部分条田的高差达 50 ~70 cm,据新区 1993/1994 年度调查,因洼塘无苗而失收面积达 119.15 ac,高墩无苗而失收 65.5 ac,分别占播种面积的 4.5% 和 2.5%,尚有相当大面积的低洼地因长期深水淹灌而穗数甚少,产量极低。由于农田平整度差,对科学灌排水带来难度,影响齐苗,并大大降低了化除药效,这是导致草害逐年加重的一个重要原因。

1.3 投入水平下降

姆场因缺乏造血功能,更无自我积累机制,只能勉强维持简单再生产,缺乏扩大再生产能力。对外依赖性大,在外援减少的情况下,其投入水平逐年下降。

1.3.1 农机

由于机群老化,零配件匮乏,油料跟不上,机械作业能力越来越差,有时甚至出现"修车赶不上坏车"的情况,连最基本的耕耙两个亩次都难以维持,作业质量更难尽人意,对草害抑杀能力大大减弱。

1.3.2 肥料

20 世纪 70 年代末 80 年代初,姆场施肥量为 200 ~220 kg/ac 左右尿素,施肥

4～6次,而近几年用肥量则下降为150 kg/ac左右尿素,1993/1994年度更降至130 kg/ac,施肥次数也减至2～4次,磷肥由原来普施改为不施。在草害、肥水流失严重田块,水稻所获肥量甚微,导致水稻生长量不足,难以发挥品种生产潜力。

1.3.3 劳力

受经济拮据影响,农场雇工量大量减少。1982/1983年度水稻用工56.62个/ac,其中除草工21.61个,占38.13%;而1992/1993年度水稻用工仅24.75个/ac,其中除草工0.44个,占1.78%。用工量的减少,导致农田管理失时,草害严重。

1.4 生产技术退化

1.4.1 品种

一是现行品种生产潜力不及IR8。无论是1976年与1975年比较,还是1984与1985年比较,皆因IR8等高产品种种植比例大而高产。以1984与1985年比较为例,1984年低产品种比例为3.87%,平均单产17.56袋/ac,而IR8单产高达38.78袋/ac;1985年低产品种占14.67%,平均单产为19.27袋/ac,因而1985年比1984年平均单产减7.33袋/ac,减幅达19.3%。试验区的试验结果也证实了这一点。Katrin、Subamati的产量潜力仅有6 t/ha左右,而IR8则高达8～9 t/ha。二是现有当家品种纯度低、种性退化严重。据测查,种子中含杂稻7.69%～22.18%,平均为14.92%;大田中杂稻率为10.52%～77.82%,平均为39.171%。由于杂稻株高、叶面积大,易落粒、倒伏,与当家品种争光、争肥水,并压迫当家品种倒伏,对产量影响很大;在种子田中还因异花授粉,直接变异后代,使种性退化,杂稻率连年上升。

1.4.2 技术

一是姆场一直采用水稻机械旱直播栽培,技术体系单一。20世纪70年代水旱轮作周期不到4年,80年代初即延至10～14年,而80年代中期以来则基本中断了水旱轮作,不仅草害加重,而且地力衰退,缺乏养地机制。二是受主观因素的影响,苗化、保水、施肥等措施失时,且用肥量下降,失去了直播稻早发抑草的效果。1992/1993年度有相当大面积苗化、保水延至2月至3月上旬,有些斗受天气影响,甚至被迫放弃苗化,第一遍肥迟至水稻叶龄9～10叶才施,水稻难以高产。三是穗数严重不足。分析产量构成因素发现,1976—1984年间,有效穗为450～600穗/m²,近几年仅有180～375穗/m²,而每穗总粒这几年仅比1976—1984年间低5粒左右或相仿,千粒重稳定。这说明播种至生育中期技术不到位,失去了直播稻增穗增产的优势。

1.4.3 队伍

20世纪70年代由中国专家培养的第一批姆场技术队伍,在80年代中后期陆续退休,现所剩无几;新一代基层队伍,既缺乏系统培训,更缺乏吃苦精神,且变更频繁;农场雇工既无保障,也无培训,基本技能差,整体队伍素质较以前大为下降。

1.5 经营管理不善

1.5.1 经营机制死板

受坦国宏观政策的影响,姆场习惯于"大锅饭",人浮于事,难以调动干部、职工的积极性;并且受物价上涨影响,工资水平愈显低下,农场的凝聚力下降,不少技术工人主动辞职,在职干部、工人很少用心于搞好工作;姆场生产经营也不灵活,布局死板,盈利项目不能扩展,亏损项目又难以改善,形成经济上的恶性循环。

1.5.2 缺乏主人翁精神

在干部、职工队伍中,很少有人以场为家,缺乏责任感;出勤不足,出工不出力现象普遍,工效低,质量差,措施到位率不高;有的甚至挖农场墙角,偷用或出卖农场的生产资料,农场对职工务工缺乏约束力。

1.5.3 农场田与职工田矛盾突出

20 世纪 80 年代中后期以来,由于草害严重,农场弃种部分田,出于用移栽与直播技术轮作,控制草害和增加职工收入的本意,分配给职工部分稻田,随着稻田收入与工资水平反差拉大,干部、职工精力较多地分散于自留地,且在播种、化除、施肥、管水、收获等关键农时,与农场争劳力、争机械、争水源,使农场正常工作受到很大影响。另一方面,随着农场弃种水田的扩大,职工采取扩面增产、掠夺式经营的办法,不投入或很少投入,有些田种而不管,加速了杂草蔓延,有相当面积的稻田已满布多年生野稻或杂草,不能复耕。农场对职工种田缺乏有效管理,不仅农场毫无收益,相反,农场每年负责为职工提供部分机械作业,还全程提供管水服务,损害了农场利益。

2 恢复稻作产量的生产技术途径探讨

从历史的和现实的角度看,只要增加投入,加强管理,强化基础,控制"三害",技术到位,恢复稻作产量,重振姆场雄风,虽有相当难度,但大有可能。

2.1 大搞农田基本建设,提高农田平整度和灌排能力

农田基本建设是水稻生产的基础。平整的农田和灌排通畅的渠系是提高"三害"控制能力和田间管理水平的重要条件。

2.1.1 以清淤、治漏为重点,增强渠系速灌速排能力

近年来的清渠工作仅局限于清草,渠床明显抬高,大大降低了行水量和行水速度。过去 24~48 小时内能灌排水结束的斗,现在需 3~7 天才能完成,严重影响齐苗和化除药效。支渠以下的清淤治漏工作量很大,必须统筹规划,分年度实施,力争 3 年内全面治理一次。同时,检查维修田间工程建筑物,把清渠、培堤、复路、维修结合起来,努力恢复农田水利设计标准。

2.1.2 以稻田平整为目标,提高种植面积有效率

姆场由于机械力量缺乏,农田平整工作已中断多年,条田内高差逐年拉大,不仅为科学灌排水增加了难度,而且逐步扩大了由低洼和高墩造成的失收面积,有效种植面积明显减少。因此,平整农田应当作为每年必不可少的重要农田基本建设任务来抓。农田平整要贯穿于每年旱季作业的全过程,实行专人负责,按"三害"程度和平整度,先轻后重,有计划地分年度实施;要创造条件,旱整、水平并举,力争在3年内全面平整一次。平整的标准为田内高差小于10 cm,以适应直播水稻高产栽培技术要求。

2.2 完善"三害"综防体系,努力减少产量损失

姆场"三害"基数惊人,危害极大,必须长期坚持农业防治与化学防治相结合,生物措施与工程措施相配套,实行综合防治,才能有效控制。

2.2.1 水旱轮作,打破杂草适生环境

建立合理的轮作制度,是减轻草害的有效手段。从姆场历史的经验和畜禽饲养的需要,以及现有经济条件和培肥地力等多因素考虑,积极恢复大豆、玉米、高粱等旱作物的种植,是既现实,也很必要的。姆场畜牧场现有饲养量年需84万 kg 玉米、大豆、高粱,约需农田 1 000 ac,可通过减少休闲地和调整重草田来解决。有研究报道,被白芒野稻侵染的稻田,通过一年稻与二年大豆或高粱的轮作,配套以除草剂与中耕相结合,一个轮作周期后,白芒野稻可减少 70% ~ 80%,两个轮作周期后减少 90%,管理适时田块,防效甚至可达 98% ~ 100%。因此,根据"三害"程度,有计划地实行水旱轮作,并把旱作生产提高到与水稻同等重要位置来抓,是控制"三害",提高姆场稻田生产力的一项重要战略措施。

2.2.2 直播与移栽轮作,控制杂草繁衍速度

据报道,旱整旱播保水迟的水稻较之水直播建立水层早的稻田,白芒野稻的污染要严重得多。土壤长期呈淹水状态,水整地使土壤糊化呈粘闭状态,能抑制野稻发生。移栽水稻不仅为水整地、早保水创造条件,而且生育前期易早发,形成较强的生长优势,从而抑制野生稻和杂草的萌发与生长,控制了草害。老区2 - 1号田,1991/1992 年底因各类野生稻和杂草发生严重,水稻单产仅5.74 袋/ac,1992/1993 年度调整给职工移栽,凡重视管理的,野稻和杂草发生减轻,产量上升至 18 ~ 22 袋/ac,1993/1994 年度继续移栽,管理得当的田,产量上升为 25 ~ 27 袋/ac。可见,直播与移栽轮作,有利于控制杂草的繁衍。

2.2.3 农业与化学防治并举,根治"三害"

实践证明,烧草、灌水诱发,配套以耙地对降低当年以种子繁殖为主的野稻、杂稻和杂草的基数,分别有 30% ~ 60% 和 20% ~ 40% 的控制效果;耕翻晒垡对多年生野稻根茎杀伤率有 40% ~ 60% 的效果;而喷施草甘膦结合耕翻晒垡对多年生野稻和多年生杂草有 80% ~ 90% 的防效;播前诱发配套以百草枯灭草耕耙播种,对抑制一年生杂草、野稻、杂稻基数,减轻杂草对水稻生育前期的危害,也

有较好效果。用恶草灵封闭后保持土壤湿润不开裂或等雨出苗,对一年生杂草和野稻有80%以上的防效;用苯达松苗化则对莎草科杂草有较好的杀灭作用。苗化后再辅以人工拔草,能减轻草害损失。但是,烧草、灌水诱发有其副效应。烧草会破坏土壤结构,降低肥力;诱发促进了多年生野稻和多年生杂草的繁衍。因此,必须认真总结成功经验,扬长避短,区别草情,因田制宜采取相应的措施,只有长期坚持不懈地采取农业与化学防治相结合,才能够根治"三害"。

2.2.4 经常更新药种,坚决控制优势草种

长期使用单一药种,杂草会产生很强的抗药性。以稗草为例,姆场使用敌稗系列农药长达24年之久,稗草已产生极强的抗药性。对于1993/1994年度老区2-21号田,在封闭用药恶草灵2.6 L/ac、苗化两次用敌稗类药量达17.1 L/ac的情况下,稗草防治甚微,依然濒临失收。在技术人员严格操作下的敌稗类药防治效果也仅有30% ~40% 。可见更新药种已迫在眉睫。据试验,快杀稗除稗效果达90%以上,且有用药适期宽、兼治田菁等特点,应予尽快示范推广。但其使用技术严格,现有药械难以适应,必须添置水田化除药械才能大力推广。对其他野生稻和杂草的防治,也应当广泛引进新药试验,筛选出后备药种,以适应控制各个时期、各类草害的优势草种。

2.3 努力增加投入,提高产出效益

姆场自20世纪80年代以来,投入大为减少,70年代的投资效应早已释放殆尽。目前,姆场的投入与产出濒临枯竭。只有适时追加投入,才能不断产出效益。

2.3.1 改善农机装备,提高农艺作业标准

现有的农机装备已远不能满足农艺作业要求,不但农田多年未平整,就连耕耙作业也难以完成任务,很难达到抑杀杂草的目的。为了恢复水稻产量,必须更新部分农机,同时加强维修保养,满足"一平(农田平整)、一耕(耕翻晒垡)、两耙(一次碎土诱发、一次播前整地)、一括(括平待播)"的直播水稻播前作业的基本要求;化除药械要具备水、旱两用性能,不仅要适应天气变化、土壤墒情,更要适应发挥前期药效对土壤湿度的要求;康拜因也必须提高作业性能,努力减少收获损失。

2.3.2 改进施肥技术,提高肥料报酬率

姆场在1978—1983年间的氮、磷肥施用比例为26.12∶1,肥料报酬率为每公斤氮34.8 kg,1993/1994年度分别为117.25∶1和每公斤氮17.81 kg。可见施肥效应在下降。尽管草害、肥水流失、产量低是一方面,但营养失调也是重要因素。因此,必须对姆场土壤营养状况进行一次全面测查,实施缺素补素、平衡施肥技术,以协调植株与土壤的营养平衡。根据恢复产量需要,不仅氮肥要增加用量,矮秆品种达到180 kg/ac左右尿素;而且要增施磷钾肥,或改单施尿素为施高浓度三元复合肥,以提高肥料报酬率。

2.3.3　增加活化劳动投入，提高精耕细作水平

姆场虽是机械化农场，但施肥、拔草、移密补稀（缺）、管水、拾稻等环节仍需大量人工，特别是在同等农田条件、草害严重的情况下，更应当追加劳力投入，及时补栽洼塘，减少无苗失收面积；对杂草相对较少的高、中产田要逐田人工拔草，最大限度地控制草害；对收割质量差的斗，应组织劳力适时补割、拾稻，以减少产量损失。

2.4　以"增穗保粒"为目标，恢复高产栽培基本功

从穗粒结构上看，姆场产量低的主要原因是穗数不足，栽培的主攻目标应当是：增穗、保粒、稳粒重。

2.4.1　创造条件速灌排，坚决把好全苗关

近年来，穗数严重不足的主要根源在于齐苗慢、苗不足，有效分蘖少。因此，必须在确保水路畅通的前提下，努力提高播种质量，减少露籽、深籽、丛籽率；针对田面不平情况，增加稻田竖沟，做到 8 m 一条竖沟，横沟以毛门开通，加速田内灌排水。拉苗水的灌溉，以前水不清、后水不进和保持田面湿润，防止田面开裂为度，缩短灌排水周期。局部低洼处应及时人工开沟助排，以提高出苗速度，促进齐苗、全苗。基本苗要确保 225 ~ 300 株/m²。

2.4.2　实施"三早"战术，努力促进早发

在苗齐、苗足的基础上，栽培的目标应及时转移至壮苗早发上来。近年来，常因苗化慢、水不足而导致保水、施肥迟，有效分蘖少。因此，促进早发的主要措施是齐苗后尽早苗化，苗化后 2 天即速灌，力争苗化后 5 天内施第一遍肥，在叶龄上掌握在 5 叶期以内，当一遍肥后叶色再次褪淡时，再施二遍肥，力争在 9 叶出生前结束两次肥，用肥量视总量而定，最大限度地促进低位有效分蘖的出生。只有及早地形成稻苗群体，才能有效地实现以苗压草和争取足够的穗数基础。

2.4.3　实行全程水层灌溉，抑草保苗促增产

多年的经验表明，水层灌溉是姆场提高产量的重要措施。水稻一旦齐苗（三叶期），即行水层灌溉。灌溉的标准，以前期大面积的淹没心叶为度，不排除为了高墩处湿润，短时间淹没的可能性；随着叶龄的进展，稻苗长高，逐步做到以高墩保持浅水层为准；要特别防止水稻前中期稻田间歇灌溉或长期前干湿润、助草生长的做法；要通过水层灌溉，达到以水抑草、以水调肥、以水促苗的目的。抽穗前 20 天内要建立较深水层，满足水稻生理生态需水；齐穗后 28 天左右开始排水，为机收创造条件。

2.4.4　促保兼顾增穗重，减少损失夺高产

姆场光照充足，可大力扩充单位面积栽花量。在早发基础上，穗肥运筹可以促花为主，保花为辅，促保兼顾。促花肥的施用，大致可安排在抽穗前 28 天左右进行，用量要足（50 kg/ac 尿素），以巩固分蘖成穗，促进大穗形成。保花肥在抽穗前 15 ~ 18 天进行，用量 30 kg/ac 左右尿素，以提高结实率，增加穗重。在总用

肥量低的情况下,可促保兼顾一次施,在抽穗前 22～26 天间进行。水稻产量形成后,要努力减少损失。据测定,近年来每年平均损失量达 100.6 kg/ac。这对于产量不高的农场来说,是一笔不小的经济损失,应当努力使康拜因调整到最佳作业状态,同时提高驾驶员的责任心,力争把收割损失量控制在 5% 以内。以增产减损双重措施,夺取水稻高产。

2.5 加强技术培训,提高稻作技术含量

2.5.1 稳定职工队伍,提高人员素质

科技是第一生产力。建立一支技术素质较高的干部、职工队伍,是恢复稻作产量,振兴姆场经济的战略措施。必须多渠道、多形式、多层次、多专业地加强技术培训。主要领导可轮流到中国或第三国参观访问,着重转换思想,学习先进的组织管理经验,以利对姆场实施有效的经营管理;中基层干部,既可轮流到坦高校短期培训,也可由中国专家组进行系统的技术培训,特别是适合姆场生产的关键技术培训;各类专业操作人员由中基层干部负责岗前培训,在培训的基础上,建立起各类专业技术队伍,并在较长时期内相对稳定,明确其职责,严格执行操作规程,从而提高经营管理水平,提高关键技术的到位率。

2.5.2 加强种子建设,挖掘品种增产潜力

优良的品种是增产的内因。必须针对姆场种子混杂退化严重的实际情况,切实重视种子建设。当务之急是提纯现行当家品种,控制野稻、杂稻、杂草种子在稻种中的污染,试验前要按照"三圃"要求,把种子提纯、繁殖作为中心工作来抓,力争通过两三年的努力,彻底改变种子现状。与此同时,要不断引进、筛选适合姆场条件的高产、优质并重的新品种,尽可能早地把现有品种更换下来,充分发挥优良品种的增产作用。

2.5.3 推广使用适用技术,提高土地产出率

应系统地总结建场以来的成功经验,不断研究新情况、新问题,大搞技术试验,把成功经验和适用新技术有机地结合起来,逐步完善适合场情的稻作技术体系。当前值得推广的有"三害"综防技术,"三旱"抑草促早发技术和"二适"(适时早排水、适时收割)、"一提高"(提高整米率)配套技术,同时要继续寻求根治"三害"、提高单产的各项有效措施,并切实加以实施,力争通过 3～5 年的努力,恢复历史产量。

2.6 转换经营机制,提高管理水平

经营管理不善是姆场生产衰退的首要因素,必须下决心转换经营机制,把提高管理水平作为恢复姆场生机的突破口来抓。

2.6.1 实行"一场多制",提高姆场生产力

当前,姆场最大的困难是经济,在中坦两国政府都不能全面扶持的情况下,欲求生存和发展,必须多渠道、多形式筹集资金,最有效的办法是实行"一场多

制",即土地国有私营一点,交纳农场管理费和土地使用费;外来(中方或坦方场外企业、个人)租赁一点,交纳租金;本场量力而行续营一点;创造条件合资一点。农场主要职能是抓好管理,提供服务(成立农机、管水、生产资料、种子、加工、仓储、运销等专业服务队),搞好积累。在具备造血功能、建立起良性经济循环机制和基本排除障碍因子后,再谋求大的发展,逐步提高姆场综合生产力。

2.6.2 打破"大锅饭",实行定额管理

从1993、1994两年收获作业实行定额奖励和职工田雇工包干作业的实际效果看,定额管理完全能充分调动职工劳动积极性,只要措施配套,不仅作业质量能相应提高,而且省工、省时、省本。应当逐步扩大直至全面实施定额管理办法。在干部、职工思想程度和队伍素质较高情况下,可逐步试行联产定本计酬承包,实行超产节支分成奖励,减产(除不可抗拒的自然灾害外)超支(扣除物价上涨和政策原因)扣酬的办法,充分挖掘劳动生产潜力。通过各种定额管理,促进增产措施切实有效地落到实处。

2.6.3 严格执行规章制度,提高职工责任感

对职工要实行场情、场史教育,使每个职工都能自觉成为场的主人;通过制定并严格执行各项规章制度,提高职工工作责任感;在农场经济好转的条件下,努力增加职工收入,改善福利条件,增强农场向心力和凝聚力,逐步培养职工爱场如爱家和"场兴我荣、场衰我耻"的集体荣誉感,从而促进他们自觉、主动地把各项工作搞好。

3 值得研究的几个问题

3.1 中方人员和技术措施的相对稳定问题

中方人员频繁轮换,不仅语言有障碍,而且由于生态条件迥异,稻作技术也有个摸索过程,加上各人的认识不同,因而在一定程度上技术措施也常因人而异,生产缺乏连续性,甚至导致坦方合作者的思想混乱和无所适从。因此,中方人员和技术措施必须力求相对稳定,其中人员稳定是关键。实践看来,45～55岁间县属单位、农场人员对连续工作2～3期的希望较大,不仅因为他们年富力强,经验丰富,而且子女已成人,自身工作已基本定型,后顾之忧较少。因而选择这一层次的人员似能较好地处理队伍稳定的问题。若能在政策上允许家属探亲或一道来场,这一层次的人员将更易得到稳定。中方人员出国前如能先行培训3～6个月的生活、工作用斯语,将有助于提高中坦合作工作的效率。

3.2 增加投入与节约农本的问题

这是历期中坦双方的分歧,常需花较大精力商谈。关键在于生产资料、零配件物价上涨过猛,使农场难以承受,加上近年来产量低,投入产出率不高,更削弱了坦方投入的积极性。解决的办法是,从政策上给农场以进出口自主权,直接进

口农用物资,减少中间环节和税收,同时出口农副产品,逐步做到外汇自负盈亏;努力提高单位面积的产量,提高投入产出率,增加经济效益。

3.3 用养地结合与持续生产的问题

目前,姆场缺乏养地机制,职工田甚至是掠夺式经营,必须引起重视。一是可考虑种植匍匐型、矮秆型绿肥作物,如大豆、绿豆、地中海三叶草、苕子、苜蓿类绿肥等。二是水旱轮作应成为一项长期执行的种植制度。三是对畜牧场畜禽粪的利用,可以采取堆积高温发酵处理的办法,或建立沼气池,对其能源、肥料双重利用,使其熟化后作基肥施用;生活区的粪肥也应当利用起来。四是稻草实行有条件的"烧""还"结合,如有可能,可在田头采用高温堆肥处理后再还田;也可结合灌水诱发,沤制还田。逐步建立起有效的地力培养机制,以利持续生产。

3.4 自备农用飞机与稻作技术体系改变的问题

现行技术体系中,不仅药械标准低,配件难寻,作业质量差,药效低,而且要求旱地作业,影响水稻正常发育;人工施肥不仅受劳力限制,而且施不均匀;药、肥被偷严重,田间实际用量常显不足。若改用农用飞机作业,这些问题都能解决,而且不需要药械及其动力、劳力,施药、施肥均匀,效果倍增。飞机作业还具有突击性,受天气、土壤湿度制约小。另一方面,现行农药多数要求湿润地用药或浅水层用药,这是拖拉机药械难以作业的,若自备农用飞机,整个技术体系都可改变,生产潜力将得到较大挖掘。在执行上可采取与邻近农场合备的方式,以提高农用飞机的利用率。

3.5 修建水库与扩面生产、稳产的问题

20 世纪 80 年代中后期以来,姆场水源愈显紧张,难以满足可垦面积的全面生产,遇上旱年,生产更为被动。1993/1994 年度由于雨季迟临,水源严重不足,造成 4 000 余 ac 干旱死苗,严重死苗面积达 2 000 多 ac,并有 1 000 多 ac 被迫等雨出苗,职工田更是全面等雨出苗。不仅当年生产被动,而且推迟了下一年度的旱季作业,产量受到极大损失。加上国家从 1994 年起对水资源利用采取了配额供应的新政策,姆场生产受影响将更大。因此,下决心修建水库,不仅为现行生产赢得主动权,而且是姆场扩大再生产、稳定及常年水力发电的百年大计,应予以认真考虑。与此同时,利用场内斗与斗、田与田间的高差,可考虑修建更多的回归水利用设施,使有限的水资源、多次循环使用,努力提高水资源的利用效率。

农业发展战略

台湾的观光休闲农业及其对我省农业发展的启示

2002 年 11 月 26 日至 12 月 6 日,我省农业交流协会应台湾农林渔牧业交流协会邀请,组团赴台湾对观光休闲农业进行了考察和交流。从峰峦叠翠的阿里山脉到椰风海韵的嘉南平原,我们走进了一处处风景秀丽的休闲农场,丰富的田园和自然景观,浓郁的乡土文化气息,香意味浓的"野味土菜",多样化的教育和游憩设施,给我们留下了难忘的印象。

1 台湾休闲农业的发展概况

台湾休闲农业起始于 20 世纪 80 年代初的观光农园。其动因一方面是针对农业萎缩、效益滑坡而采取的一种新的农业经营形态,另一方面是迎合都市人的生活水平和消费能力提高后对休闲游憩的多样化要求。1982 年台湾实施"发展观光农业示范计划",开展观光农园的辅导,此后陆续出现各种观光农园,面积超过 1 000 ha。1989 年台湾"农委会"举办了第一次"发展休闲农业研讨会",对农业与观光结合的新事物进行了广泛研讨,并确定了"休闲农业"的概念,即是利用农村设施与空间、农业生产场地、农业产品、农业经营活动、农业自然生态环境、农村人文资源,经过规划设计,以发挥农业与农村休闲旅游功能,增进民众对农村与农业的体验,提升旅游品质,并提高农民收益,促进农村发展的一种新型农业。1990 年开始实施"发展休闲农业计划",从技术、经费、宣传等方面加大对休闲农业的支持力度。1992 年"农委会"颁发了"休闲农业区设置管理方法",制定了休闲农业区的一些基本条件,如:面积至少要大于 50 ha,而且必须连接成片;必须有许多农民参与且受益;必须有当地农产品可供销售;必须有美丽景观可以观赏;必须有丰富的农业经验可让人体验等。经过乡镇申报、专家评估、农政部门审定,至今全岛已选定 23 个休闲农业区。同时积极辅导和扶持农户或农业企业在农业休闲区内兴办"休闲农场",目前全岛有一定规模的"休闲农场"已有 20 多家。

台湾休闲农业的类型较多,每个休闲农业经营者,利用其特有的资源,配合适当的活动,让消费者现场体验其有大自然特色的营农活动,实现每个人对自然的梦幻与享受。从我们考察的情况看,可大致分为以下几种形式。

1.1 休闲农场

休闲农(林、牧、渔)场是观光、体验、娱乐等综合性项目的有机整合,占地面

本文系江苏省赴台湾观光休闲农业考察团的考察报告,我是考察团成员之一,执笔人是江苏省农林厅翁为民,我参与了文稿讨论。

积较大,一般在 100 ha 以上。位于嘉义县番路乡的龙头农场占地 124 ha,这里有兰圃、茶园、竹海,还有体能训练场、滑草场、露营烧烤区、缆车、小木屋等,游客可以在这里观景赏兰,体验采茶、制茶、品茶课程,享受森林浴的清新、滑草的乐趣,参与营火晚会并享用美味的烧烤。龙头农场还特别复育各种蛙类族群,给学生提供了从事保育教育的良好题材。

1.2　教育农园

教育农园是利用农业资源,将其改造成学校的户外教室,具备教学和体验活动的场所。我们考察的南投县台一生态教育农园占地 10 多 ha,是由种苗圃转型而来的。这里的花圃、有机蔬菜栽培区内各种花木、瓜果、蔬菜均有标牌,蝴蝶馆里讲解员正在讲解蝴蝶的一生等昆虫生态知识,押花室里孩子们正在制作精美的押花工艺品……寓教于乐的活动内容,吸引了众多中小学生及家长,我们亦兴奋地参与其中,和孩子们共享农园带来的欢乐。

1.3　观光农园

观光农园、观光牧场、观光渔场等是结合农林牧渔生产,向人们展示先进的生产技术和多姿多彩产品的场所。根据各个观光农园的生产特点,人们在观赏的同时,可以采摘新鲜的瓜果,可以垂钓,甚至可以亲身挤到新鲜的牛奶、羊奶。我们参观的桃园县味全哺心观光牧场,就开放了乳牛区、榨乳室、乳业展览馆等,供游客参观,亲自挤牛奶,亲自喂牛,并了解体验牛乳制品的生产过程。

1.4　市民农园

这是由农民提供农地,让市民参与耕种的园地。市民农园一般位于都市郊区,分块出租给城市居民,用以种植花草、蔬菜、果树等。其主要目的是让市民体验农业生产的甘苦,享受耕作的乐趣,以休闲体验为主,不以生产经营为目的,多数租用者也只是利用节假日到农园作业,平时则由农园一方负责管理。

台湾休闲农业兼具农业生产与休闲服务的功能,所表现的是结合生产、生活、生态"三生"一体的农业,在经营上更是结合农业产销、农产品加工及游憩服务的农业企业。休闲农业的发展使农田成为精致农园和无公害生产车间,农村成为优美舒适的向往之地,农村文化和自然资源也得以保护和传承,而农产品的流通、加工和游憩服务,为农民创造了许多就业机会,并从中增加了收入。因此,台湾休闲农业在给都市人提供田园体验、知性教育和游憩服务的同时,对促进农业结构的良性变动及农业的可持续发展都有着深远的意义。

2　台湾休闲农业的经营策略

方兴未艾的休闲农业为台湾农业转型开辟了一条有效途径,也为台湾旅游业发展提供了广阔的空间。据了解,目前台湾休闲农场每年接待的游客超过

250万人,约占台湾总人口的10%,我们考察的几个休闲农场,双休日接待人数全部爆满。靠什么在吸引众多游客,如何经营休闲农业?在与农场主和管理人员的交流中,在连日来的亲身体验和耳闻目睹中,我们有些许感悟。

2.1 善用农业资源

休闲农业所表现的是结合生产、生活、生态"三生"一体的产业,丰富的农业资源可满足人们求新、求知、求变的多样化需求,挖掘和用好农业生产、农民生活、农村生态资源,是实现农业转型和取得经营成效的前提和基础。宜兰县头城农场原本经营桂竹、柑橘、樱花和茶花等苗木,转型后充分利用原有生产资源,再现园艺景观、竹海森林的风貌。一路上,我们观景、赏花、采果,脚边潺潺流水,耳边鸡鸣鸟叫,悠悠然不知不觉转了一圈。头城农场还在竹子上大做文章,采竹笋、做竹筒饭、制作竹工艺品、竹叶拓T恤……挖掘出与众不同的竹文化资源。

2.2 形成自身特色

我们走过一处处休闲胜地,都明显体验出它的独特之处:头城农场有观赏宜兰八景之一"龟山朝日"的绝佳胜境和丰富的竹文化资源;嘉义农场坐拥自然的湖光山色景观和丰富的植物资源,尤其有全岛独一无二的黄玉兰、星苹果、澳洲胡桃等珍稀树种;龙头农场的采茶、制茶和茶艺课程,让你感受到茶文化的无限妙趣,而复育各种蛙类族群的青蛙屋,又是从事保育教育的良好题材;哺心牧场拥有全台唯一的乳业展示馆和最大的素有"黑森林"之称的烤肉、露营区;台一生态教育农园则在"花"上做文章,观景赏花,现场制作押花作品,在"水上花园餐厅"品赏以可食用花卉精烹细调的"花宴",参观以花为蜜源的蝴蝶馆。这些都形成各个农场的特色,成为"卖点",也正是这些特色吸引八方游客,赢得众多"回头客"。

2.3 强化行销策略

一是注重消费行为研究,针对不同的消费群体,规划活动、提供服务。如台一生态教育农园设置的多项寓教于乐的文化教育和娱乐设施,使之成为学校户外教学课堂和亲子的乐园。二是注重消费引导。台北市郊的青青农场复合式休闲、商务、餐饮中心,是忙碌现代人的最佳选择,是引导都市年轻一族休闲、运动、商务、聚会、婚宴及餐饮的最佳场所。三是注意宣传包装。在台湾的报纸上我们经常看到介绍休闲农业的版块,在网上可以浏览到休闲农场的网页和景点介绍,在高速公路休息区和宾馆、饭店几乎都可以翻阅到介绍农场景点的小册子。

2.4 配套服务项目

旅游业的六大要素是"行、游、娱、住、食、购"。台湾休闲农场一般都有长途或公交车经过,交通便利。农场内不仅可欣赏到丰富的田园景色和淳美的农村风貌,在轻松的游憩中体验农事和农村生活,还可以品尝到美味浓郁的乡村土菜和新鲜的瓜果蔬菜,在欢乐的营火晚会后住进清新雅致的小木屋,离开时还可采购到时令水果和地方土特产品。总之,丰富的活动内容,使游客感到既充实又惬意。

3 启示与建议

与台湾相比,我省休闲农业还处在萌芽期。休闲农业所表现的多种用途和功能还未引起足够重视,农业旅游资源还未得到有效利用和开发;一些匆忙上马的农业旅游景点往往缺乏总体布局规划,模式雷同,缺乏特色;景区内人工化倾向严重,项目单一,经营管理跟不上。针对以上问题,吸收台湾在休闲农业上的成功经验,可在以下几方面改进。

3.1 更新观念,积极扶持和引导休闲农业发展

中国台湾地区和世界先进国家及地区农业发展历程表明,休闲农业是城乡社会经济发展到一定程度后必然出现的一种农业形态,是农业摆脱弱质、微利,参与第三产业的有效途径,也是优化城乡资源配置,调整农业和农村产业结构,实现农业可持续发展的重要内容。应该说我省发展休闲农业的时机已经成熟:① 假日经济出现,有日益扩大的旅游市场的消费需求;② 农业面临转型,有农业结构调整的市场要求和剩余劳动力转移的就业需求;③ 我省农业旅游资源丰富,有发展休闲农业的基础和条件。因此,要把休闲农业作为现代农业发展的重要方面,纳入农业和农村经济发展的产业规划和项目实施中,并在政策和资金上加以扶持,以吸引更多的投资者前来考察环境,投资兴业。

3.2 总体规划,合理布局

休闲农业涉及农业生产、农民生活和农村生态资源的保护、开发和利用,要在实地考察与评估的基础上,合理划定休闲农业区,并将休闲农业区纳入城乡一体化发展规划。注意保护休闲农业区内自然资源、生态环境和人文景观,注重将农业生产与观光农业资源的培植有机结合起来,改善农村环境,搞好水、电、路等基础设施建设。搞好景点布局,合理配置资源,避免景点雷同,形式单一。同时加强与旅游部门的合作,将原有旅游景点与休闲农业项目进行组合,形成资源互补,相互带动,"农游合一"的新格局。

3.3 精心设计,营造特色

就观光休闲农业的客源看,主要是附近中高收入居民,他们利用节假日,尤其是双休日,进行短途观光游憩,因此有必要吸引这些顾客。所以,项目的内容、服务和收费标准都要按照这一目标市场的特点来确定。另外要区别于一般的旅游景点,克服一些观光农业项目人工化倾向严重的缺陷,维护休闲农业的"乡土"气息和民风民俗的中华文化原本。在项目设计上,既要体现休闲农业的观光性,又要注重游客的参与性,还要将知识性、趣味性、娱乐性等有机结合起来,使游客流连忘返,故地重游。

着力建设现代农业　提高农业综合生产能力

围绕落实中央 1 号文件精神,建设现代农业,提高农产品竞争力和农业综合生产能力,结合我市实际,在具体工作中,要重点抓好以下几个方面的内容。

1　发展特色农业,培育农业农村经济新的增长点

我市紧邻南京,位于沪宁城市群落之中,区位优势、资源优势、农业技术优势相对明显,必须充分发挥丘陵岗坡地和沿江水资源相对丰富的特点,发展资源农业,加快推进农业结构调整,发展高效农业;提升传统农业,做大做强六大特色主导产业;推动观光农业建设,提升农业产业层次,充分发挥我市山水资源和生物多样性优势,大力发展休闲农业,为农民增收开辟新途径。

2　发展科技农业,提高农业科技含量

我市涉农高校及科研院所数量之多在全省 13 个市中是少有的,人才众多,技术力量雄厚,必须整合其人力和技术资本,充分发挥他们在农业科技创新与应用中的特殊作用,推进我市农业科技进步;要鼓励、支持科研院所兴办农业科技园区,充分发挥江苏农林职业技术学院边城科技示范园,市农科所白兔、后白、袁巷、天王科技示范园的示范导向作用,培训农民的作用和带动农民增收的作用,引导、鼓励江苏大学、江苏科技大学、中国农科院蚕研所在农产品加工、储藏、保鲜、农业环境、农机装备工程、生物工程和蚕桑发展等方面,以及在建设农用工业园区、科技示范园区或在培训基层组织和农民中发挥重要作用。以现有农技推广体系为骨干,整合科研、教育、农业企业和涉农部门所办科技示范园的力量,建立健全多元化的农技推广体系,切实提高农民科技文化素质,促进科技成果的普及与转化,提高农业生产力。

3　发展集约农业,提高农业生产效率

现行分散的小规模生产,严重制约农业生产率的提高,推进农业集约经营,有利于农业效益的提高和可持续发展。一是要大力培育农业龙头企业,推进产业化经营。通过"公司＋基地＋农户"的方式,促进农户实行专业化生产,规模化经营,从而带动农民增收。二是大力发展农业专业合作经济组织。以农产品为基础,以资金为纽带,鼓励和引导各类投资主体,打破地域、行业和所有制界

本文系 2003 年 3 月我参加市委现代农业建设座谈会发言材料,得到市委分管副书记的批示肯定。

限,按照"民办、民管、民受益"的原则,以股份制、股份合作制等形式创办专业合作社、农业专业协会等各类中介服务组织,提高产供销一体化经营水平和农民的组织化程度,增强抵御市场风险的能力,增加农民收益。三是发展新型农业经营模式。推行农业规模经营,发展养殖小区,建立规模种养基地,探索用全新的组织方式、灵活的管理机制、科学的管理模式,建立合理的经营模式。

4 发展生态农业,实现农业可持续发展

我市的农业生态环境总体良好,必须注意在保护中利用,在利用中保护。一是弘扬传统农业精华。实行精耕细作,发展立体种养殖,如茶园中培育大规格苗木、渔塘边养猪等,就是生态农业的典型范例。二是推广生态农业技术,比如合理轮作,施用有机肥,推广生物农药,秸秆还田,节水灌溉等。三是加强生态环境建设。依法保护和合理利用农业资源,重点保护耕地和水资源,最大限度地减轻农业面源污染,控制并治理工业污染,实施"绿色倍增工程",不断改善生态环境。

5 发展资本农业,建立农业多元投入机制

现代农业的本质特征是资本农业。实践证明,"三资"加国资,农业展新姿。要进一步加大农业招商引资力度,推进大项目战略。一是建立健全项目库。从提升产业层次的角度,农业一二三产齐招,工商资本、民间资本、外商资本齐引,外资、外贸、外经项目齐上,全面提高农业利用"三资"水平。二是大力培育招商载体。以科技示范园区为主要载体,嫁接现有农产品加工企业,促进产业链延伸,推进已建企业的扩产增资,不断提高农业产业化水平和农业附加值。三是跟踪落实已签项目的开工建设。加快资金到位,推进早投产、早见效。

6 发展数字农业,加快农业信息化进程

通过实行市、县、镇农技推广公益性与经营性服务分离,推进市挂乡镇、县挂大村、科技人员挂大户,建立村级农业综合或专业服务组织和科技示范户,健全农技推广体系,切实疏通农技服务进村一公里问题;通过农技推广、科研教育、农业企业和科技园区联动服务,发挥各自优势,切实解决科技成果转化到田最后一道坎问题;通过设立电视农业专题节目、广播农事热线、农业网站、电话农技110和报纸农业专栏,辅以技术培训,印发技术资料、农业墙报、黑板报等形式,切实覆盖农业信息入户最后一盲点。同时,加强精确施肥、节水灌溉、优化栽培等技术研究,扩大信息技术在农业上的应用,加快农业现代化进程。

镇江粮食发展的战略构思

1 国家粮食安全提出的背景

自 1949—1994 年的 45 年间,我国粮食长期处于供不应求的紧张状态,为了提高产量,扩大耕地面积,人们曾不惜乱垦滥伐,围湖造田,引发了多种生态灾难,政府也采取了提高收购价格和严格的省长负责制等多种措施,终于自 1995 年到 1999 年,全国连续 5 年粮食丰收,其间,1998、1999 两年粮食产量均超过了 5 000 亿 kg,实现了粮食自给有余。以此为标志,我国农业发展进入了新阶段,全国开始了农业结构战略性调整,主动调减粮食种植面积,发展高效经济作物。粮食短缺似乎已基本告退。

粮食问题是一个世界性难题,有着十分复杂的因素。粮食生产是经济再生产与自然再生产的交织,近 3 年,世界粮食减产,储备减少,特别是美国大豆减产,价格上涨,成为引起我国去年 10 月以来粮油上涨的外部起因。而从 1998 年至 2003 年,我国主动调减粮食种植面积 1.484 4 亿亩,累计减少粮食生产1 700 亿 kg。年粮食总产量已下降到 1993 年的水平,而同期人口增长了 1.13 亿,年粮食总产量已有 3 年产不足需,需国库储备粮补充,2003 年又由于气候异常,自然灾害频繁,全国粮食下降幅度更大,由此成为粮价上涨的内部因素。

目前我国年粮食消费量约为 4 800 亿 ~ 4 900 亿 kg,一般当年产需缺口在 250 亿 ~ 350 亿 kg。中国人多地少,土地是不可再生资源。自 20 世纪 90 年代以来,全国减少耕地约 2 025 万亩,按目前单产水平,相当于永久性地减少了 586.2 亿 kg 粮食生产能力,未来耕地减少趋势仍将继续。目前全国平均消费不变,也需增加年粮食消费 20 亿 kg,到 2010 年,年消费粮食则超过 5 000 亿 kg,我国人口高峰将于 2030 年左右达到 16 亿,到时年消费粮食将达到 6 400 亿 kg。对于这样庞大的消费需求量,虽然我国已加入世贸,可以大量进口粮食,但世界贸易年可供粮食贸易量只有 2 000 亿 kg,过多进口粮食必将引起国际粮价波动,同时带来巨大的财政负担,未必有利于我国粮食安全。所以,粮食供应必须立足于基本自给。当然基本自给并不排斥保持合适的进出口粮食贸易量用于品种调剂,多年前专家论证,中国粮食自给率保持 95% 是比较合适的,即便如此,在耕地不断减少,人口不断增加的情况下,在未来 20 ~ 30 年内,粮食安全问题仍将是一个不得不高度重视的问题。

本文系 2004 年我与农技推广站站长陈良根等共同讨论农业结构调整与粮食安全,为政府决策提供参考,由陈良根执笔。

如前所述,重视粮食生产的理由:一是粮食生产面临自然和市场双重风险;二是耕地和粮食播种面积连年减少,粮食总产量和人均占有量连年减少,已敲响警钟;三是粮食需求呈刚性增长,公认年增幅在 1% 上下。

粮食一旦出了问题,就危及人的生存和国家经济安全,任何一个国家都把粮食问题作为一个战略性问题来对待。

因此,中央提出保持粮食产量稳定增长必须放眼长远,确保粮食安全是长久之计是完全正确的。

2 我市粮食生产、供求的历史与现状

2.1 我市近 15 年粮食生产实绩

1995—2003 年,镇江市粮食生产总量变化如图 1 所示。

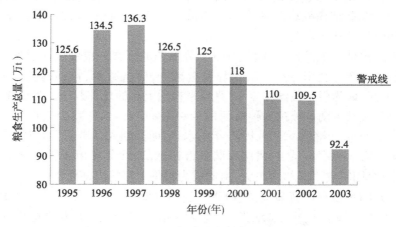

图 1 1995—2003 年镇江市粮食生产总量变化

自 2000 年以来,即农业结构调整最活跃的 4 年中,粮食播种面积平均只有247.97 万亩,比 20 世纪 90 年代后 4 年的 305.9 万亩减少了 57.93 万亩,缩减了18.93%;粮食总产平均只有 10.75 亿 kg,减少了 2.3 亿 kg,缩减了 17.7%,由原来粮食的产大于需变为产小于需,粮食生产总量下滑到粮食安全警戒线以下。1989—2003 年粮食生产情况见表 1。

2.2 5 年前(1999 年)粮食产需平衡点

从表 1 看出,1999 年粮食总产量为 12.5 亿 kg。按照当年测算,全市口粮需8 亿 kg,饲料粮 2.6 亿 kg,工业粮 1 亿 kg,种子 2 000 万 kg,供求平衡点约在11.8 亿 kg,年余粮约 7 000 万 kg。

2.3 目前粮食产需平衡点

我市常住人口 289.76 万人,按人均年消费原粮 248.56 kg 计,需 7.2 亿 kg

（稻谷 5 亿 kg，小麦 2.2 亿 kg）；饲料粮 2.29 亿 kg；工业用粮 1.3 亿 kg；种子用粮 1 600 万 kg，供求平衡点约为 11 亿 kg，目前实际粮食缺口约 1.7 亿 kg。

表 1   1989—2003 年粮食生产情况

年度	粮食面积（万亩）	单产（kg）	总产（亿 kg）
1989	331.85	358	11.8
1990	332.62	369	12.27
1991	327.49	348	11.31
1992	325.3	380	12.37
1993	314.5	389	12.22
1994	288.4	390	11.24
1995	301.5	416	12.56
1996	306.7	438	13.45
1997	309.7	440	13.63
1998	307.9	412	12.65
1999	299.3	417.8	12.5
2000	271.1	435.3	11.8
2001	247.4	444.5	11.0
2002	246.1	445.1	10.95
2003	227.27	391.5	9.24

注：与 1994 年比现在面积减少 21.2%，总产下降 17.8%。

2.4   2010 年粮食产需平衡点预测

按年人口增长率 1.78% 计算，到 2010 年全市人口增长到 300.4 万人，加上外来常住人口 22.6 万人，合计需粮人口达到 323 万人。其中，城镇居民 101.49 万人，按人均年消费原粮 170 kg 计算，需 1.725 亿 kg；乡村人口 198.92 万人，按人均年消费原粮 275.9 kg 计算，需 5.488 亿 kg；外来常住人口 22.6 万人不变，按年需 275.9 kg 计算，需 6 240 万 kg，合计年需口粮 7.837 亿 kg，比目前增加 6 370 万 kg，年递增 1.065%。按工业用粮完全市场化、饲料用粮 1/3 自给、种子用粮常数基本不变来计算，全市粮食供求平衡点约为 8.78 亿 kg。

3   恢复种粮面积可行性分析

按照消费水平，我市未来粮食播种面积要恢复到 255 万亩，平均年粮食单产稳定在 445 kg，才能实现粮食总产 11.6 亿 kg 的战略安全目标。

3.1 恢复种粮面积的难点

未来几年粮食稳单产相对易行,扩面积较难。

3.1.1 耕地面积大幅减少

仅2003年全市建设用地达10万亩(统计7.6995万亩),减少4.2%。实际土地面积已不足229.95万亩。

3.1.2 经济作物增幅较大

4年间已调减的种粮面积,大部分已转化为果菜茶桑、速生林木、花卉苗木和提水养殖等,其产品的经济效益远远高于粮食生产。在市场经济深入发展的条件下,农民也会保持理性的头脑,已不可能轻易地再调回去,除非某种经济作物市场不景气或粮价持续高涨,粮食生产整体效益达到一定水平,农民才有扩种粮食的积极性。

3.2 恢复种粮面积的途径

3.2.1 再生耕地挖潜力

全市划定基本农田保护区面积245.1万亩,按照"占一补一"的要求,2001年以来土地复垦整理面积6.3万亩,其中新增耕地面积3.7万亩,这部分面积已经种植利用。新增的种植面积,一是数千亩圈而未用按照法律程序收回的面积;二是继续进行复垦的面积;三是低产田改造综合开发的面积。三项加起来可年增近万亩粮田。

3.2.2 优化粮经挖潜力

每一种经济作物都有一定的市场容量,产品过多也会适得其反。调经扩粮的重点,一是产品销路有风险的品种,即市场过剩的产品及消费不畅的品种;二是产量低而不稳的作物和水产品,如零星种植的棉花和部分提水养殖的田;三是国家政策明令禁止种植的方式,如掠夺性粮田栽树等。这些挖潜扩面种粮可达4.9995万亩。

3.2.3 增加复种挖潜力

一些经济作物生长具有较强的季节性和可利用空间。在品种布局调整上,要大力推广纯作改间作、单种改套种、单元改多元的种植方式。大力发展多元多熟高效种植,发展以玉米和棉花为主的与薯、豆、瓜果类、油料及蔬菜等作物的间作套种,力争玉米面积扩大到13.0005万亩。尽可能压缩纯作大豆,提倡与甘薯、玉米、棉花等作物间作,大力扩种十边粮、田埂豆。做好以上工作,再解决撂荒田,全市粮田面积可增加10万亩,加上现有种粮面积244.95万亩,恢复255万亩粮食面积完全是有可能的。

4 粮食发展类型和规模的合理定位

粮食安全是农业结构调整的出发点,农业结构调整应该在确保粮食安全的目标下按照市场需求和比较优势的原理进行。粮食总量产需的平衡并不等于粮食供需结构的平衡。

4.1 粮食种类的比较优势

按照目前粮食产需结构,我市每年约缺口 6 000 万 kg 饲料玉米。长期以来,无论粮食怎样波动,我市玉米面积一直呈小幅增加,总产量只有 3 000 万 kg 左右。因为饲料玉米的单位面积产量和效益都不如水稻,饲料玉米的缺口只有依靠从外地调进补充。而我市水稻是最具比较优势的粮食作物,尤其是优质粳稻综合优势更强,常年产量稳定在 580 kg 以上,国标 2 级以上品质的品种已占 3 成以上,极具市场潜力。如能种足水稻 142.05 万亩,单产 585 kg,能实现总产 8.3 亿 kg,占粮食总量的 71.6%,从而确保全市粮食自给有余。

我市目前种植小麦的优势还没有凸显出来,只要增加投入,提高抗御自然灾害的功能,单产完全能达到 1996 年 288 kg 的水平。现在小麦市场价位较高,发展三麦生产,尤其是专用小麦前景广阔。因此,发挥我市生产优势,输出优质稻谷、专用小麦、特色甘薯,适当调进饲料玉米和加工大豆,实现粮食供需结构的平衡,提高农业整体效益,完全符合市场经济和比较优势的原理,也是农业结构调整的本意。

4.2 种粮区域的比较优势

我市温、光、土、水资源比较优越,非常适合种植优质粳稻,有着"江南鱼米之乡"的美称,单产一直居全省前列,均具有高产量和高品质的双重优势。因此,一定要树立"大粮食""大水稻"的观念,大力发展水稻生产是重中之重;我市也是苏南小麦的主要产区,尤其适合生产专用小麦。本地沿江土壤沙性强、供肥能力差,加上小麦生育后期经常多雨寡照、温差偏小,不利于小麦籽粒蛋白质积累和强力面筋的形成,有利生产制作饼干、糕点的弱筋力面粉的小麦。里下河所选育的扬 0-118 弱筋小麦新品系,单产有 550 kg 的生产潜力,种植面积可根据"订单"需求,适当扩大生产;小杂粮是节水农业的优势作物,我市具有丘陵资源利用独特的地域优势,种植旱粮不仅省工节本,且能增产增效。目前丘陵旱地已基本形成了玉米、甘薯、大豆三粮鼎立的局面。丹徒世业已成为万亩规模、千斤产量、五百元效益的"饲料玉米之乡"。事实证明,小杂粮具有广阔的市场前景和价格优势,是农民增收的增长点。发展小杂粮生产既是粮食安全的需要,又是优化种植业区域结构的需要,则应重点规划种植,打造地方特色。

4.3 粮食品种供求的比较优势

我市以稻米为主食的常年消费量占口粮总量的 70% 左右,尤其以优质粳米备受市民青睐,外销出口亦非常抢手,有机、绿色优质米更具市场竞争力,这是我市调整粮食品种结构的重点。按照整体规划要求,2005 年国标 2 级以上品种的比例 49.95 万亩达 35%,到 2007 年发展到 70.05 万亩占 50%。达到这个目标,有基础、有希望,已经具备有像华粳 3 号这样的高产优质品种和有苗头的新品系,稻米的全面优质化为期已不远。

以面条、包子等配食中筋小麦粉的常年消费量约占口粮总量的 30% 左右,今年的小麦总产量还不足 1.8 亿 kg,仍需从外地补充近 5 000 万 kg;适当发展弱筋小麦,提高种麦效益。输出专用小麦、优质大米,调进食用小麦,实现总量平衡,同样是优化品种结构的明智选择。

旱杂粮主要以饲用加工为主,鲜食玉米、菜用豆,以及粗食甘薯在本地所占的比例不大。但市场空间和需求量较大,特别是四色甘薯(红、紫、黄、黑)、四色豆(黄、绿、赤、黑)、五彩玉米(糯、甜、高油、爆花、高蛋白)、四倍体大荞麦、珍珠高粱等特色品种身价高、效益好,有待规模开发。

综上分析,结合我市可能性和可行性的实际,近期粮食生产布局应调整在夏粮 76.95 万亩,其中小麦占 70.05 万亩;秋粮 166.95 万亩,其中水稻占 139.95 万亩为宜。

"十一五"末,粮食生产布局应逐步调整定位到夏粮 86 万亩,其中小麦 77 万亩,大元麦 5 万亩,蚕豌豆 4 万亩;秋粮 170 万亩,其中水稻 142 万亩,旱杂粮 28 万亩,这是未来粮食安全的底线,又是市民膳食消费的合理结构。

5 稳定和提高粮食生产能力的对策

从农民角度来看,现在种粮的效益远不及发展经济作物。要使农民觉得种粮不吃亏,种粮旱涝保收,政府在抓建立耕地保护、科技支撑、基础投入、保护粮农积极性和增强抗风险能力长效机制的基础上,实行政策倾斜和利益补偿的方式,才是发展粮食生产,确保粮食安全的最有效途径。特别是对水稻、小麦主粮作物,根据国内外粮食形势确定粮食生产总量,实行"定量生产,定额补贴"。这样既可实现粮食生产的计划调控,又能确保农民种粮的合理收入。2004 年国家和地方政府实行"三补一减一保"的政策措施,实际上已向粮食总量调控和粮农收入保证的目标努力,这是市场经济条件下采取的粮食安全战略措施。这种运作机制要进一步完善。一是定量生产。通过定额补贴和保护价收购的利益驱动,吸引农户签订合同,将水稻、小麦等主粮的阶段性必保面积稳定下来。二是收入保护。根据粮食生产成本和合理利润确定农民售粮的目标价格,对出售价格低于目标价格的粮食给予直接补贴,保护好农民种粮积极性。三是储备调节。根据种粮成本,历年粮食价格水平和国际粮价变化趋势,确定最低保护价,在粮价低于最低保护价时,由国家粮食储备体系按保护价收购农民出售的粮食,并增加粮食出口,在市场粮价超过正常价格时适量抛售,并适度增加粮食进口,实现对粮食生产的反周期调控。

崛起中的现代种植业

民以食为天,食以粮为先。在新中国成立后的一个很长的时期内,为解决人民的温饱问题,我市种植业生产主要集中在发展粮食生产上,这是十分必要的。然而,以稻麦为主的粮食生产效益比较低、增收难度大的矛盾长期困扰着广大农民的民生,党的十一届三中全会以后,市委市政府认真贯彻党在农村的一系列方针政策,始终坚持把农村和农业工作放在经济工作的首位,在农村普遍实行了家庭联产承包为主的责任制和统分结合的双层经营体制,极大地调动了广大农民的生产积极性和创造性,并在农产品购销体制、农业经济结构等方面进行了重大改革,为农业的快速发展注入了活力,使种植业出现了历史性转折,不仅摆脱了农产品长期短缺的阴影,而且初步实现了由传统农业向现代农业的转变,"以粮为纲"向全面发展转变,以数量型扩张为主向高产、优质、高效农业的转变,取得了令人满意的成就,走上了现代种植业崛起之路。

1 产量跨越

1.1 粮食生产再上新台阶

1.1.1 粮食总产超常增长,迈上了三个台阶,出现了两个高峰

1982—1984 年形成了第一个高峰。根据《中共中央关于加快农业发展若干问题的决定》,致力于农村经济体制改革,废除了人民公社体制,实行了家庭联产承包责任制,并提高农产品收购价格,极大地调动了农民生产积极性,每年的农业潜能集中释放,粮食生产出现了前所未有的增长局面。粮食总产在 1978 年 988 997 t 的基础上,连续跳过了 110 万 t、120 万 t 两个台阶,1984 年粮食总产达到了 1 280 977 t 的历史新水平。全市人均占有粮食突破了 500 kg 大关,达到了 522.7 kg,比 1978 年增加 100 kg,粮食短缺的状况有了根本性改变。第二个高峰出现在 1995—1997 年,随着粮食购销开放和粮食生产条件明显改善,粮食单产水平提高,粮食总产连续三年增长,跃上了 130 万 t 的新台阶,1996 年达到 1 344 569 t,1997 年再创 1 362 477 t 的历史新高。与 1978 年相比,全市人口增加 31.51 万人,人均占有粮食仍然达到 513.4 kg,成为新中国成立以来粮食生产最好时期。

本文系我在农林局工作期间,自 2006 年开始组织原农工部邵金富、农业局戴洪庚、多种经营管理局王网汉、水产科学技术研究所王欣宁等修编 1978—2006 年农林志而形成的文稿之一,我主要是组织协调、制定目录、修志大纲和文稿审改,文稿形成后因领导班子调整而未能成书,为保存这一段史料,故收录与我工作关联度较高、文稿参与度较高的文章于此。

1.1.2 粮食亩产实现了由中产向高产的突破

1982 年全市粮食亩产首次突破 300 kg,达到 316.5 kg,1995 年亩产达到 416.3 kg,2002 年全市粮食作物面积 24.417 万公顷,亩产达到 444.2 kg,比 1978 年亩增 175 kg,增长 65%。1995 年至 2006 年的 12 年中,有 11 个年份粮食亩产都稳定在 400 kg 以上,达到了 91.7% 的保证率。从 1993 年水稻亩单产稳步迈上了 500 kg 的高产台阶。至 2006 年的 14 年中,水稻平均亩产 553.6 kg,亩产超过 500 kg 的年份占 92.8%。小麦亩单产自 1992 年起,也已能基本稳定在 250 kg 以上。2006 年 49 310 公顷小麦,亩产达到 279.3 kg,比 1978 年亩增 43.4%。粮食单产水平的迅速提高,并能够在高水平上稳步运行,标志着我市粮食综合生产能力的极大提升,为确保粮食安全和调整种植业结构提供了广阔的空间。

1.2 油料生产以翻番的幅度上升

长期以来,我市以油菜籽为主的油料生产规模小,单产低,改革开放以来,我市油料生产进入了一个全面发展时期。这一时期,我市油料面积不断扩大,单产提高,油料总产值继续上了一个个新台阶。1978 年全市油料总产 9 007 t,1982 年实现了第一番,总产超 2 万 t,达到了 28 920 t,增加 2.2 倍。1992 年新一轮农业结构调整,又为油料提供了发展机遇,全市油料总产达到 57 111 t,总产实现了第二番。2004 年全市油料总产再创新高,总产达到 91 149 t,比 1992 年再增长 59.6%,是 1978 年的 10.1 倍。油料生产的直线上升,成为我市种植业发展的新亮点,2006 年人均占有油料 28.4 kg,相当于 1978 年的 7.28 倍,其中油菜籽总产达到 72 219 t,是 1978 年的 9.8 倍,全市人均占有 26.9 kg,为人均每天提供菜籽油 24.3 g,基本达到了每天食用植物油 25 g 的营养标准。

2 结构调优

改革开放以来,粮食生产力水平的显著提高及粮食市场供应状况的根本好转,为种植业生产结构创造了条件,"向结构要效益"成为现实。

2.1 粮经种植比例优化

粮食作物面积稳步下降,经济作物所占比例上升。市委市政府根据中央明确提出的"要抓住当前农产品供应比较宽裕的有机时机,调整优化结构,积极发展高产、优质、高效农业"的精神。1999 年全市粮食作物面积首次降到 20 万 ha,较 1978 年减少 4.494 万 ha,降低 18.3%。经济作物和其他农作物面积 6.105 万 ha,粮经比例由 1978 年的 80.2∶19.8 调整至 71∶29。2006 年全市粮食作物降至 15.928 万 ha,经济作物和其他农作物面积上升至 7.435 万 ha,粮经比例调整至 68.2∶31.8,与 1978 年相比,粮食作物面积减少 8.566 万 ha,降低 34.9%,经济作物比例上升了 12%。

2.2　粮油作物品种结构优化

首先扩粳缩籼,扩大粳稻,调整粳籼比例。随着高产晚粳品种的培育成功,从 1985 年起,逐步扩大粳稻面积,直至实现了粳稻化种植,使市场供应的稻米符合本地居民的需求。2006 年粳稻产量占水稻总产达到 97.3%,比 1980 年上升了 64.8%。同时优质粳稻面积不断扩大,2006 年全市水稻中,达到国标三级以上的优质水稻面积为 70%,小麦已基本根据食品加工需求,实行了区域化种植,专用化生产。油菜籽生产从推广"单低"到"双低",2006 年已率先在全省实现了"双低化"生产。

2.3　蔬菜作物迅速扩展

以实施"菜篮子工程"为契机,蔬菜种植异常突起。2006 年全市蔬菜面积3.32 万 ha,比 1981 年的 0.815 万 ha 净增 2.505 万 ha,增长 3.1 倍,成为仅次于油菜籽生产的一项经济作物。在高效农业"一村一品"活动中,2006 年出现了 32个蔬菜专业村,占各类农产品专业村的 18.5%。它已成为当地农民的一项致富产业。

3　效益提升

改革开放以来,以"调整结构来提高种植业经济效益"是市委市政府实施农业增长方式转变的战略思想。为提高土地产出率和农产品商品率,全市逐步实施了区域布局基地化、资源配置合理化和种植制度多元化的举措。从 1998 年起,明确提出了"一稳二减三扩"的要求,即稳定水稻,缩减麦子,缩减棉花,扩大油菜、饲料、蔬菜、特种经济作物,有力地促进了种植业经济效益的快速增长。

3.1　种植业总产值增长迅速

按 1990 年不变价计算,2006 年种植业总产值 138 036 万元,比 1978 年增加69.8%。

3.2　经济作物特别是蔬菜作物成为种植业产值增长的主体

据市统计局按当年现行价计算,2006 年全市种植业产值 44.34 亿元,比2000 年增加 12.83 亿元,其中蔬菜类(花卉园艺)产值增加 8.99 亿元,占种植业增加总数的 70.1%。

4　技术革新

30 年来,全市把科技进步作为农业增长的原动力,大力实施科教兴农战略,发挥科学技术在促进农业发展中的作用,成功地推广了一批先进适用技术。

4.1　改良品种,实施主体品种高产优质化

30 年来,我市稻、麦、油菜主要农作物品种,紧紧围绕种植结构的调整,按照

单产调高、质量调优的原则,以杂交稻种子繁供为切点的统一供种,实行了品种布局区域化,种子生产专业化,良种引、繁、推广一体化,加快了品种更新步伐,经示范筛选,先后推广的水稻良种有汕优63、盐粳2号、武育粳2号、武育粳3号、武粳13号,武粳15号,镇稻10号;小麦有扬麦2号、扬麦3号、扬麦5号、扬麦158、扬麦13号、扬麦15号、宁麦9号、宁麦13号;油菜有宁油7号、秦油2号、苏油1号、宁杂1号、镇油2号。从1998年起,全市良种覆盖率每年都在98%以上,供种全部达到国家标准,新良种的不断推广,有效地提高了产量,提升了品质,丰富了市场,实现了经济效益和社会效益的同步增长。

4.2 以轻型栽培为突破口,推广先进适用技术

针对联产承包责任制度,农民需要既高产又省工省力的新技术,全市继水稻"稀、壮、少"栽培技术后,连续推广了肥床旱育稀植,抛秧技术、免少耕技术、机械化播栽技术,从"壮秧、扩行、减苗、调肥、增稻"为核心的群体质量栽培技术,到正在推行的一项又一项轻型栽培技术的全面推广应用,不仅提高了产量,而且省工省力省本,大大减轻了劳动轻度。新技术的推广,极大地提升了农业科技水平,彻底改变了传统的田间农艺,使全市种植业技术向前推进了一大步。

4.3 以土壤普查为基础,实施施肥配方化

从1986年开始,我市在土壤普查的基础上,全面推广测土配方技术。市农业部门先后建立了13个市级土壤肥力监测点,建立市、辖市(区)土壤肥力化验室,对三大农区土样定期测定,发布土壤肥力动态信息,制订因地因作物的施肥方案,推广节氮、增磷、补钾、补素(微量元素)等施肥技术方案,2006年全市测土肥配方施肥面积在5.67万ha,测土配方施肥示范区比习惯施肥区水稻亩增产21.9%,小麦亩增产14.1%。长期沿用的定性施肥改革为定情、定量、定时,符合作物生长需肥规律的科学施肥方法,使全市主要粮油作物的施肥走上了科学化道路。

4.4 以统防统治为突破口,推广病虫草综合防治技术

根据"预防为主,综合防治"的植保方针,引入了以农业生态系统为基础的综合治理新理念,以村级综合服务为基础,按照作物生育期及病虫群体发生规律,实行统防统治。突出综合防治,一次多治,药肥混喷的总体防治技术。同时根据不同栽培方式,不同田间草相,实施"稻田、麦田无草害工程"的化学防治技术,并于1997年,以辖市区为单位,先后通过了省级验收。2006年在病虫偏重发生的情况下,全市防治面积84万ha,挽回粮食51.42万t。

5 服务强化

5.1 强化了农技服务

随着"人民公社"的解体和"统分结合、双层经营、户为基础"农业经营体制

的确立,农村面临农技服务"线断网破",服务弱化,而农民又迫切需要新技术的新情况,市委市政府根据省提出的"强化县一级、健全乡一级,突破村一级"的要求,从 1984 年起,建成了以县农业技术推广中心为中枢、乡镇农技站为骨干、村级农村服务站为基础的服务网络。在全省率先实施乡站"三定"(定性、定编、定量)工作,加大投入,建设"五有"乡镇农技站,加强村级综合服务站建设,迅速提高了与农户面对面的技术服务,使市、辖市区推出的重大科技项目得到及时落实。2001 年起,及时组建了集农、林、牧、渔为一体的乡镇农业服务中心。

5.2 提升了农机化服务

2006 年全市农机总动力达到 131. 37 万 kW,百亩耕地拥有农机动力 55.7 kW,比 1978 年增加 1. 98 倍;拥有大中型拖拉机4 931台,小型(手扶)拖拉机 14 460 台,稻麦联合收割机 2 065 台,农机化综合水平明显提升;机耕水平 91.6%,机播水平 68.71%,水稻机收水平 90.56%,三麦机收水平 96.05%,机械植保水平 68%,排灌实现了机电化,全市农机化综合水平达到了 73.6%,小麦耕种收基本实现了机械化。

5.3 增强了农化服务

随着农用工业的发展,现代工业武装农业成为现实。农用薄膜、农药品种齐、数量足。氮磷钾三元复合肥和各类专用肥也快速兴起,2006 年全市耕地亩均化肥施用量(折纯)40.3 kg,比 1979 年增加 1. 74 倍。强有力的农业服务,有力地推动和促进了种植业的崛起。

从奥运看世博给我市农业带来的商机

北京奥运,商机无限。我市远离北京,但在奥运26亿元农产品招商项目中,花王花卉、江苏农林职业技术学院仍能拿到订单,从中获益。2010年的上海世博会与北京奥运相比,蕴含更为巨大的商机。上海世博会是经济、科技、文化领域内的奥林匹克盛会,将是世界博览会史上盛况空前、规模超过历届的一次大展会,全球将有超过200个国家和地区组团参展,客商和游客将超过7 000万人次,会期长达半年。无论规模、持续时间,还是与农业的关联程度,都远远超过北京奥运,对农产品和农业观光需求惊人。特别是我市与上海地缘相近,届时京沪高铁、沪宁城铁开通,全程1小时,更有同城效应。抓住机遇,承接世博,对接世博,对我市农业增效、农民增收、加快现代农业产业发展具有十分重要的现实意义和积极的深远影响。

1 突出开发"新""优"品,加快发展高效规模农业

上海世博会以"城市,让生活更美好"为主题,这为我市农业结构调整提供了难得的历史性机遇。

1.1 大力开发"新品",提高农业科技自主创新能力

充分发挥我市农业科研优势,积极研发农业新品种;充分发挥我市农业引智引技优势,广泛引进消化吸收再创新品种;充分发挥我市农业技术优势,大力提升传统品种新优势,以"新"提高我市农产品竞争力。我市的"越光"大米、彩叶苗木、无土草坪、三色堇草花和大规格苗木容器栽培等已有相当基础,应加快建立专业化规模生产基地。

1.2 大力开发"优"品,提高农业标准化水平

世博对安全、优质农产品提出了更高要求,我市经过多年的努力,绿色、有机农产品生产已经具备了一定规模,要全面推行农业标准化,更大力度地开展无公害农产品基地认证和"三品"认证,实行清洁化生产;从品种选择、优质栽培两个方面大力提高农产品品质,以更安全、更可口、更营养的品质赢得市场更多订单。

2 突出开发"精""名"品,做大做强现代农业产业

世博是展现人类在社会、经济、文化和科技领域取得成就的国际性大型展示会,既有即时消费效应,更有产品出口后效应。我市必须抢抓机遇,大力发展农

本文原载于中共镇江市委研究室《调查研究》(2008年9月),系为市委市政府提供决策参考。

产品精深加工,构建现代农业产业体系,主攻以木业、面粉及其制品为主的百亿产业,打造一批恒顺醋业、正大油脂等农字号十亿元企业,培育一批诸如果蔬汁、茶多酚等亿元农产品,建设农产品加工企业集群,使农产品加工成为我市工业主导产业,只有在"精"字上下功夫,提升农产品附加值,才能有效提高竞争力;同时,要加强农产品的注册商标和包装,培植一批"恒顺""圣象"等拥有自主知识产权的农业品牌,打造名牌;在农业企业中大力推行 ISO9000、ISO14000、HACCP等认证,全面提升农产品质量管理水平,以精品、名品持续扩大国际国内市场份额。

3 突出开发"美""特"品,大力提升农业产业层次

上海世博会的副主题之一是"城市和乡村的互动"。良好的城乡互动能够帮助农民成功地转换经营,重塑农业经营结构,协调城乡间的人员流、资金流、商品流和信息流,提升农业的竞争力,实现城乡和谐同步发展。世博带来的人流、物流,为我市发展农业旅游、农业物流业提供了千载难逢的机遇。一方面,要充分发挥我市真山真水、文化底蕴丰厚的优势,结合推进高效规模农业,大力发展生态观光农业,做美农业环境,唱响乡村旅游品牌;同时,深度发掘传统特色农产品,让农产品成为地方特色旅游品。另一方面,要充分发挥长三角一体化和我市铁公水运、航空十分发达的交通枢纽优势,大力发展农产品物流,特别是农副产品的贮藏、保鲜、运输、配送,把我市打造成为沪宁、苏杭锡甬等发达城市的农副产品集散、供应基地,进而带动和促进我市农业结构加快调整和转型升级,提升层次和水平。

现在距世博会开幕只剩 600 天,机不可失,时不我待。我市必须突出"六品"开发,抢占会前、会中、会后各个不同时期的商机,提升我市的农业形象和知名度。会前建设阶段,要让我市更多的花卉苗木、草坪和木制品占领更多的场地场馆建设;会议举办期间,要让我市更多的农产品进入江苏馆展示,让更多的客商消费我市的农产品,吸引更多的客商来我市参观考察旅游;会议结束后,要让我市更多的新品、精品、名品和特色产品、优美环境给客商留下深刻印象,赢得更多投资机会和出口商机。

对加快发展镇江高效农业的思考

近年来,在市委、市政府的领导下,我市农业结构调整成效明显,高效农业发展迅速,农民收入增长较快。一是高效农业区域布局初现雏形。主要分布在句容东部、丹阳西部和丹徒南部等"三大板块"和沪宁高速公路沿线等"七条走廊"。二是特色主导产业初具规模。全市已初步形成了优质粮油、高效园艺、健康肉奶、特色水产、观光农业和生态经济林业六大特色主导产业。以江苏农林科技示范园、万山红遍农业园等为代表的基地型、加工型、合作型、观光型农业规模经营,面积达88万亩。三是产业集聚辐射初显效应。形成138家国家、省、市、县级农业产业化龙头企业集群,带动基地130万亩、农户26万户。四是农产品质量日渐提高。共制定地方农产品生产标准170个,建立国家、省、市级农业标准化示范区51个;无公害农产品基地认定面积152万亩,无公害、绿色、有机农产品认证425个,农产品注册商标410个,省级以上名牌产品12个。五是招商推介力度加大。近几年来,我市每年"三资"投农总额逾30亿元,市外农产品营销总额达20亿元,有力促进了我市高效农业的发展,带动镇江农业结构调整。

我市高效农业发展的成绩令人欣喜,但总体看目前仍处于起步阶段。一是高效农业发展还低于全省平均发展水平。截至今年3季度末,全市累计发展高效种植业87.4万亩、设施农业13.9万亩、高效渔业12.5万亩,分别占耕地面积33.8%,4.8%和养殖面积34.7%,分别低于全省34.1%,12.4%和78%的平均水平。二是高效农业对农民增收的贡献度还不高。今年1—3季度,我市农民人均现金收入8 295元,同比增长11.3%,高于全省1.2%,列苏南第一,但居全省第九。其中大部分是工资性收入,来自农业的收入仅占18.3%,人均为1 515元,同比增长7.5%。

1 发展高效农业要以农民为主体

尊重农民的主体地位,发挥农民的生产积极性。不能单纯地寄希望于通过非农资本整体推进,这在当前的调整实践中要尤其注意。

1.1 规范有序地实施土地流转

土地流转是调整农业产业结构、发展高效规模农业的前提。按照十七届三中全会《决定》精神和"农地农用、农地农民用"的原则,笔者的体会是:土地流转主要在农户与农户之间进行,流出土地的农民转向非农产业,流入土地的农民

本文系2010年1月全市推进高效农业规模化座谈会的交流材料。

则变为专业大户、家庭农场、农民专业合作社成员,从小农成长为适度规模经营主体,成长为现代农业经营主体。《决定》没有把非农资本列为农业适度规模经营主体,这是由于地域经济发展重点与分工不同,即使今后城市化、工业化高度发达,大批农村劳动力转向非农产业,留在农村的务农农户,仍需要适度规模经营的土地求生致富。从长远看,农户通过土地流转适当扩大经营规模,采用先进科技和生产手段,每亩的年收益能达到5 000元以上,如按一户10亩计,年收益就有5万元,而且比打工的收入更稳定。政府要从政策层面做好工作,规范有序实行土地流转,维护农村社会稳定。

1.2 合理控制非农资本进入种养殖业

我市非农资本进入农业,特别是直接从事种植业、养殖业,目前看,成功的少,失败的多。句容市天王镇戴庄村自2006年成立合作社后,全村的集体土地就没有对外流转过,全村858户有600多户加入合作社,通过发展有机农业,2008年全村农民人均纯收入8 500多元,是2003年的2.5倍,涌现出一大批年纯收入过5万元甚至10万元的农户。而紧邻戴庄村的上杆村将2 000多亩土地租给11家企业,除1家搞苗木勉强赚钱之外,其他都亏损,其中最大的一家占地1 000多亩,投资1 000多万元,本来想搞休闲度假,但受土地用途管制当然很难成功,于是以800万元低价转出,接手的企业不久后再次以600万元低价转出。现在这家企业以每亩150元将土地"反租倒包"给10余家农业大户经营,而同时付给该村农民的土地流转租金是每亩300元。企业每年亏损三四十万元,但苦于没有接手的下家。村干部都担心,如果哪天付不出土地租金,农民会产生矛盾冲突。目前全村只剩口粮田,而且水系被破坏,只能作旱地,要恢复为稻田代价很大。低下的劳动生产率加上常规农业产业本身的低效益,对非农资本企业经营者来说,是一道很难跨越的高坎。这是世界上发达国家农业仍然以家庭经营、家族劳动为主体的重要原因。

1.3 积极引导社会资本投资农产品加工流通业

发展农产品加工流通业、做强农业龙头企业、建设农村基础设施、促进农村社会事业,在这些领域,非农资本可以更好地发挥在市场、技术、管理等方面优势。我市一些农业产业化龙头企业,如句容市茅山百事特鸭业公司从事鸭苗供应和肉鸭深加工,直接带动农户180户,受益农户年均增加收入13 750元,带动160人就业,年人均收入1.5万元;丹阳市云阳镇花王园艺等公司创办高效农业示范区,建成大棚、田间基础设施及配套设施并租给农民使用,带动周边农户286户,解决劳力务工382名,每亩纯收入为1.2万余元,都较好发挥了带动高效农业发展、带动农民增收致富的作用。

1.4 强化政府的扶持引导

农业具有保障粮食安全、菜篮子供应安全、农产品质量安全和生态安全的职责,政府要强化责任意识,加大领导和扶持力度。在组织领导上,各级领导干部尤其是农业干部,要深入农村第一线,搞试点、带项目、带技术,帮助农民致富。村级基层组织,应该挑起组织农民成立合作社、发展高效农业的担子。在政策扶持上,财政、税收、信贷、保险及项目安排、用地、用电等方面,要更多地向农民倾斜,向带动农民增收显著的农民专业合作社倾斜,让农民在发展高效农业的进程中得到更多的实惠。

2 发展高效农业要以市场为导向

这是当前镇江高效农业最迫切需要解决的问题。当前要重点抓好两方面工作:一是扶持农民专业合作社,把合作社办成真正能有开拓市场能力的合作社,联合农民走向市场。二是探索新路子,创新适合镇江精品农业、高端农产品的市场流通和销售模式。

2.1 拓展有形市场

现在很多农产品仅限为"礼品",主要靠社会集团消费,或者是农户自产自销,属于"礼品市场""福利市场""马路市场""摊贩市场",改变我市农产品市场小而散、辐射半径短的状况,已成为广大农户、合作社及龙头企业的强烈愿望和共同心声。镇江农副产品批发市场作为唯一经市政府定点选址、规划的农产品批发市场,通过市场整合与标准化管理、服务,已形成了上联厂家、批发商,下联零售商的农副产品营销网络,汇集了来自全省各地及河北、辽宁、福建、山东、安徽、浙江等全国 10 余个省、市的 300 余个经营客户,日人流量 3 000 人次,日成交额 500 万元。但客观地看,对我市地方农产品的销售带动并不大,我市的优势农产品一般都不愿意进入这个市场,因为市场消费对象不对等,难以售出。政府需要加强组织领导和政策扶持,做到既抓面积规模,又抓市场规模,做大农产品销售平台。

2.2 创新流通模式

搞活流通是结构调整的"牛鼻子",先有市场,后有工厂。要"反弹琵琶"、反向思维,要抓流通、抓营销,反过来促进高效农业发展。一是大力开展促销活动。利用各种农业博览会、交易会、产品展示会、洽谈会,开展葡萄节、草莓节等,积极组织农产品展示推介活动,以扩大市场销路。二是帮助做好产销有效对接。大力发展农村运销大户、经纪人等农村流通组织特别是外销网络,进一步组织和帮助农户、合作社与市内外批发市场、连锁经营店搞好对接,实现订单销售。三是做大做强并充分发挥好"一会(现代农业国际交流协会)、一社(农产品销售合作联社)、一中心(优质农产品展销中心)"的作用。依托镇江市赵亚夫农产品专业合作联社这个平台,唱响"亚夫"品牌(赵亚夫为顾问,以志愿者身份参加联社工作);办好农产品连锁配送和直销模式,减少农贸市场、超市等中间流通环节;利用"为农服务直通车"等载体,实现农产品销售与城镇居民"零距离接触",不断增强竞争力和影响力。目前不少农产品的中间流通环节包括小摊小贩有六七道之多,流通成本占农产品价格 50% 以上;而实行直销,只需要向合作联社交 15% 的管理费,既可以合理降低销售价格,让城镇居民受益,又把更多的利润留给农民,保证农民增收,效果非常明显。四是开展网上直销。要充分发挥互联网的优势,建立农产品电子商务平台,实现基地与国内外市场的直接对接。这方面我市的农业龙头企业、农民经纪人和专业大户已经进行了一些有益尝试,效果明显。

3 发展高效农业要以科技为支撑

高效农业首先要有高品质的农产品,只有以高新技术为手段、以高素质农民为前提、生产出高端产品,才能实现高端市场的目标。

3.1 优化农技人员队伍

目前,我市农业部门技术推广人才缺乏,乡镇农技推广机构普遍存在体系不顺、机制不活、职能不清、保障不足、知识和年龄结构老化、工作技能低下等问题,严重阻碍了推广工作。全市农业推广机构,市、县、乡分别为 12 个、41 个、109 个;县、乡公益性在编在岗人员 1 504 人,其中,大专及以上学历占 38.6%,具有专业技术职称的占 51.2%,35 岁以下的占 30%,2003 年以来新进的农口毕业生仅 17 人。多年以来,乡镇农技推广队伍的人权和财权、权利和义务始终界定不清,虽然工资待遇已经基本纳入财政预算,但农业技术推广经费几乎没有列入财政预算,工作中明显存在三多三少(从事经营服务的人多,从事技术服务的人少;与推销农资有关的活动多,进村下田解决农民技术难题的活动少;忙挣钱的时间多,接受继续教育、学习新技能的机会少),农服中心的公益性职能未能得到充分发挥。许多地方反映,在解决生产实际问题时,许多农技人员还不如专业大户来得强。要结合机构改革,切实加强各级尤其是乡镇农技服务队伍建设,力求做到机构设置合理、职能划分科学、待遇有保障、管理有制度。按照当前省政府综合配套改革有关文件精神,将编制内的公益性人员经费全部列入县、乡财政综合预算;在确保现有经费不减的基础上,随着财政收入的增加,逐步增加农业技术推广经费;按国家规定逐步建立失业、养老、医疗保险等各项社会保障制度,解除农技人员的后顾之忧,保障他们履行好公益性职能。加快农技人员知识更新步伐,不仅能指导粮棉油等传统大宗农作物生产,而且要掌握经济作物、设施栽培、农业标准化生产、信息化服务等知识,不断提高为农服务水平。

3.2 提高从业人员素质

随着青壮年农民大多外出打工,老年及妇女成为务农主力,农业从业人员素质较低。要将农民科技培训贯穿农村工作始终,围绕优势农产品和特色主导产业,分专业、按需求,加大农村劳动力的定向培训、实用技术培训和创业技能培训,不断提高农村劳动力素质,培育现代新型农民和农村实用人才。培训也要按市场规律,发挥科研人员、专业大户、合作社的作用,深入推进农业科技入户,建立村级农业服务站点,确保每个村至少有一名农技员。农技人员要深入到村,抓示范户、示范村、示范社,以点带面,整体推进。建议在农村建立聘任农技员制度,聘任一些优秀的农业大户或专业户,请他们在进行农业结构调整时带动农户,并在某些专长领域给农民以技术指导。

3.3 推进校县挂钩合作

我市涉农科研院所相对较多,力量雄厚,要大力推进校所与县区挂钩合作,实行产学研、农科教结合,支持高等院校、科研院所将其科研成果直接与农户、农民专业合作社、龙头企业对接,促进转化。以市农科所为骨干组建成镇江市优势农产品产业研发中心,增加财政投入,加大新品种、新技术的研究、开发和推广力度,依托科技支撑,做强做大优势产业,增强镇江农产品的市场竞争力。

4 发展高效农业要以发挥资源优势为方向

当前,依据我市的区位、生态、文化优势,在确保粮食安全前提下,应把发展方向定位为"高端精品农业"。主要是两个方面:一是大力发展高效设施农业,为长三角地区特别是沪宁线上高消费群体提供高档、优质的农产品。二是充分利用丘陵地区优势,把高效畜牧业纳入高效农业范畴加以推进。

4.1 畜牧业现状不容乐观

随着人们生活水平的提高,对畜禽产品的消费需求会日益增长,畜牧业成为农民增收致富的重要渠道。先进国家通常畜牧业产值占农业总产值 50% 以上,丹麦等国达 70% 以上。同时,畜牧业可以为农作物生产提供有机肥料,改良土壤,是发展生态农业、低碳农业的迫切需要。我市目前畜禽生产规模与市场消费需求还不相适应,畜牧业结构与区域优势也不相适应。20 世纪 80 年代中期句容的养鹅业全省有名,年饲养量超过 300 万只,如今下降到不足 20 万只。当时丹阳的养猪业和杂交稻、蚕桑三大产业在全省名列前茅,年出栏猪 50 多万头,现今只剩下一半,其他辖市区的下降幅度更大。养殖数量逐年减少,除肉鸡能满足本地市场供应而略有积余外,其他畜产品主要依靠外援。全市生猪外调率超过 60%,特别是市区超过 95% 以上;鸡蛋 70%、菜鹅 70%、肉牛近 100% 靠外地调入。去年,全市畜牧业总产值(2000 年不变价)18.1 亿元,占农业总产值的 19.7%,比全省平均水平低 6%。在今年 1—3 季度农业收入中,呈现出"二增二降"的特点,即种植业增(11.6%)、林业降(-20%)、渔业增(133%)、牧业降(-21%)。

4.2 发展滞后的原因分析

一是由于生产和生活方式的变迁,年轻农民宁可外出打工,也不愿从事又脏又累的畜牧业,致使家家户户养殖逐步减少,目前畜禽散养户不足全市农户的10%。二是由于市场价格和养殖成本变动较大,畜产品价格上涨不大而饲料价格上涨较快,导致饲养亏本。三是由于扶持政策落实不到位,畜牧业的相关产业政策不配套,使畜牧业经常面临大起大落的困难,甚至一个重大动物疫病的发生都会导致倾家荡产。国务院文件明确畜禽舍用的土地可视作农业用地,但在一些地方却难以施行;饲料加工企业应享受农业用电的政策难以执行;银行贷款没人愿意担保,融资难。此外,防检基础设施不健全,抗体监测工作难开展,影响着畜牧业的健康发展;乡镇基层农业服务体系尤其是专业技术人员的现状不能适应当前高效畜牧业发展的要求。

4.3 加快发展的对策措施

科学制订规划,重点发展以"林下种牧草、分散放养"为主要模式的生态健康畜牧业,以"优质、高效、安全、环保"见长,应对全国主产区畜牧业大规模集中养殖模式,搞差别竞争;同时实行农牧结合,良性互动。精心培植典型,重点支持新(扩)建标准化规模养殖场(小区)和创建生态健康养殖示范基地,加快"三品"认证、品牌创建和市场开拓力度,提升畜牧生产的规模化、标准化、集约化和产业化水平。加大招商引资力度,积极引进能显著带动畜牧业发展的大企业、大项目、大资本。加快技术更新步伐,不断引进新品种、新技术,积极开展畜禽粪便等无害化处理和发酵制取有机肥、沼气工程等综合利用方式;加快兽医体制改革,加强畜牧兽医行业队伍建设,加强对养殖专业户、企业的培训。

此外,做好生态农业,还包括加强农产品质量安全监管,让人们吃上放心、安全的农产品;大力推进农业生产节能减排,积极发展农村清洁能源;开展植树造林;发展乡村旅游;等等。

供销社为农务农姓农　农业社会化综合服务效应显现

近年来,镇江供销社系统依托其根在农村、网络健全等优势,以加强基层社组织建设为基础,以领办参办创办农民专业合作经济组织为载体,以强化和拓展服务功能为根本,不断创新经营机制,拓展服务领域,提升服务水平,其服务农民生产生活的综合平台效应正日益放大。

1　供销社为农,搭建便农、利农、富农体系,综合服务平台成型了

1.1　便农就是生活用品 + 便民服务

据统计,近几年来,全市供销社系统新建、扩建了丹阳常客隆超市、句容新合作便民超市、扬中中远超市、扬中商城和扬中东泰家居广场等 5 个连锁配供中心,日用消费品网络配送中心 11 个,建成日用消费品经营网点 1022 个,日用消费品配供率达 30% 以上。同时,在一些经营网点还代收水电费、代理邮件发送等便民服务,为全市农村居民构建了安全放心、城乡贯通的便捷消费平台。

1.2　利农主要依靠农资产品 + 技术服务

目前,全市以丹阳、句容、扬中为主区域打造的农资商品连锁经营网络基本形成,新建改建了 7 个配送中心,新建或改造了 568 个农资经营网点,网点已遍布全市 90% 以上的乡镇,市场份额约占 70% 。各级供销社普遍开展电话预约、上门服务,延长营业时间,送货到村、到户、到田间地头;在部分农资经营网点设立庄稼医院,组织农技人员坐诊,解答农资使用方面的问题。全面加强了农资价格、质量、供求信息监测和科技服务体系建设,监测点达到 31 个,实现了从单一提供商品向提供全程综合服务转变,打造了"放心农资惠千家"服务品牌。今年,市供销社又在全系统开展了标准化农资服务平台创建活动,做到"十有",即:有固定门店,有规章制度,有专业人员,有稳定货源,有配送车辆,有合格计量器具,有简易质量检测方法,有技术服务,有购销台账,有标志标识。力争经过2 ~ 3 年的努力,全市每个农业乡镇(涉农街道)创建 1 个以上标准化农资服务平台。

1.3　富农的渠道是农产品营销 + 加工增值

近年来,全市供销社系统在镇级供销社和为农服务中心开展农产品收购、废旧物资回收,让农产品变商品增值,让废品变现增收。每年组织农民合作社和农

本文原载于《镇江日报》(2015 年 10 月 22 日)。曹尧东、方良龙为共同作者。

产品经纪人与城市超市、学校、企业、批发市场对接。全程参加国家和省农产品产销对接会、展销会,努力把系统的名优特色农产品更多更广地推向市场,提高系统对助农增收的带动作用。每年集中开展两次农产品广场集市活动,为市民提供安全、优质、平价的农产品,"金莲"麻油、"绿野"秧草、"绿健"苦瓜茶、"江南"草菇等一批系统名特优农产品,深受市民喜爱。"产销对接助万户"工作创新取得实效。近两年每年为农民销售农产品超过 50 亿元,助农增收超过 10 亿元。10 月 23 日揭幕的 2015 海峡两岸(江苏)名优农产品展销会,超过 2000 种省内名优和台湾特色农产品将在市体育会展中心参展,预计观展市民将达 7 万人次。农产品产与销的顺利对接,必将更加助力农民增收、让利市民消费。

在加大产销对接的同时,供销社积极转型升级社有企业,大力推动资本和生产要素向优势、重点企业集中,大力开展"名企、名牌、名家"三名培育计划,全面实施市、县、镇、村、合作社和农民经纪人等六个层次的"111"工程,打造了"三叶"秧草、"金莲"麻油、"捧花"蜂产品、茅山人家等一批品牌,企业主业突出、带动力强、产品附加值高,行业主导地位凸显,区域影响力和市场控制力得到有效提升。

2 供销社务农,构建互助、菜单、托管式农业生产服务,具有行业特色的新供销服务来了

2.1 互助服务

在供销人的推动下,目前我市新型经营主体间农业生产服务采取互通有无、大户带小户、专业户带普通户方式。围绕破解"谁来种地""地怎么种"等问题,市供销社积极学习山东、湖南、重庆、四川等地探索建立土地流转合作社的经验,引导农民以转包、出租、股份合作等形式流转土地使用权,发展多种形式的适度规模经营,从而进一步稳定了粮食生产,提高了劳动生产率,促进了农民持续增收。去年以来,由供销社组织的农民互助式服务超过 5 万亩。

2.2 菜单服务

句容郭庄镇供销社领办的金星村"纪兵农业机械服务专业合作社",拥有插秧机 20 多台,一年育秧 3 000 亩,专门为那些地块分散、总面积有限的农户或面积较大忙不过来的农户提供烘干、育秧、插秧、植保等菜单式订制服务。扬中供销社加强与农业、气象部门合作,及时将病虫害信息下发至植保合作社和服务队,并组织农业技术人员下田头,分类指导。丹徒高桥植保专业合作社积极争取镇政府支持,在辖区内实行"五统一"服务,切实提高服务水平,降低服务成本。统防统治服务已经覆盖全市 41 个乡镇、228 个行政村,服务农户 8.2 万户,全市植保合作社(包括植保服务农机合作社)共有 71 家,防治面积超过 115 万亩次。全市供销社系统的菜单式定制服务已呈现专业化、多样化、优质化服务的特点,

正在把农业社会化服务领域扩展到产前、产中、产后的各个环节。

2.3　托管服务

该方式适用于土地集中型规模经营、农事服务型规模经营、土地＋服务复合型规模经营。句容宝华镇仓头村实行的是土地规模经营,农民将土地流转给合作社,农忙时在合作社打工,农闲时外出打工,还可以得到土地分红,收入成倍增加。边城镇赵庄村的科保机械植保专业合作社则擅长"一条龙"托管式服务。从种子、育苗、耕种、插秧、施肥、管理、植保、收获、烘干一应俱全,去年一条龙服务1 500亩,同时提供菜单式服务3 000亩,统防统治1 200多亩。由于服务收费仅插秧就较社会上便宜20元/亩,这样的"实惠"深受农民欢迎。丹阳市春宝农作物服务公司则既有土地流转1 600亩,还为全市提供种子、肥料、植保、烘干等菜单式或托管式服务5 000亩。据不完全统计,去年由供销社领办的"菜单式"和托管式服务面积达9.2万亩。健全的农业社会化服务实现了土地所有权、承包权和经营权分离,这正是现代农业转型的重要标志之一。

3　供销社姓农,打造社农合作、社村共建、社企联营农民合作形式,"三农"合作新模式火了

3.1　社农合作

根据系统特色和优势产业,全市供销社积极领办、参办、创办各类农民合作社,因地制宜组建区域性或行业性农民合作联社,提升规模优势,抱团闯市场,更好地与大型连锁超市、农业龙头企业对接;在联社层面开展技术培训、信息咨询、生产资料服务、资金互助、品牌打造、农产品加工、产品营销等深层次的农业社会化综合服务,提升了市场竞争力。根据行业特点打造特色合作社,重点在植保服务合作社、农业生产综合服务合作社、资金互助合作社、消费合作社、农产品营销合作社以及特色农产品生产合作社等方面取得进展,打造了供销社的特色与亮点。目前,全系统共领办参办农民专业合作社387家,农民合作社联合社26家、服务型合作社73家;农产品市场19家。初步形成了以农资配送连锁经营为基础、庄稼医院为支撑、农作物病虫害"统防统治"为特色的植保服务体系;以农产品经纪人队伍为基础、农民合作社为骨干、农产品市场为支撑的农产品营销体系;以基层供销社牵头组织、专业大户为基础、服务型合作社为支撑的农业生产服务体系;以日用品配送为基础、连锁超市为骨干、加盟店为补充、代邮代缴费等便民服务为配套的生活服务体系。

3.2　社村共建

是供销社深化改革和创建服务型基层组织的工作创新。据调查,目前全市供销社系统有各类为农服务社678家,以产权、服务和管理的归属划分,大致分为社管民营、社村联营、社援村建、社营村助、社村一体等五种类型。这些社村共

建为农综合服务实体,集供销社的经营优势、村两委的组织优势和农民合作社的服务优势"三位一体",较好地满足了农民生产生活需要,是日韩农协、台湾农会服务模式在镇江的特色体现,是供销社打通为农服务最后一公里的创新实践。

3.3 社企联营

社企联营这是供销社与日用品企业、农资企业和农产品流通企业以及与互联网的深度合作。农资供应是供销社的"传统服务",这方面的"社会化"主要体现为"全覆盖"。在丹阳春宝农作物公司,不仅为农民提供农药、打药一条龙服务,还提供测土配方施肥服务,他们提供的高效缓释肥深受农民欢迎,该公司还与镇江市农科院合作推广水稻、小麦新品种,每亩增产 100 多 kg;句容市农资公司加强与苏农集团协作,发展农资连锁店 200 多家,大力推广测土配方用肥。目前,全镇江已有 9 家农资连锁企业、620 个农资连锁经营网点(直营店和加盟店),今年上半年,已销售化肥 88 802 t,其中尿素 30 486 t、复合肥 47 921 t、其他肥料10 395 t,销售农药 502.5 t,销售农膜 621 t。

作为产后服务的关键环节,农产品流通也日益社会化。句容市社参股的江苏茅山人家生态农业有限公司,利用"茅山人家"品牌整合包装系统内优质农产品,并通过在南京等周边城市设立展示展销中心扩大农产品销售。今年来,供销社系统又涉足电子商务,市供销社参股加盟了亚夫在线,10 月 1 日,农联·亚夫在线已经上线运营,位于西津渡的展示体验中心也已开业,不仅为古街区增添了一道极富田园风情的特色展馆,同时也标志着被列为市委今年"十件大事"之一的项目圆满完成。句容、丹阳、扬中等市供销社都积极联营民营企业,开办农产品电子商务,丹徒高桥镇供销社正积极创办雪地靴电商合作社,全市供销系统正在合力建立线上线下的服务平台,全力破解农民"卖难"问题。

农村改革发展

网络时代的新经济观

——注意力经济

1 注意力的竞争价值

如果你是一个初入门的网民,当你坐在电脑前,进入因特网的第一感觉或许是,这里竟然有如此之多的"免费"服务:你可以在人家的服务器上申请到几兆到数十兆的免费邮箱,还可以免费开辟个人的网站;有人将各种图书资料经扫描识别后提供给你免费阅读;有人成天埋头创作网上文学,而且阅读作品是免费的,作者因此也无任何稿费收入;还有人免费提供气象、旅游、信息、资源等各种服务;甚至于如果你想订阅电子刊物,不仅完全免费,而且还可以参加抽奖,你也许还能幸运地得到从软件到电脑等各种不同的奖品。人们常说:"天上不会掉馅饼",这里却让人产生一种馅饼多得捡不完的感觉。

这一切的背后,究竟是什么力量在驱动呢?这些人为什么要为你白干活呢?目的只有一个——吸引你的"注意力"!

在自然界,鸟类用羽毛和歌声来吸引异性的注意,以获得繁殖后代的优先权,在知识经济时代,注意力更成为商机的先导。

所谓注意力,是指人们关注一个主题、一个事件、一种行为和多种信息的持久尺度。可以把人们所关注的信息和事件中的接收端提取出来加以量化,这种量化会形成一大笔无形资产,因而就具有价值。现在世界上的信息量是无限的,而注意力是有限的,有限的注意力在无限的信息量中会产生巨大的商业价值。搜狐总裁张朝阳一语道破天机:"再好的产品,如果不与'注意力与瞩目性'相结合,也创造不了社会价值。"这在互联网上体现得最为突出。雅虎、网易、搜狐等公司就是依靠吸引注意力来经营网站的,这种经营就是把注意力当作货币卖给在网上做广告的商家。

最早提出"注意力经济"这一概念的是 Michael H. Goldhaber。1997 年他在美国著名的 *HotWired* 上发表了《注意力购买者》。文章指出,在互联网时代,信息非但不是稀缺资源,相反是过剩的。相对于过剩的信息,只有人们的注意力才是稀缺的资源。目前正在崛起的以网络为基础的"新经济"的本质是"注意力经济",在这种经济形态中,最重要的资源既不是传统意义上的货币资本,也不是信息本身,而是注意力。整个世界将会展开争夺眼球的战役,谁能吸引更多的注

本文系 2002 年参加省委党校研究生班学习的课程论文。

意力谁就能成为世界的主宰,因此,也有人称之为"眼球经济"。

在互联网上,可以说谁拥有了网民的注意力,谁就有花不完的钞票。于是乎各大网站出奇招来获取更多的关注,而免费似乎是最见效的。如美国雅虎网络公司免费向网民提供搜索、分类及其他服务,赢得巨大的访问量,并以此吸引广告。然后凭借这些条件上市发行股票,使资本得到放大。而华尔街的股票投资者也正是看中了它拥有的注意力在将来的价值,才导致网络股板块的狂涨。因此有人说,在新的经济模式中,贫富分化将以赢得注意力的多寡为标准。

2 注意力竞争价值的成因

2.1 工业文明形成生产过剩导致竞争目标转移

农业文明征服了饥饿;工业文明征服了空间;信息文明则征服了时间;生物材料时代征服了物质。现在发达国家一个大汽车厂一年的产量,几乎能满足世界各国一年的需求。类似过剩的生产力有很多很多。我国生产力也已出现相对过剩,彩电、冰箱、布匹、自行车等已超过年需求的 4～5 倍。生产力同需求相比,从不足到过剩,导致竞争目标从直接经营商品转变为经营注意力。谁要想卖掉商品,谁就要先竞争到大量的注意力。

2.2 信息量的爆炸发展导致注意力的相对短缺

世界信息量以爆炸方式激增,现已过剩并难以量化。但全世界的注意力却是有限的。信息量的爆炸发展和过剩打破了与原来注意力的比例,造成注意力相对短缺,缺者为贵,当然注意力就会值钱,形成价值。

2.3 互联网络的迅速发展为竞争注意力提供了条件和手段

现在每过 1 秒钟,全世界就有 7 个人首次上网。美国目前已有 70% 以上家庭拥有计算机,4 000 万人进入互联网;到 21 世纪初中国将有 1 000 万左右的人上网;全世界可能有几千万至上亿人上网。在美国等发达国家,已有许多人在家中网上工作,有的人在网上的时间已占全部工作和生活时间的 1/2。互联网已经成为人们工作、生活的万花筒,事事处处离不开。正是互联网的飞速发展,吸引了许多人的注意力,网络自然就会产生商业机会,而注意力就形成了价值。

注意力形成经济给人们以启示:农业时代主要竞争劳动力;工业时代主要竞争生产工具和科学技术;信息时代主要竞争知识和信息速度;而信息社会将主要竞争注意力和生物材料等。发达国家今天竞争注意力已经很明显,发展中国家也已初见端倪,未来这一趋势将更加明显。凡事预则立,不预则废,为此,我们必须对注意力经济深入研究。

3 竞争注意力就是竞争财富

注意力中有财富,而且必将引发财富大转移。"卖商品必须竞争注意力"。

对此有人持反对意见,他们认为:"注意力是一种桥梁而不是财富。""注意力是在分配旧经济的财富,而不是制造新财富。"用工业时代的观念看待注意力必然会得出这个结论。正如从农业时代向工业时代转移时,认为农机具是工具,不会创造财富,而工业时代向信息时代转移时,认为信息不是财富一样,观念不同得出的结论就不同。实际上注意力也创造财富。奥运会、世界杯之所以引起世界各国竞争主办权,不仅它本身可以创造财富,更重要的是可以赢得几十亿双眼睛,提高主办国、主办城市的知名度,进而获取巨额间接经济财富。《财富》杂志在上海的发布会之所以3天赚了1 000万元,关键是上海会议吸引了世界上众多的注意力,换一种杂志开会就不一定吸引这么多注意力。刘晓庆、李宁、邓亚萍做广告,身价非常之高,关键就在于他们身上集聚着几亿双眼睛。《还珠格格》为什么一集可以卖到58万元,据说这部电视剧凝聚了4亿多双眼睛。一个个乳臭未干的毛小伙子一夜之间成为亿万富翁的神话,使搜狐、网易变得路人皆知,说到底就是赚了注意力。

注意力经济时代的财富,包含了工业财富收入和信息资产部分,但注意力会通过信息资产转移工业财富。按照旧观念,信息并不创造财富,只有工业创造财富。依此而论,雅虎公司高于9%的收益不该归他们,但他们通过吸引注意力,把工业财富分给了信息商。注意力经济就是这样把工业利润和财富大把大把地转移给了掌握注意力的媒体、商家及网络经营者。也许有人会说:"这是掠夺工业财富!"传统工业文明财富极大过剩,使工业文明消费能力下降,自然而然就形成了消费文明的转移,这必然导致工业文明财富向新的文明财富方面转移,这从全球1 000家公司中前10名的8家美国公司都与网络公司有关即可看出,也可从因特网17年等于汽车工业100年看出。在这种转移中,世界的财富将被重新瓜分,而瓜分这种财富的"利刃"是网络经济,注意力就是这把利刃。

注意力经济要求媒体进入"洞察时代"。既然注意力中有财富,争夺眼球会形成竞争,人们必然会利用互联网络、新闻媒体吸引注意力。靠一鸣惊人或哗众取宠赢得短时间注意力并不困难,但只能是昙花一现;另一方面,靠花大钱制作艺术性差或使人一笑了之的文化、文艺作品,也只能是让金钱流向注意力,而注意力不能滚向金钱。注意力是一杆公平秤,谁也欺骗不了。若想吸引人们的注意力,就媒体而言,要进入"洞察时代"。方兴东对此颇有高见:中国需要企业家,也需要媒体家。企业家是专业金钱获得者,媒体家是注意力获得者。今天人们只注意企业家,而不注意媒体家。媒体家是新经济发展的先驱。他认为,IT媒体分为3个时代:新闻时代、分析时代和洞察时代。所谓新闻时代,是信息资源的流通时代,信息只是量的堆积,缺乏质的加工;而分析时代和洞察时代,是信息资源增值的时代。吸引注意力来自分析缘由和洞察未来。分析家和洞察家只是善于处理和转化信息的人,他们将信息进行加工,把事物的意义挖掘出来,使人们看到实质面目和未来趋势。这样分析信息资源才能把信息转变为资产,赢得持久的注意力。媒体要吸引注意力,关键是把新闻时代的句号改为分析时代的句号、破折号和省略号,这就要对厂商的行为做专业的动态跟踪,逐步感受事物的波形,然后深入研究这个波形,此时不能就事论事,而应追究导致本次事件发生的整个波形,并分析必然因素和触发点。

4　竞争注意力需要讲究竞争艺术

注意力经济的到来要求经营者学习竞争眼球的高超艺术。注意力是人们不可转让的权利,注意力表达的是人的兴趣、爱好、愿望、关心等,它属于个人的潜在意识倾向。因此,要捕捉人们的注意力,关键是要关注人的意愿、倾向、心情、嗜好等,这就要求不论是新闻媒体、互联网络,还是广告、艺术、文化作品等,首先要文化创新,不仅形式要创新,更要内容创新。《还珠格格》无论有多少人反对,但它把皇帝的戏同年轻人的新追求融合在一起便是一种创新,因而竞争到了几亿双眼睛。其次,要有较多的理想性和艺术性。持久地吸引注意力,靠花钱买不来,而要靠增强媒体、网站、艺术作品、广告的深厚文化底蕴和艺术力,中国古代四大名著百看不厌就是一个证明。再次,企业家要注意投资媒体及文化艺术产业。新闻产业化、文化和教育产业化、艺术产业化等的发展,最重要的一条就是靠最大限度地吸引注意力。湖南电视业的快速发展挑战着中央电视台,《成都商报》下属企业控股四川电器股份、《羊城晚报》等报业集团飞速发展赚了巨额利润等,都说明注意力经济是中国经济发展的新的增长点。中国需要大批优秀企业家,更需要大批杰出的媒体家,来快速推动注意力经济的发展。

从温饱到小康

——镇江农村改革开放 30 年之变化

党的十一届三中全会以后,党中央开始全面拨乱反正,确立了正确的农村经济发展政策,镇江农村家庭联产承包责任制全面实施、不断完善,各项农村政策得到贯彻落实,农村彻底解放了生产力,充分发挥了农民的生产能动力,农业生产得到了迅速的恢复和发展,农村经济发生了巨大变化,广大农民逐步摆脱贫困,农民收入逐年提升。农民生活从基本温饱跨入了小康阶段,农村面貌发生了翻天覆地的变化。

1 农民收入快速增长

稳定发展农业生产,切实保障农民利益,引导农民走向市场,努力增加农民收入,始终是农村改革开放 30 年的第一要务。30 年中,镇江广大农民收入快速增长。农民人均纯收入是反映农民富裕程度的综合性指标即农民人均总收入减去当年为实现这些收入而支付的费用,再扣除国家税金和集体提留等。

改革开放 30 年来,镇江市农民人均纯收入接连上了 5 个台阶(见表 1)。从 1979 年起到 1989 年,农民人均纯收入从百元上升到千元,为第 1 个台阶。镇江市 1978 年农民人均纯收入为 145 元,到 1989 年达到 988 元,是 1978 年的 6.81 倍。1983 年已提高到 419 元,是 1978 年的 2.89 倍,其中来自集体(承包金)分配部分人均由 1978 年的 88 元提高到 180 元,增长104.55%,务工工资收入由 18 元提高到 70 元,增长 2.9 倍;社员自营家庭经营方面收入由 28 元提高到 81 元,增长 1.89 倍。1985 年,农民人均纯收入达 560 元,比 1978 年增加 416 元,是 1978 年的 3.86 倍,可以说基本解决了农民的温饱问题。

农民收入结构发生巨大变化,"七五"期间(1986—1990 年):第一产业劳动力由"六五"期间的 64.2% 下降到"七五"期间的 47.2%,下降 17%,二、三产业由 35.8% 上升到 52.8%;"七五"期间农村三产业发展迅速,农村工农业总产值年递增率 8.35%,其中乡镇工业产值年递增 24.03%,农业产值递增 5.41%;农村商品率提高。全市粮食商品率由"六五"期间的 32% 上升到"七五"期间的 35%,农村经济商品率由 35% 上升到 76% 以上。1990—1993 年,农民人均纯收

本文系我在农林局工作期间,自 2006 年开始组织原农工部邵金富、农业局戴洪庚、多种经营管理局王网汉、水产科学技术研究所王欣宁等编 1978—2006 年农林志而形成的文稿之一,我主要是组织协调、制订目录、修志大纲和文稿审改,文稿形成后因领导班子调整而未能成书,为保存这一段史料,故收录与我工作关联度较高、文稿参与度较高的文章于此。

入从 1 083 元上升到 1 713 元,为第 2 个台阶。1993 年农民人均纯收入是 1978 年的 11.81 倍,农业中值进入快速增长的阶段,农民生活得到显著提高。1994—1999 年,农民人均纯收入从 2 271 元上升到 3 958 元,为第 3 个台阶。1999 年是 1978 年的 27.3 倍。期间的 1995 年农业产值 35.11 亿元,其中多种经营产值 23 亿元,占农业总产值的 64%;乡镇工业销售收入 333.55 亿元,利税 13.5 亿元,90 个乡镇工业产值超亿元,18 个销售亿元村和 30 个销售亿元以上企业。这一年农民人均纯收入为 2 879 元,高于全省平均水平,列全省第 4 位。其中,扬中市达 3 458.5 元,种养加为主的家庭经营,约占农民总收入的 70%。2000 年到 2005 年,农民纯收入从 4 042 元上升到 5 916 元,为第 4 个台阶,即进入 5 000 元大关。2005 年是 1978 年的 40.8 倍。期间,农村经济紧紧围绕保供增收,致富农民,以科学发展观纵览全局,加快推进农业结构调整,稳粮、扩经、增效,提高农业综合生产能力,开发生态型、观光型、科技型、外向型、有机型农业模式,加大农村劳动力转移力度,增加农民收入。2000 年农民人均纯收入达 4 042 元,比 1995 年增长 40.39%。2005 年为 5 916 元,比上年增长 11.5%,其中,来自一产的收入 1 700 元,二产收入 3 000 元,三产收入 400 余元,劳动力转移收入为 700 余元,政策性收入(一免三补)为 60 元。2006 年,农民人均纯收入又上了一个台阶,达到 6 717 元,突破 6 000 元大关,也突破了 1 000 美元大关,是 1978 年的 46.32 倍。

表 1 改革开放 30 年镇江市农民收入支出情况统计表

年份	全年总收入(元)	劳动者报酬收入(元)	家庭经营收入(元)	转移性收入(元)	财产性收入(元)	全年总支出(元)	其中家庭经营性收入(元)	农民人均纯收入(元)	增长比例(%)
1978	34 518.40							145	
1979	39 887.36							147	1.37
1980	42 788.07							183	26.2
1981	44 984.46							223	53.8
1982	48 864.88							278	91.7
1983	75 982.18							419	2.89 倍
1984	105 560.18							478	3.3
1985	128 230.67							560	3.86
1986	401 204.06							705	4.86
1987	537 535.73							796	5.49
1988	720 886.00							963	6.64
1989	753 453.20							988	6.81

年份	全年总收入（元）	劳动者报酬收入（元）	家庭经营收入（元）	转移性收入（元）	财产性收入（元）	全年总支出（元）	其中家庭经营性收入（元）	农民人均纯收入（元）	增长比例（％）
1990	814 902.00							1 083	7.69
1991	941 815.00							1 116	7.7
1992	1 321 200.6							1 353	9.33
1993	2 016 705							1 713	11.81
1994	2 679 129							2 271	15.66
1995	3 982 344							2 879	19.86
1996	4 244	1 625	2 472	114	33	3 540	566	3 523	24.3
1997	4 643	1 943	2 525	128	47	2 740	630	3 855	26.58
1998	4 617	2 140	2 319	123	35	3 608	551	3 931	27.1
1999	4 591	2 240	2 135	164	49	3 462	461	3 958	27.3
2000	4 879	2 263	2 330	259	28	4 105	570	4 042	27.87
2001	5 130	2 263	2 626	220	21	4 061	705	4 191	28.90
2002	5 403	2 433	2 659	288	23	4 179	690	4 452	30.7
2003	5 772	2 715	2 826	213	24	4 611	844	4 733	32.64
2004	6 173	2 963	2 927	260	23	5 577	1 214	5 306	36.59
2005	7 142	3 526	3 615	356	62	6 457	1 365	5 916	40.8
2006	8 483	4 147	3 925	330	81	7 373		6 717	46.32

改革开放 30 年，我市农民人均收入能够保持这样的高速增长，主要得益于以下几个方面的因素：一是政府加大对农业的投入，为农业丰收创造先决条件和基础；二是农产品价格的上调，推动农民增加收入；三是乡镇企业的腾飞为农民增收提供了保证；四是减轻农民负担政策，使农民得到真正的实惠；五是农业产业结构的不断调整，高效作物面积扩大、农产品品质提高；六是农村劳动力转移不断加快，农村二、三产业收入不断提高。

2　农民生活水平大幅提升

我市农民收入的逐年增加，使农民手头日益宽裕，购买力不断增强，生活消费支出增长迅速，农民生活水平大幅提升。生活消费支出由 1984 年的 408.99元上升到 1997 年的 2 862.05 元，到 2006 年达 5 068 元，与 20 世纪 80 年代初相比，净增 10 多倍。与此同时，生活消费中现金支出所占比例逐年扩大，表明农民的消费需求商品化、市场化,消费结构日趋多样化,在吃饱穿暖之后,开始注意饮食质量、营养结构,更加注重消费及服务质量、生活质量的改善。

2.1　主要副食品消费量增加,膳食结构发生变化,营养状况大为改善

随着农民收入的不断增长,食品消费在逐步增长。但是吃在生活消费中的比例(即恩格尔系数)却有下降趋势。1978 年恩格尔系数约为 60%,到 1984 年为 54.53%,1997 年为 51.72%,到 2006 年为 39.85%(小康低限值为 50%),与 1978 年相比较,30 年下降了近 20 个百分点。尤能反映农民富裕程度提高的是粮食消费逐年减少,而对质量高、营养好的副食品和其他食品的需求却逐步上升(见表 2)。以 1997 年与 1984 年相比较,农民年人均主要食品消费量有这样的变化:粮食由 350.3 kg 减少到 272.65 kg,下降 22.17%;油脂类消费 1997 年达 10.05 kg,比 1984 年增长 95.15%;肉类消费 23.85 kg,增长 1.19 倍;禽蛋类消费 7.76 kg,增长 1.07 倍;水产品消费 9.68 kg,增长 2.17 倍;酒类消费 11.22 kg,增长 82.4%。同时,农民在外饮食支出亦增长很快。

表 2　膳食结构变化情况

消费类别	1978 年	1985 年	2005 年	2005 年与 1978 年比较
农民主食消费	63.1%	53.1%	42.5%	−20.6%
副食品消费	29.6%	35.0%	45.0%	+15.4%
其他食品消费	7.3%	11.9%	12.5%	+5.2%

2005 年农民每天从食物中摄取的热量为 3 014 kcal,蛋白质 73.6 g,脂肪 73 g,分别比 1978 年增长 33.7%,29.1% 和 1.8 倍。

2.2　农民衣着已由遮体保暖需要向追求美观舒适转变

2006 年农村家庭人均生活消费支出中衣着消费 332 元,2001 年为 180 元,1985 年为 47.3 元,2006 年是 1985 年的 7 倍(见表 3)。其中,成衣消费占衣着消费的比例逐年上升,买布请裁缝上门做的农民人数减少,衣着逐步高档化。单从衣着上看,现在城里人和农民已经是很难区分了。

表 3　镇江市农民基本生活变化情况

项　目	2006 年	2005 年	2001 年
平均每户住房面积(m²)	44.5	43.85	43.7
平均每户住房价值(元)	19 761	19 116	14 474
平均每户家庭总收入(元)	8 483	7 559	5 130
其中:			
1. 工薪收入(元)	6 717	5 916	4 191

项　目	2006 年	2005 年	2001 年
2. 经营净收入(元)	2 298		
3. 财产性收入(元)	81		
4. 转移性收入(元)	330		
其中:			
外出从业得到收入(元)	1 249		
出售产品收入(元)	1 627		
平均每户家庭总支出(元)	7 373		
农村家庭人均生活支出(元)	5 068	3 786	2 512
1. 食品支出(元)	2 020	1 323	862
2. 衣着支出(元)	332	285	180
3. 家庭设备用品及服务(元)	281	266	128
4. 医疗保健(元)	292	234	206
5. 交通及通信(元)	551	466	259
6. 教育文化娱乐服务(元)	826	630	365
7. 居住消费支出(元)	647	470	425
8. 其他商品及服务(元)	113	103	88

2.3　农村新房林立

住房宽敞明亮,广大农民安居乐业(见表4)。镇江农村居民平均每户住房面积:2006 年为 44.5 m²,2001 年为 43.7 m²,1997 年 37.96 m²,这 10 年中,人均住房面积增加近 7 m²;按平均每户住房价值做比较:2006 年为 19 761 元,2001年为 14 474 元;农村家庭人均生活消费支出中的居住消费支出,2006 年为 647元,2001 年为 425 元,1997 年为 325.03 元,1984 年为 80.65 元。2006 年为 1984年的 8 倍。我市经过 20 世纪 80 年代的建房热潮,农村住房大多数已经得到了改善,由单房、简易房、平房到楼房;从砖木结构到钢筋混凝土结构,仅 1997 年新建生活用房中有 46.9%是楼房,新建房屋每间价值高达 11 926 元。

表4　改革开放30年镇江农民生活水平的变化

年份	农民人均纯收入(元)	农民人均生活消费支出(元)	其中食品	农民人均生活用房面积	平均每户住房面积
1978	145				
1979	147				
1980	183				

年份	农民人均纯收入（元）	农民人均生活消费支出（元）	其中食品	农民人均生活用房面积	平均每户住房面积
1981	223				
1982	278				
1983	419				
1984	478	409	223	18.9	
1985	560	492	216	16.8	
1986	705	703	332	19.1	
1987	796	711	349	20.9	
1988	963	873	402	22.6	
1989	988	1 020	540	24.9	
1990	1 083	1 020	547	25.7	
1991	1 116	1 064	559	36.3	
1992	1 353	1 222	679	28.9	
1993	1 713	1 278	421	29.2	
1994	2 271				
1995	2 879				
1996	3 523				
1997	3 855				
1998	3 931				
1999	3 985				
2000	4 042				
2001	4 191	2 512	862		43.7
2002	4 452				
2003	4 733				
2004	5 306				
2005	5 916	3 786	1 323		43.85
2006	6 717	5 068	2 020		44.5

2.4 生活用品支出成倍增长,耐用消费品迅速进入农民家庭

进入新世纪,随着农民收入水平的提高,家用电器、摩托车、移动电话迅速进入农民家庭,改变着农民的生活方式(见表5、表6)。

表5 镇江市每百户农民26种主要资产拥有量变化情况

资产	单位	2005 年	2002 年	2001 年
大型家具	件	271	438.8	434.5
洗衣机	台	74	69	65.3
电风扇	台	244	229.5	222.3
电冰箱	台	55	35	32
空调	台	60	6.25	4.3
抽油烟机	台	20	10.5	8.3
吸尘器	台	4	2.8	2.5
微波炉	台	28	3.8	2.8
热水器	台	56	19.3	15.3
自行车	辆	168	207	203.8
摩托车	辆	57	39.3	32.5
汽车(生活用)	辆	3	1	1
电话	部	97	88.3	80
移动电话	部	110	36.3	26
寻呼机	部		36.3	11.3
彩电	台	132	80	71.5
黑白电视机	台	31	65.3	64.5
录像机	台	7	5.8	4.3
摄像机	台		0.8	0.8
影碟机	台	41	18.3	16.8
组合音响	台	16	12	9.8
收录机	台	21	34	35.3
照相机	架	9.6	9.3	9.3
家用电脑	台		1.5	2
家用计算机	台	8.9		
中高档乐器	件	1.4		

表 6　1985 年每百户农户主要用品拥有量构成情况

资产	单位	数量
自行车	辆	105.8
缝纫机	台	42.1
手　表	块	190.6
收音机	台	64.2
电视机	台	22.4
收录机	台	7.3
电饭锅	个	22.1
洗衣机	台	1.5
大型家具	件	314.9
其中:		
沙　发	个	17.9
大衣柜	个	17.0
写字台	张	76.4

改革开放 30 年　农村迈入新时期

党的十一届三中全会以来,镇江农村坚持改革开放,结合本地实际,注重发挥资源优势,合理调整经济结构,农业基础稳固,乡镇工业为支柱,新型农业和农村服务业蓬勃发展,人民生活不断提高,农村社会和谐稳定,农村面貌发生了翻天覆地的历史性巨大变化。回顾改革开放 30 年来,镇江农业和农村经济的新变化、新发展主要表现在 8 个方面。

1　农村改革由家庭联产承包责任制突破,向各行各业拓展

农村改革,在中央〔1980〕75 号文件和中央 1981—1985 年连续 5 个 1 号文件的深入贯彻后,从 1980 年起,开始对生产上"大呼隆"、分配上"大锅饭"的僵化的农业经济管理体制进行勇敢的改革探索,逐步由"小段包工、定额计酬""分组作业、联产承包""专业承包、联产计酬"发展到联产到组到劳、包产到户、包干分配责任制。1982 年秋至 1983 年春,全市有 99.32% 的生产队、51 万农户,实行了这一制度,占总户数的 95%,承包土地面积 244 万亩。普遍实行了统分结合,双层经营,以家庭联产承包为基础的经营体制。

家庭联产承包责任制,不仅把农业生产自主权交给农民,调动了农民生产积极性,而且推动了农村经济体制的全面改革,由种植业扩展到林牧渔多种经营,由农业拓展到工商运输服务业,由农村率先改革推动城市改革。镇江农村改革大体经历了 5 个阶段。

第 1 阶段,从 1978 年到 1984 年,农村改革步入推进阶段,在农村内部大力进行经济管理体制改革。普遍实行家庭联产承包责任制,废除了人民公社管理体制,建立了乡(镇)人民政府、乡(镇)经济联合委员会。生产大队改为行政村,生产队改为村民小组,大大地调动了农民的生产积极性。种植业、林牧渔和乡村工业全面高速发展。7 年中,种植业年递增 60%,林牧副渔业年递增 13.3%,乡村工业年递增 20.6%,农民人均纯收入年递增 20.4%。

第 2 阶段,从 1985 年到 1988 年,农村改革延伸和农村经济快速增长阶段。在完善家庭联产承包责任制方面,推行"统分结合"的双层经营管理体制,着力进行完善村级合作经济组织,建立健全多形式、多样化的为农服务组织,既发挥

本文系我在农林局工作期间,自 2006 年开始组织原农工部邵金富、农业局戴洪庚、多种经营管理局王网汉、水产科学技术研究所王欣宁等修编 1978—2006 年农林志而形成的文稿之一,我主要是组织协调、制订目录、修志大纲和文稿审改,文稿形成后因领导班子调整而未能成书,为保存这一段史料,故收录与我工作关联度较高、文稿参与度较高的文章于此。

了农户家庭经营的积极性,又发挥了集体统一服务的优越性。农村出现了大批的各种各样的专业户、专业村,一村一品、一户一特,推进了农村经济快速增长。4 年中,种植业年递增 4.5%,林牧副渔业年递增 20.8%,乡村工业年递增 41.3%,农民人均纯收入年递增 16.3%。

第 3 阶段,从 1989 年到 1991 年,农村全面进入治理整顿阶段。由于农村流通渠道单一与农村商品经济快速发展不相适应,出现了农副产品卖粮难、买茧难,甚至发生价格大战和政策上的一些偏差,农村经济的发展受到极大的影响,发展速度明显回落。3 年中,种植业年递增 0.4%,林牧副渔业年递增 6.6%,乡村工业年递增 9%,农民人均纯收入年递增 4.7%。治理整顿中着力进行流通体制改革,取消统派购。实行合同制,粮食价格实行保护价、市场价和"三挂钩"等政策。1990 年起农村内部进行农业综合开发,实施"1552"工程,即规划 10 年或更长一些时间,改造 100 万亩中低产田,复垦 20 万亩土地后备资源;选择 26 个村进行农业现代化试点,本市列入江苏省农业现代化试验区建设,从整体上逐步提高农村发展综合生产力。

第 4 阶段,从 1992 年至 2000 年,邓小平南方讲话之后,农村改革向纵深发展,突破产权制度改革。对农村小型水利产权,乡镇企业改制,进行租赁、股份制、集团制、拍卖、民营等形式多样化产权制度改革,极大地激活了企业内部的活力,使农村经济的发展进入改革开放以来的第 2 个快速增长阶段。这 9 年中,农业产值年递增 15%,林牧渔业年递增 11.9%,乡村工业年递增 17%,农民人均纯收入翻番。

第 5 阶段,从 2001 年至 2006 年,农村改革贴紧以人为本、科学发展观、保供增收为主线,2001 年起实行农村税费改革,减轻农民负担。2000 年人均负担 202.45 元,其中合同内人均 108.57 元,合同外负担 93.8 元。改革后合同内外负担减负率 61.32%,其中合同内人均负担 78.31 元,比税改前减少了 30.26 元,"两工"比税改前少 40%。至 2005 年全市农民实行零负担,共减免农业税 5 600 多万元,人均得益 359 元。从稳定家庭联产承包责任制出发,延长土地承包 30 年不变,为促进农村劳动力转移流动,实行农村承包土地流转制度,提高农村组织化水平,大力发展专业合作社(协会),全市有各类专业合作社(协会)172个,使农村经济再腾飞。2006 年农业总产值达 736 730 元(现价),比 1978 年翻6 番。人均纯收入 6 716 元,比 1978 年增长 463 倍。

2 农村产业结构日趋合理,不断优化,二、三产业已占据了主体地位

农村改革 30 年来,我市农村、农业产业结构发生了深刻的变化,得到不断优化。突出"三个转化一加快",即农业经济结构由单一的种植业结构转化为农林牧渔业各业协调发展的结构,到 2006 年种植业由 1978 年占农业总产值的比例

为70.45%转化为60%,农林牧渔业的比例由1978年的29.55%提高到40%;农村经济结构由粮油棉结构转化为农副工全面发展的经济结构,乡村工业占据了主体地位,农副工经济结构的比例分别由1978年的45.09%,18.93%,35.98%转化为2.95%,1.93%,95.12%;第三产业从无到有,到2005年农村第三产业占农村三次产业总产值的9.7%;以单一粮食为主的种植业结构转化为粮经饲协调发展结构,形成了粮食作物总量稳定,经济作物比例逐步上升的态势,1978年经济作物播种面积占农作物播种面积的比例为20%,2006年扩大到40%。农产品品种不断优化,国标三级以上优质水稻面积占70%,小麦品种基本上实现专用化,油菜率先在全省实现"双低化";三元杂交猪、优质地方家禽、名特水产的比例分别达31%,42%,30%;名特茶比例达40%,优质果品率达到85%。农村劳动力转移加快,从事农业生产的劳动力由1978年的75.3%下降为45%,近几年每年从农村向非农转移的劳动力有6万多人,2006年转移农村劳动力6.46万人,每年可增加农民人均收入500元。

3 乡镇工业异军突起,打破了城乡二元结构

党的十一届三中全会之后,我市乡镇企业迎来了发展的春天,1978年农村工业产值仅有56 803万元(1990年不变价),1980年为90 930万元,1981年突破10亿元,达101 857万元,1991年为926 583万元。1992年邓小平南巡讲话后,迅速发展,产值突破百亿大关,达1 304 812万元。2003年,全市完成工业销售收入645.5亿元,实现利税43亿元,农村工业为农民增收做出贡献。全市乡镇工业职工46.66万人,工资总额36.5亿元,人均年报酬7 825元。到2006年,全市乡镇企业完成工业增加值355.6亿元,比上年增长25.4%,完成工业现价总产值1 428.5亿元,增长23.7%;实现销售收入1 273.9亿元,增长26.3%;利税总额88.3亿元,增长26.4%,其中利润49.3亿元,增长32.4%。全市农村私营个体企业的劳动报酬达51.5亿元。乡镇企业在经历30年的改革开放后,工业企业组织结构由手工作坊的小企业群转变为以现代化大中型企业为骨干的工业体系,并已成为农村经济的支柱,在全市工业经济中三分天下有其二。

乡镇企业异军突起,历史功绩显著。一是吸收了农村剩余劳动力,既有助于稳定社会,和谐农村,又有效地探索了我国这样一个农村人口占绝大多数的农业大国,实现工业化的途径,具有中国社会主义特色;二是增加国家税收,提高农民收入;三是支持了农业和农村的基础设施建设;四是形成了一整套适应市场经济要求的灵活运行机制,这个灵活运行机制形成过程,是农村商品和要素市场不断发育的过程,是一支比较适应市场经济要求的农民企业家队伍的培育和成长过程,也是科学技术进入村和乡镇各类专业人才成长的过程,既为农村社会主义市场经济体系形成奠定基础,又为城市改革提供借鉴;五是乡镇工业的发展推进了农村城镇化建设进程,乡镇工业园区建设促进了农村集镇的建设,逐步缩小了城

乡、工农、脑体三大差别,经济发展促进了城乡稳定,社会和谐、人民生活水平提高。

4 农业产业化经营步伐加快,成效明显

为使传统农业向现代农业转变,提高农业商品化、集约化程度,推动农村经济更快更好地发展,在农村实行产加销一条龙、贸工农一体化经营。我市从1992年起,提出"3658"育龙工程,即利用5年时间,在全市培育36条龙,每年使8万农户得益。1993年34户龙头企业,实现销售收入10.02亿元,利润7 550万元,税金9 560万元,共消化副产品5.82万t,带动基地30万亩,有1万多农户收益人均增收105元。1996年全市36条龙实现销售收入45亿元,消化农副产品42万t,8万农户增收入均500元,涌现出2 000多个农民企业家。2003年全市31家省级重点农业产业化经营龙头企业完成销售31.5亿元,实现利税4亿元,其中利润2.4亿元,出口创汇966万美元。到2005年,市级龙头企业52家,其中国家级2家,省级13家。经历15年的发展,已形成优质稻米、山羊板皮、萝卜、蔬菜、草莓、杞柳、水产珍珠、鳗鱼、中药材保健品、食用菌、茶叶、树木木材、果类等生产—加工—销售一条龙,贸工农一体化经营,涌现出恒丰、华达、中远等一大批中型龙头企业。农业产业化经营标志着我市农业发展由数量扩张进入优化结构、提高效益的新阶段,将对转变农业和农村经济增长方式具有深刻影响。

5 茅山老区经济大发展,面貌大改观

茅山老区是全国六大山区抗日根据地之一,有19个乡镇,41万人口,863 km²土地,自1985年经省、市批准列为茅山老区经济开发试验区,进行资源综合开发。经历了20多年来的综合开发,采取政策扶持,城乡挂钩,厂村结合,内部挖潜力,逐步由"输血型"转变成"造血型",加快了经济发展步伐,结构日趋合理。2005年,茅山老区实现国内生产总值87.24亿元,比上年增长15%,农民人均纯收入5 308元,比上年增长13.1%。茅山老区发展总体经历了4个阶段。

第1阶段:1985年到1990年的5年为解决温饱阶段。这5年中,老区采取"一主两翼"的发展方针,以农业为主,用发展工业和多种经营促进经济的起飞。5年中工业产值与多种经营产值分别以32%,34.14%的递增率上升,增幅分别达到了3.11倍和3.34倍,标志着老区经济开始腾飞,人民生活得到改善,基本上解决了温饱,人均收入由1978年的120元提高到750元。

第2阶段:1991年到1995年的5年为脱贫致富阶段。随着改革开放的不断深入,大大促进了开发进程,经济社会发展加速,国内生产总值增加3.25倍,年递增速度达33.54%,这5年的较大增幅主要依靠乡镇村工业的大发展。由1978年工业产值1亿多提高到52.58亿元。工业经济的实力增强,同时促进了社会事业的发展和各种基础设施建设的改善;人均收入增加,开始超过2 000

元,增幅1.8倍,年递增22.82%。

第3阶段:1996年到2000年的5年为基本实现小康的阶段。人均国内生产总值达到7 295元,经济结构日趋合理,在国内生产总值中三次产业的比例为23.75：46.75：29.5。第三产业迅速增长,工业产值占到农村经济结构中的主体。农业结构进行了合理调整,改变了以粮为主的状况,油料作物迅速上升,为1978年37.1倍;多种经营仍保持有两位数的递增率,为11.69%;人均收入超过了3 000元,达3 291.4元,年递增仍有9.38%;以乡镇为单位,多数指标均已达到基本小康水平。

第4阶段:进入21世纪,茅山老区沿着党的十六大提出的宏伟目标,全面建设小康社会和新农村的蓝图前进。2006年,茅山老区12个乡镇(经过乡镇撤并)实现国内生产总值130.569 5亿元,财政收入9.773 9亿元,外贸交货值36.891 7亿元。实现工业销售收入83.168 3亿元;农业龙头企业39个,农业特色基地211个、696.53 ha;农村基础设施得到加强,新建村级道路225.45 km,镇镇通公路,村村有大道;农业综合开发面积3 569 ha,新建桥梁50座,涵闸1 375座;茅山老区农民人均纯收入达6 007元,人均存款达6 887.8元,人均住房面积达35.6 m²;有线电视入户率达66%;镇镇有自来水厂,村村通电话,集镇建设有了较大发展和完善。

6 农副产品的总量供给基本满足市场需要,农村商品率大幅提高

改革开放以来,农村已走出自给半自给经济,向着商品经济、市场经济的方向发展,立足农村,服务城乡。主要农副产品量的供给基本上能满足和适应市场及人民生活的需要,粮油产量稳定,副产品供大于求。2006年与1978年相比,粮食总产量年均生产在114.75万t,比1978年的98.89万t增加15.86万t,增长27.40%;油料总产量年均生产40 683 t,比1978年增长9 007 t;水产品产量由1978年的5 079 t提高到66 500 t;水果产量由1978年的2 900 t提高到14 049 t;茶叶产量由1978年的643.35 t提高到1 792 t;肉类产量由1978年的3.5万t提高到7.24万t。

农村商品率大幅提高,粮食商品率由1978年的25%提高到35%,棉花商品率达90%以上,油料商品率达25%,其他副产品商品率均达90%以上,农村跳出了自给半自给经济,迈入商品经济的新时代。

7 农村现代化试点显成效,新农村建设迈新步

镇江市的农村现代化试点工作,是在1988—1990年进行土地适度规模经营为主要内容的农业现代化试点基础上,于1990年10月正式列入江苏省农业现代化试验区之后全面开展起来的,试点工作以实现农业现代化、农村工业化、乡

村城镇化、农民知识化、服务社会化为目标,选择一批具备条件,不同类型地区的乡村现行试点示范,争取到 20 世纪末在全市重点镇村建立起一批经济发达、科技先进、文化昌盛、生活富裕、道德高尚、环境优美的具有中国特色的社会主义新农村的典型。从 1990 年由 13 个村先行试点,发展到 5 镇 27 个村。1999 年,据对 23 个村统计,农村社会总产值 831 361 万元,村均 36.15 万元。第一产业占农村社会总产值 14.3%,第二产业占农村社会总产值 75.68%,第三产业占农村总产值 10.02%。村办企业税后利润 20 939 万元,村均 9 104 万元,税金 22 678 万元,村均 9 855 万元。2000 年年底,列入市级农村现代化试点的有 9 个镇 37 个示范村。它们有如下发展特点。

一是以外向开拓为特征的经济发展势头强劲,加快了农村工业化进程,到 1999 年,9 镇 36 个村建市以上企业集团 43 家,兴办"三资"企业 185 家,当年实际利用外资和创汇分别为 4 967 万美元、17 034 万元,比上年分别增长 30.8%,15.5%,当年出口创汇 12 598 万元。

二是以物质技术装备为条件的农业综合生产能力明显增强,提高了农业现代化水平。农机化建设有新发展,三麦机收率达 80%,机耕率为 90%,机电排灌率达 100%;农业综合开发有新特色,试点村平均水利配套率达 70%,并开发了一批副食品基地;农业适度规模经营有新突破,粮田、多种经营项目都开展了形式多样、程度不同的规模经营,扬中市新坝镇建新村 421 亩粮田全部由村办农场 16 个劳力承包经营;农业服务体系建设有新提高,新农技、新农艺和新品种得到广泛的推广和使用。

三是以社会综合发展为标志的村镇建设起步,展示了农村新貌,教育、卫生、文化、体育等设施比较配套。2005 年起,按照中央提出的社会主义新农村建设 20 字方针要求,市委、市政府采取了一系列切实有效措施,开展了"双清双美",实施了"双百工程",工业强镇富村工程,"四型特色"高效农业规模化工程,"新五件实事"工程,党建强基工程等。

8 农村新型产业兴起,架起城乡沟通的桥梁

随着农村和农业产业结构的调整,发挥自身优势、各自特色,涌现了一批新型农业产业,如生态农业、旅游观光农业、高效农业,运用乡村风土、风物、风俗、风景等优势,发展农业科技示范园、度假村、垂钓中心等来发展经济,增加收入。扬中市实施"十大重点工程",形成"六大生态模式",句容市有机农业示范区有 15 家,有机食品生产基地面积达 1 000 ha,总产量达万吨。丹阳市推广"稻鸭共作"面积 1 000 ha、种草养鹅面积 667 ha、意杨林地 6 667 ha。2006 年,全市高效农业种植面积 2.28 万 ha,高效渔业面积 2 300 ha,分别比上年增长 24.8%,142.6%;生猪、肉禽、蛋禽、奶牛的规模养殖分别达 37%,70%,41%,72%。高效农业种植业中,亩效益在 2 000 元以上,连片种植 50 亩(3.33 ha)的高效农业

种植面积2.28万ha,涉及农户12.6万户;高效养殖业中,生猪年出栏100头以上规模养殖户500户,规模养殖出栏率占总出栏数的30%;肉禽年出栏1万头以上的规模养殖户240户,占80%;蛋禽存栏2 000只以上的规模养殖户100户,占63%;奶牛饲养100头以上规模户12户,占40%;连片100亩(6.67 ha)以上的高效渔业面积2 310 ha。在"一村一品"发展中,全市有各类农产品专业村173个,占行政村总数的28.5%,从事"一村一品"生产的农民人均纯收入7 400元。全市具有一定规模的观光农业点92个,年接待游客约100万人次,实现直接经济收入2 700万元。丹徒区高效种植业和特种水产面积累计达7.28万亩,占耕地总面积的17.6%,高效农业形成的纯效益达15 169.7万元,对农民在农业产业中增收的贡献率达43.1%。农村新型产业的兴起,不仅增加了收入,还为城市居民提供了节假日的活动空间,增添了活动内容,架起了城乡沟通的桥梁。

镇江农村改革 30 年回眸

以 1978 年 12 月召开的党的十一届三中全会为标志,我国进入了改革开放时期。率先进行的农村改革取得了举世瞩目的巨大成功,为我国的全面改革奠定了坚实的基础,提供了宝贵的经验。因此,30 年的中国改革史,从某种意义上讲,是一部农民领先创造的历史。翻阅中国农村改革 30 年的历史画卷,不仅能使人们知晓改革造就的兴盛繁荣,能感受到中国农民创造历史所带来的震撼心灵激动与喜悦。更能从中寻找和汲取推动新的历史创造所需要的勇气、智慧、信心和力量。

回顾 30 年改革之路,镇江农村改革大体经历了 4 个阶段:第 1 阶段,1978 年至 1984 年,全市普遍实行了以家庭联产承包责任制为主的双层经营体制;第 2 阶段,1985 年至 1991 年,全面开展了农村经济结构调整;第 3 阶段,1992 年至 1997 年,确立了社会主义市场经济的目标,开始走上了市场化轨道;第 4 阶段,1998 年至 2008 年,明确了统筹城乡经济社会发展的基本方略,拉开了社会主义新农村建设的序幕。通过 30 年 4 个阶段的改革,土地承包解放了农业生产力,乡镇企业发展了农村经济,对外开放活跃了农村市场,税费改革促进了农民增收,城乡统筹引领了新农村建设。我们由衷地感到,改革开放政策是强国之策、富民之策,中国特色社会主义是中华民族崛起的根本和动力源,是农村发展和繁荣的必由之路。

1 30 年农村改革的主要成就

1.1 农业综合生产能力大幅度提高

主要农产品从长期短缺到品种丰富、供应充足,农副产品商品率大幅度提高。在耕地面积从 1978 年的 16.51 万 ha 下降为 2007 年的 14.83 万 ha 的前提下,粮食总产由 1978 年的 9.89 亿 kg 增至 2007 年的 10.8 亿 kg,增长了9.2%,尤其是油料,从 1978 年的 900.7 万 kg 猛增到 2007 年的 5 791.2 万 kg,增长了 6.4 倍。农业总产值(按 1990 年不变价)从 10.39 亿元提高到 28.1 亿元(现价为 80.06 亿元),其中,种植业产值(按 1990 年不变价)从 8.13 亿元提高到 13.64 亿元。农林牧渔综合商品率已高达 90%。

本文系 2008 年 9 月先后参加省、市纪念农村改革开放 30 周年座谈会交流材料,由屈振国、郭丹平、石铁流、骆树友等执笔。

1.2 农村经济结构日趋合理

劳动力就业结构发生巨大变化,工业化、城镇化水平不断提升。在稳定粮食种植面积的同时,优质高效经济作物比例逐年增加,2007 年,经济作物产值高出粮食产值 20% 以上。农村劳动力实现了大规模转移,从事第一产业劳力与第二、三产业劳力的结构比,由 1978 年的 85.36∶13.95 调整到 2007 年的 37.5∶62.5。乡镇企业异军突起,成为农村经济的重要支柱。全市乡镇工业总产值从 1978 年的 5 亿多元提高到 2007 年(现行价)的 1 653.6 亿元,占农村经济总量的 85% 以上,在全市国民经济总量中占据了"三分天下有其二"的地位。小城镇建设发展迅速,已成为农村经济健康、快速发展的重要载体。全市 41 个镇的集镇建成区面积平均为 2.9 km^2,人口平均为 12 000 人。各镇都修编了集镇总体建设规划和镇村布局规划,全市 7 379 个自然村规划为 1 606 个新居民点,拆迁合并率高达 78.2%。目前全市的城镇化率已达 59.1%。

1.3 农村基础设施建设取得了新突破

农业生产机械化水平有了大的飞跃。农机总动力和农业机械总值分别由 1978 年的 46.32 万 kW、1 575.25 万元,增加到 2007 年的 131.71 万 kW、6.8 亿元,增长了 1.09 倍和 42.17 倍,平均每亩拥有农机动力 58 kW。长江整治和江堤达标建设从零星治理走向系统治理。全市江堤 100% 达到抗御 1954 年洪水位的标准,为抗御从 1995 年至 1998 年连续 4 年的长江洪水奠定了坚实的基础,基本生产条件得到了极大改善。全市 605 个行政村和所有的自然村通上公路,不同等级的农村公路总里程 2 186 km,其中 98.1% 以上为混凝土和沥青路面,公路通畅率为 100%,99% 的农村通上客运班车。"九五"期间,所有的自然村实现通电;"十五"期间,41 个镇全部完成了农村电网改造,98% 的行政村用上了集中供水。89% 的镇有垃圾处理站,55% 的行政村实施垃圾集中处理,40% 的农村主干道有路灯。

1.4 农村各项社会事业取得了明显进步

城乡统筹方略全面启动。至 2007 年底,全市农村卫生服务体系健全率达 99.1%,新型合作医疗参保覆盖率达 98.8%,参保人数达 159.5 万人;养老保险参保人数达 37.4 万人,参保率 41.5%;所有的镇实施集中供水,98% 以上的行政村用上了自来水,农村改厕超过 80%;80% 以上的镇建成了约 1 000 m^2(省标为 600 m^2)且设施齐全的文化站,80% 以上的行政村建有 100 m^2 以上文化活动室,并配备了相关设施,90% 以上的镇有活动正常的特色文化队伍;100% 的行政村建有标准体育场地,并配备相关设施,近 3 年,全市各级用于农村体育设施建设的投资超过了 3 000 万元,超过了以往 15 年的总和;41 个镇、605 个行政村和 85% 的自然村都通了有线电视。

1.5 农民生活水平有了巨大提高

以市为单位实现了全面小康。随着农业和农村经济的全面发展,农民收入不断增加,2007 年农民人均收入达 7 668 元(现行价),是 1978 年 145 元(当年价)的 52.9 倍,其中工资性收入 4 593 元,家庭经营纯收入 2 541 元,转移性收入 398 元,财产性收入 137 元,人均生活消费支出 5 842 元。2007 年农民住宅楼房占 75%,人均住房面积 46 m²,其中钢筋混凝土结构占 87%。农民出行的代步工具已从 20 世纪 90 年代的自行车为主到现在的电动自行车或摩托车为主,有生活用汽车的农户已达 5% 以上,并呈逐年加快增长趋势。到 2007 年底,省定的四大类 25 项全面小康目标,我市以大市为单位已有 23 项达到或超过省定标准,基本上实现了全面小康。

2 30 年农村改革的特色工作

农村改革 30 年,镇江取得了改革发展的伟大成就和显著变化,在这个过程中,镇江的许多特色工作在省内外产生了重大影响。

2.1 与苏锡常并列起步的乡镇工业特色显著

镇江是乡镇工业的发源地之一,20 世纪 70 年代、80 年代到 90 年代,全市乡镇工业的规模列于苏、锡、常之后。经过改制以后,大多成为股份制企业,这几年农村民营企业有了较快发展。目前,全市乡镇企业、民营企业和个体工商户 11 万户,注册资本 354 亿元,吸收农民就业 60 万人,其中 85% 是本地农民,全年劳动者工资性收入达到 60 亿元。在乡镇民营企业中,已有一批如大全集团、飞达集团、天工集团、沃得集团、华威集团、鱼跃集团等年销售 50 亿以上的规模骨干企业,带动了一批经济强镇、强村的迅速崛起。

2.2 龙型经济领全省农业产业化之先河

20 世纪 70 年代、80 年代,以龙山鳗联为代表的龙型经济开创了镇江乃至全省农业产业化的先河,"3658"育龙工程在省内外产生重大影响,全省农业产业化经营现场会在我市召开。目前,全市拥有国家级、省级龙头企业 17 家,市级龙头企业 57 家。以"公司 + 基地 + 农户"为主导形式,建立起紧密型利益共同体,形成农业生产产业链,通过龙头企业对农产品的精深加工,增加农业的附加值;同时,通过形成"利益共享、风险共担"的联接机制,使农民不但从种植业生产中获益,还能分享加工流通环节的利润,提高收入。比如,2007 年与大亚木业、恒顺集团等龙头企业合作的农户达到 4 万户,占全市农户总数的 10%,户均收入 1.8 万元,比普通农户增收 26%。

2.3 丘陵特色农业蜚声省内外

依靠镇江独特的丘陵资源,近年来,以每年新增高效农业面积 15 万亩的速度,着力形成"一大板块""六条走廊"的全市高效农业规模化发展总体布局,即:

打造句容东南部、丹徒南部、丹阳西部30万亩高效农业板块;建设沪宁高速公路沿线、122省道沿线、丹西公路沿线、扬中环岛、句茅路沿线、镇荣路沿线现代农业走廊;依托镇江的"山""水"资源优势和优越的生态环境,大力发展丘陵高效园艺业、健康肉奶业、圩区特色水产业及城郊观光农业。高效农业规划面积占全市耕地总面积的35%。胡锦涛总书记亲临镇江视察丘陵特色农业,全省发展高效农业现场会亦在镇江召开。

2.4 "双清双美"活动赢得广泛赞誉

从2004年起,全市农村开展了以"清洁村庄,清洁城镇,美化家园,美化环境"为主题的农村环境卫生综合整治活动。通过"双清双美"活动,全市农村环境卫生面貌有了较大改善。整治活动全面推行垃圾"组保洁、村收集、镇转运、县处理"的集中处理模式。目前,全市已配保洁作业人员9 518人,占应配总数的95.4%;已建垃圾箱房(池)20 330个,已建和在建垃圾转运站44座,购置配备垃圾运输密闭车81辆,垃圾清运车832辆,总投入达1亿元,初步建立了长效管理机制。"双清双美"活动的开展,不仅净化、美化了农村环境,极大改变了农村环境,同时也改善了党群、干群关系,赢得了广大老百姓的交口称赞,受到省委主要领导的充分肯定。

2.5 "双百工程"成为新农村建设的有力抓手

社会主义新农村建设开展以来,镇江已经形成了市指导、辖市区组织、镇主抓、村实施、各行各业支持、农民群众参与的工作机制。全市开展了"百村示范、百村帮扶"(简称"双百")工程,实行领导联村、部门挂村、企业援村的帮扶机制。市四套班子领导成员36人,带领113个市直部门企业,挂钩结对了72个村;由辖市、区按照市的模式再结对帮扶128个村,形成了责任明确、整体联动、合力推进的良好局面。实施"双百"工程,产生了三方面的积极效应:一是强化了各级领导重视和关心"三农"问题的责任意识,市四套班子领导带挂钩部门、企业前往联系点调研指导每年都在5次以上,部分领导达9次之多,很多领导亲自督查项目落实情况。二是调动了社会各界争相支持新农村建设的积极性,中国移动镇江分公司投入4 000万元,在镇江农村推广"农信通",用手机传播农村致富信息,目前用户已发展到15万人,使农民得到了及时的信息服务。三是加快了新农村建设的进程,实施"双百"工程以后,农村道路畅通了,农村环境变美了,农民收入提高了,农民得到了真正的实惠。

2.6 "三百"行动助推镇江农村新一轮发展

为使社会主义新农村建设由点到面全面推开,在实施"双百"工程的基础上,镇江与时俱进地提出了"三百"行动,即"百企百村百亿"行动,就是通过3年努力,确保全市每个村都与一个规模企业结对,达到"百企结百村、合作达百亿"的目标。2008年,与规模企业结对的村达60%。通过村企合作持续推进,全市"三资"投入农业每年要达到 30 亿元以上,设施农业面积每年增加 30%,村级集体经济收入每年增加 20%,农民收入每年增加 15% 以上。推进"百企百村百亿"行动以来,已有 119 个村与 128 个企业挂钩合作,全市 67 家农业龙头企业已有 37 家与 66 个村建立了合作关系,合作项目 80 个,总投资 2.84 亿元。全市 605 个村,目前已挂钩 546 个,占村总数的 90.2%。

3　30 年农村改革的基本经验

综观 30 年来镇江农业和农村取得的巨大成就,从根本上说,归功于邓小平理论、"三个代表"重要思想和科学发展观的指导,归功于党的农村政策。全市各级党政组织团结和带领广大人民群众,解放思想,实事求是,全面贯彻党在农村的各项方针政策,不断推进农村改革,极大地发展了农村生产力,才有了今天这样的局面。在工作推进上,形成了许多宝贵的经验。

3.1　始终把"三农"放在工作的首位,坚持重点推进

把农民、农业和农村"三农"工作放在各项工作的首位,是我党长期坚持的一个好传统。尽管二、三产业所占比例不断上升、农业所占比例不断下降,镇江各级党委政府始终没有放松农业,一直把农民、农业和农村工作列入重要的议事日程,自上而下形成了强有力的组织指挥体系,加强和改善对农业和农村工作的领导,强化农业的基础地位,出台发展农业、农村的政策,健全增加农业、农村投入的机制,为全市农村经济的稳定增长和农村的快速发展提供了有力的保证。

3.2　从农民最渴望解决、最直接受益的事情入手,坚持务实推进

务实,就是尊重农民的意愿、尊重客观实际,把造福农民作为"三农"工作的出发点和归宿,不做表面文章、不搞形式主义,为农民多办实事、多做好事、多解难事,让他们切身感受到实惠。组织实施"工业强镇富村"工程,就是要大力发展村镇工业经济,培植更多的规模企业,壮大镇村经济实力,让更多的农民进厂务工,就地转移,增加工资性收入。组织实施"双清双美"工程,使污染的河水变清澈了,陈年的垃圾被清除了,露天的粪坑越来越少了,村庄的路灯重新亮了起来,生产的环境变得更美了。这些农民看得见、摸得着的变化,提高了他们对新农村建设的认同度、支持度和参与度。

3.3　充分调动全社会的力量和积极性,坚持合力推进

在工作中,建立了市指导、县组织、镇主抓、村实施、各级部门各单位支持、农民群众参与的工作机制,建立了领导联村、部门挂村、企业援村的帮扶机制,形成了责任明确、整体联动、合力推进的良好局面。组织实施"双百"工程,就是要充分调动机关部门、企事业单位和社会各界的重视、支持和参与"三百"的积极性,从而营造人人参与、全社会出力的浓厚氛围。

3.4　着力解决实际中面临的突出问题,坚持克难推进

规划到位难、农民参与难、资金筹集难、长效管理难等都是农村工作实践中遇到又必须解决的实际问题。为了化解这些问题,组织实施了"村庄整治"工程,一手抓规划编制,一手抓建设试点,抓住了规划与建设的结合点,逐步将散乱无序的自然村落集中建成地域特色明显、基础设施配套的农村新社区;组织实施"四型"特色高效农业规模化工程,引导和帮助农民围绕高效农业规模化目标,加快农业结构调整,大力发展基地型、加工型、合作型和观光型特色农业,促进农业增效、农民增收、农村发展。为了抓好"双清双美"工程的长效管理,在每个镇成立环卫所,并要求按镇区总人口 2% ~5% 配备环卫人员,以村为单位成立卫生保洁小组,实现了村收集、镇中转、县处理的环卫工作机制。

3.5　注重发挥农村基层党组织的堡垒作用,坚持创新推进

为了适应新农村建设的形势需要,积极创新农村基层党建的思路和方法,努力增强农村基层党组织的凝聚力和战斗力,为新农村建设构筑坚强的组织保障。市委制定下发了《关于加强改进党的基层组织建设的意见》,市县两级共设立年度基层党建工作专项资金 1 400 万元,其中,市财政每年核拨 500 万元;积极探索村级党组织设置的新形式,特别是村企联合建立党组织,既推动了村级工业规模经济的发展,又反哺了农业生产和农村建设;切实关心培养优秀"村官"。全市建立了村定额干部基本报酬县乡财政统筹发放制度,全面办理了基本养老保险,有条件的地方还为村干部办理了基本或住院医疗保险。全市先后有 20 名村书记被提拔进乡镇、街道党政领导班子或被招录为公务员。

4　30 年农村改革的重要启示

30 年农村改革的奋进历程,饱尝艰辛和喜悦,从中获益匪浅,给了我们太多的启示。

4.1　始终坚持"两尊"

坚持尊重群众,尊重实践,依靠群众推进农村改革和发展。回顾 30 年的光辉历程,很重要的一条就是改革过去过多的行政命令和行政干预,遵循解放思想、实事求是的思想路线,鼓励和支持农村基层干部和群众从实际出发,大胆实践,大胆探索。发展龙型经济是镇江农民的一大创造,以龙山鳗联为代表产加销一条龙的农业产业的发展,是镇江农业和农村改革对全省乃至全国的一大贡献。在农村开展"双清双美"活动,通过百日整治形成长效管理机制是镇江的一个鲜明特色。通过"双百"工程、"三百"行动的实施,使社会主义新农村建设有了有效抓手和载体,也是镇江新农村建设的显著亮点。因此,镇江素有"小镇江、大农村"之美誉。所有这些新事物、新经验,说到底无一不是来自农村干部群众的伟大创造。

4.2　努力突出"两心"

以经济发展为中心,以农民增收为核心。这"两个心"是农村的首要任务和根本任务。建设新农村绝不仅仅是建新房、修马路,而最重要、最本质的内容是发展农村生产力、壮大农村经济、增加农民收入。没有农村经济的发展,村庄建得再漂亮,也只是"饿着肚皮跳芭蕾";没有农民收入的持续增加,生活宽裕、村容整洁、乡风文明就会失去起码的依托和支撑。

4.3　坚持发挥"两主"

任何时候,任何情况下抓农村工作就是要发挥好政府主导和农民主体的作用。作为"三农"工作的组织者和推动者,各级政府要努力在资源配置上、建设规划上和制定政策上发挥好主导作用,简单地讲,政府要做农民一家一户做不了的事情。比如,2006 年出台的《镇江市加快推进社会主义新农村建设的若干意见》,就是一个含金量高、激励性强的政策意见,当年,仅市级就新增财政资金3 000多万元支持"三农"发展,市本级还设立 1 000 万元新农村建设专项资金。农民是新农村建设的主体,也是新农村建设的主要受益者,必须引导、鼓励他们在新农村建设中唱主角、当主力。如果光是上面热、干部热,农民这一头不热,"三农"工作就会缺乏内在的动力。

4.4　注重建设"两件"

农村必须坚持经济和社会协调发展,"硬件"和"软件"同步建设。在"硬件"上要重点加强乡村公路、农田水利、工业集中区、农村能源和农村生态建设。在"软件"上,要着眼于协调发展、和谐发展、可持续发展,扎实推进农村精神文明建设和体制机制创新,切实加强农村基层组织和民主法制建设。

4.5　牢牢抓住"两头"

既要抓示范村,做锦上添花的事;更要抓贫困村,做雪中送炭的事。要抓两头带中间,以点带面,使新农村建设的成果惠及农村的全体农民群众。组织实施"双百"工程,出发点和着眼点就在于此。参加"双百"工程的所有领导、企事业单位不仅要帮助100 个经济实力较强、各方面基础较好的村争创省、市、县三级新农村建设示范村,更要动脑筋、下功夫、多投入扶持100 个经济薄弱村发展生产、脱贫致富,使他们加快发展,赶上全市新农村建设的步伐。

改革创新 破解难题
力争镇江农村改革发展走在全省前列

党的十七届三中全会发出了全面推进农村改革发展的动员令,把新农村建设推到了新的历史起点上。会议确定的到 2020 年我国农村改革发展目标,展示了一个现代文明的新农村景象:现代农业建设取得显著进展,农业综合生产能力明显提高,国家粮食安全和主要农产品供给得到有效保障,农民人均纯收入比 2008 年翻一番⋯⋯

扎实推进新农村建设,必须创造性地贯彻落实好十七届三中全会精神,在实际工作中加大政策研究,大胆探索,破解一系列难题,力争镇江在新一轮农村改革发展中不落后,走在全省前列。

1　解决农民增收长效机制问题

去年,我市农民人均收入达到 7 668 元,但相对城市居民人均收入 16 775 元,城乡居民收入差距进一步拉大。虽然国家对解决"三农"问题政策上一再倾斜,为农民发放种粮补贴、良种补贴、农资综合补贴、农机补贴、养猪补贴等,由于农业生产资料涨价过快,种地成本较高,粮食价格低迷,农民增收仍然有限。农民外出打工,劳动力比较廉价,工资收入明显低于社会平均工资水平,而且工作也不稳定。为此,必须加强和改善对农业农村发展的调控和引导,加大对农业基础建设的支持和农产品价格的保护力度,提高农民政策性收入水平;加快现代农业产业体系建设,依靠现代农业产业的快速推进,提高农民经营性收入;大力发展乡镇工业,就地吸纳农民就业,推行工资协商制度,增加农民的工资性收入;进一步制定优惠政策,拓展农民创业基金,鼓励农民创业,增加农民的财产性收入,努力在 2015 年实现农民收入翻番目标。

2　解决农村社会事业问题

2.1　教育是民生之基

孩子上学,仍是农民较大的一笔开支,因学致贫的情况,仍在一定程度上存在。要进一步加大对教育的投入,完善贫困生资助政策体系,让所有的孩子都能无忧无虑地读书,让所有的家长不再为学费发愁,让所有的校门都对莘莘学子敞开;努力在 2015 年实现九年制全免费义务教育。

本文系我于 2008 年 11 月参加省委农工办系统农村改革发展座谈会发言材料。

2.2 医疗是民生之急

因病致贫在农村带有一定的普遍性。新的医改方案不但要包括农民,真正实现"全民医保",而且要合理分配公共卫生资源,把医疗卫生事业重点放到农村去,切实改变农村缺医少药的状况,较大幅度地提高农村合作医疗标准和报销范围,让更多的农民获得实惠。

2.3 文化是民生之魂

既要解决农耕文化的挖掘传承,也要解决现代文化的传播问题。一方面新一代农民对传统的农耕文化知之甚少,必须使中华优秀的农耕文化精髓得到有效弘扬;另一方面,必须把优秀的现代文明成果为广大的农民所享受,在戏曲广播、电影电视、网络信息、图书画作等方面覆盖到农村每一个角落,为农民提供丰富多样的精神食粮。

2.4 养老是民生之依

实践证明,家庭养老靠不住,社会养老才是"保险箱"。虽然农村实行了最低生活保障,由于没有参加社会养老保险,农民仍存在养老难的问题。要从农民工和乡企职工做起,逐步把农民纳入到社会养老体系,使他们生老病死有个依靠。

3 解决农业适度规模经营的瓶颈问题

现代农业的一个重要特征就是规模经营。要实现规模化经营,必须因地制宜,根据不同项目采取不同方式:对粮油生产,通过专业化服务方式实现;对高效设施农业,通过专业合作、土地股份合作方式实现;对畜禽、水产养殖,通过养殖小区、规模养殖实现。同时,要突出解决土地规范流转问题。而当前土地流转的范围主要集中在本组、本村,本镇的都很少,因此土地流转的范围很小,农民从土地流转中获取的收益比较少,因此需要建立一个比较完善的土地流转市场,像其他要素市场一样,能够通过竞价,使农民获得较多的流转收益,保障农民的合法权益和收益。建议建立市、县、镇三级农用土地交易中心,根据区位、农业基础设施状况、土地质量和规模挂牌招标竞价,推进有偿转包、业主租赁、分季流转、土地入股、土地互换等,为农业规模化、集约化、高效化经营提供广阔空间。

4 解决现代农业的市场竞争主体问题

新农村建设需要人才,尤其需要"领头羊",必须培育一批能够带领广大农民发展现代农业的市场竞争主体。优化配置资金、技术、管理、市场等要素资源,需要一大批农业龙头企业、合作经济组织、乡村能人、工商和外资企业的介入。目前,我市正在开展的"三百"行动和"三千"计划,目的就是为了引进发展现代农业的"领头羊",提高农业的组织化程度。工商资本投资现代农业,能带来资

金、技术和人才，打破农村现在一家一户分散经营的状况，把农村变农场，把农民变工人。农民以土地入股获得分红，或者出租土地获得租金，农民通过在农业公司里工作来获得工资与奖金，以社会养老金等作为社会保障，这样，工商资本就能与农业资源要素、与科技和人才联姻，各得其所，实现多位一体的共赢。因此，必须加强宣传，营造村企结对的良好环境；落实政策，增强村企结对的信心；创新机制，拓宽村企结对的途径；招商引资，集聚吸纳市外资本、境外资本，投资开发我市农业；转变作风，提供优质服务，努力形成"三资"投资现代农业的良好氛围，充分调动村企结对积极性，激发村企结对创造力，推动村企合作从自发走向自觉。

5　解决新农村建设投入稳定增长机制问题

建设现代农业和新农村，需要投入大量资金。一是要全面落实"三个大幅度提高"的要求，切实增加对农业农村的投入；二是要整合和优化配置支农资金，集中有限财力有的放矢地为农民每年办几件实事和好事；三是优化政策性资金的支持办法，统筹兼顾国家利益和农民利益，把有限的资金用在刀刃上；四是建立以城带乡、以工促农的长效机制，鼓励社会资本积极投资农业，建设新农村；五是创新农村金融体制机制，积极发展小额信贷、资金互助、村镇银行等新型金融组织，增加农业农村有效信贷规模。辖市区是多渠道投入的资金汇聚点，可以辖市区整合财政支农资金，将本地现代农业和新农村建设项目统一包装论证上报，经省、市有关部门"一揽子"审批后，在严格监管的前提下由辖市区直接投放到项目实施主体。这种"一站通"的投入方式，有利于保证支农资金及时足额到位，有利于提高资金使用效益。

6　解决新农村建设的绩效考核问题

《决定》提出："完善体现科学发展观和正确政绩观要求的干部考核评价体系，把粮食生产、农民增收、耕地保护、环境治理、和谐稳定作为考核地方特别是县（市）领导班子绩效的重要内容。"新农村建设的成效如何，群众心中有杆称。因此，必须以农民需求为出发点和归宿点，以科学发展观为指导，建立新农村建设的绩效考评机制。在推进新农村建设中，牢固树立以人为本理念，从那些符合农民意愿、带给农民实惠、得到农民拥护的实事好事入手，着力解决农民生产生活中的实际问题，让农民真正分享新农村建设的成果。今年春，镇江市委办、政府办联合下发了"新农村建设村级评价办法"，坚持从农村实际出发，制定了五大类30项考核指标，符合《决定》要求，应当将此考评办法作为近三年对各级党委政府的考核依据。各地各有关部门，应抓紧时间，对照指标，努力完成新农村建设年度各项目标任务。

7　解决村级组织凝聚力战斗力问题

家庭联产承包责任制和扁平化的市场运行模式,导致村、组两级人力、物力、财力、领导力薄弱。目前,不少村民小组的组长仅仅是挂名而已,近 1/3 的村级组织人员少、收入少、负债多、事情多、战斗力差,失去了做事的动力和条件。为此,要大力发展村级集体经济,通过优化集体资源要素,发展物业、服务和合作经济,努力使每个村集体经济收入达到 50 万元以上;强化落实《关于加强改进党的基层组织建设的意见》,积极探索村级党组织设置的新形式,促进农村资源的合理配置,大力推进村企合作,有条件的地方要积极推进村企合一;加大财政转移支付力度,确保村级组织战斗力的逐步增强;进一步落实"126"工程,积极选派优秀大学生到村任职,尽快实现一村一个大学生村官。

8　解决党领导农村工作体制机制问题

《决定》明确提出:"强化党委统一领导、党政齐抓共管、农村工作综合部门组织协调、有关部门各负其责的农村工作领导体制和工作机制。""党委和政府主要领导要亲自抓农村工作,省市县党委要有负责同志分管农村工作,县(市)党委要把工作重心和主要精力放在农村工作上。""加强党委农村工作综合部门建设,建立职能明确、权责一致、运转协调的农业行政管理体制。"这是新世纪以来中央就党领导农村工作体制机制问题阐述得最明确、最具体的一次,我市要根据农村改革发展的新形势、新要求,切实解决好党委农村工作综合部门建设问题,理顺体制,明确职能,"在政策制定、工作部署、财力投放、干部配备上切实体现全党工作重中之重的战略思想,加强对农村改革发展理论和实践问题的调查研究,坚持因地制宜、分类指导,创造性地开展工作"。

从金融危机下的返乡潮看农民工问题

去年9月后,随着国际金融危机对我国外向型实体经济影响的逐步显现,加上其他因素的综合影响,返乡农民工规模不断扩大,引起了各级政府的高度关注。今年以来,国家和地方采取了多种鼓励农民工创业就业政策,同时拉动内需的措施作用显现,春节后,农村劳动力外出务工的总体趋势并未在根本上改变,但其中反映出的新特点及深层次问题值得关注。

1 农民工返乡的基本特点

随着我国社会主义市场经济体系的确立,自20世纪80年代中期开始,我市农民工就长期处于"亦工亦农、亦城亦乡"的"候鸟式"流动状态,其返乡行为始终与其外出行为长期共存,形成了农村劳动力流动的基本特点。据第二次农业普查和劳动部门监测结果,75.9%的农村家庭中有成员曾有非农就业经历,而目前有成员从事非农职业的家庭约占64.9%。就个人而言,92.5%的人有过非农就业的经历,其中近20%的人在从事非农职业后回乡务农,目前仍有69%的农村户籍人口正在从事非农职业。而这次农民返乡与以往相比,则呈现出不同的特点。

1.1 突发性与周期性并存,呈现出集中性、规模化特征

受国际金融危机影响,2008年9月开始,农民工返乡的集中性、规模化特征初现。据监测,到去年年末,我市外出务工总人数为19.38万人,因金融危机而返乡的农民工1.09万人,占外出务工总数的5.6%;2009年1月底,因春节假期等原因返乡的农民工大致占外出务工总数的76%。可见,农民工集中性、规模化返乡的原因主要是由国际金融危机下部分企业的倒闭停工引发的。同时,农民工规避春运高峰,致使春节周期性返乡行为时点提前,也扩大了返乡规模。因而,此次农民工返乡总体上呈现出突发性返乡与周期性返乡并存的新特点。

1.2 集群性和地域性并存,呈现出地区性、行业性特征

据调查,农民工返乡潮中,沪浙、苏锡常是农民工返乡的主要来源地,分别占20.0%和52.6%。从行业上来看,制造业特别是以电子、玩具为主的出口加工业的失业返乡比例最高;而以建筑、餐饮为主的服务行业则以春节度假返乡的比例占多数。如果以去年12月底为分界点,则表现出该时点之前以从浙江、苏州及珠三角地区失业返乡为主,该时点之后则表现为从各地和市内过节返乡农民工比例大幅提高。农民工返乡行为不仅表现出流入地上的地区性、行业性特征,

---

本文原载于中共镇江市委研究室《调查研究》(2009年5月),系为市委市政府提供决策参考。

在流出地上同样表现出类似差别。由于农民工外出务工有较强的集群性,即来自同一地区的农民工往往更多地集中在某一特定流入地区或者行业务工,因此去年四季度的农民工返乡潮也出现了地域性的差异:丹阳南部、丹徒东部和句容西北部以在苏锡常宁和沪浙的外向型企业就业的农民工为主的乡镇,其农民工返乡比例较高;而丹阳西部、丹徒南部、句容东南部以在建筑、洗浴、餐饮服务业就业为主的乡镇则没有出现规模性农民工返乡现象。

1.3 外出务工与就地转移并存,呈现出趋于理性外出务工的特征

金融危机并没有从根本上改变农民工外出务工的基本趋势。截至2009年3月底,返乡农民工中已有97%的人实现就业,其中62%的人选择到外省市务工,37.5%的人选择留在本市务工,只有0.5%的人准备在家务农。目前,返乡农民工中已有64.4%的人参加了各类培训。这次金融危机引发的农民工返乡潮,使农民工的外出务工行为更趋谨慎和理性。具体表现为:已经外出的农民工对于用人单位的选择更为谨慎,以期规避因企业关停、裁员造成的失业风险;少数尚未外出主要是以前远途打工的农民,则采取在家等待消息的方式寻找再次外出务工的机会,以减少外出求职的成本;还有一些外出的农民工采取实地考察的办法,到几个备选的务工地点了解务工条件和工资待遇,然后确定其务工岗位。此外,今年以来,农民工外出务工的工资收入有所下降。原在沪浙、苏州、无锡的农民工月工资有1 500～2 500元,而金融危机后下降到1 200～2 000元,南京的工资甚至只有800～1 500元。因此,农民工对务工报酬的较高预期与现实中的低工资之间存在的差距,也成为许多外出农民工在选择就业岗位时采取谨慎和理性态度的原因之一。

1.4 创业与就业并存,呈现出返乡创业意愿增加的特征

农民工返乡创业是以往农民工回乡就业的形式之一,据不完全统计,此前农民工返乡创业比例约占外出打工农民总量的1.5%。返乡创业比例较低的原因,一方面在于大部分外出务工农民缺少足够的资本;另一方面是他们外出务工有相对较高且固定的收益,因此放弃固定收益而返乡创业,将会使他们面临较大的风险。但这次金融危机引发返乡潮之后,产生了有利于农民工返乡创业的积极变化。一是政府对农民工返乡创业的大力扶持,提高了农民工返乡创业的良好政策预期;二是外出务工的收益降低,使得农民工对务工的风险也有了新认识,对创业风险的规避心理有所缓解;三是目前物价包括工价处于相对低位运行,创业成本相对降低,有利于初始创业。因此,在这次返乡农民工中,返乡创业意愿有所提高。据初步调查,在去年10月到今年3月间受金融危机影响而返乡的农民工中,有2.54%的人有创业意愿。

2 农民工流动的突出问题

因国际金融危机而直接导致的农民工失业规模在我市很小,但暴露出的农

民工外出务工种种新问题值得深思。

2.1 青年农民工宜工(商)不愿农

农民工群体在近30年的发展中,其外出务工表现出3个阶段性特征,即非农收入→非农就业→非农职业阶段。农民工从刚开始的为寻求非农收入作为务农收入的补充,农闲务工、农忙返乡阶段,发展到以非农就业为主要收入来源、农业逐步成为家庭副业的兼业阶段,出现了以个人常年在外务工、家人在家务农的情况,而目前则表现出更加重视非农就业的职业性,开始寻求其非农就业职业化、离农发展的特点,出现了以家庭为单位的流动,夫妻双方围绕着职业化务工来安排家庭生活。这种变化说明,劳动力与土地要素的结合正在转变为劳动力与工商业资本的日益紧密的结合。特别是80后"新生代"农民工与上一代农民工相比,在务农能力、"农民"身份认同、非农职业化需求等方面表现出明显差异:青年农民工"宜工宜商不愿农",他们较少参与农业劳动,即使返乡后在家待着也不愿意务农,因为他们感到在外务工一个月的工资就相当于在家种一年地的收入;与上一代农民工所具有的"农民"身份认同不同,许多青年农民工不甘认同自己的农民身份;与上一代农民工定点定时往返的"候鸟式"流动不同,青年农民工选择在城市或城镇间长期穿流。由于土地不再是他们的生存基础,因此他们更加重视非农就业,寻求非农就业的职业化发展。所以,即便是在国际金融危机的影响下,青年农民工也不会轻易放弃他们的"市民梦"。

2.2 多数农民工缺乏过硬的职业技能

由于农民工多数缺少足够的职业技能,其收入也未能随着工作年限的增加而增长,长期维持在较低水平,在年龄渐大、体力衰退后则呈快速下降趋势。这是由农民工、企业和政府都没有规划农民工的职业生涯共同造成的。农民工因文化水平相对较低,对职业的认识并没有很清晰的思路,只要有相对较高和稳定收入的工作,无论条件多么恶劣,劳动强度多么大,都会成为他们的选择,自身的条件限制了他们做有效的职业规划;企业则以追求成本最小化为目标,且没有培训农民工和帮助他们做职业规划的职能,多以市场化机制选择对他们有用的劳动力;政府则视农民工为城市就业的补充,他们最终的归属是农村,最终的职业还是种田。因而,缺少稳定的职业规划和系统的职业技能培训也使得他们没有相对过硬的工作技能,多从事低层次的工作,在社会分工越来越细的生产过程中、在应对诸如国际金融危机之类的外部冲击之时最容易被淘汰。

2.3 农民工流动缺乏有效的组织

尽管我市城乡劳动保障体系初步健全,但对农民工的流出、流入和返乡缺乏有效的管理,服务尚不够到位,农民工有序流动的组织化程度还比较低,大部分农民工外出是一种自发行为,依靠的主要是自己的社会和亲属网络,在其身份转变及非农就业的职业化过程中,劳动保障系统并未能帮助他们实现转换和跨越,在就业信息提供、职业技能培训、职业生涯规划等方面还远不适应需要,并不能够真正应对市场变动的风险。

2.4 农民工权益得不到根本保障

长期以来,农民工由于流动性大、工作不稳定等原因,始终被排除在城市的社会保障体系之外。由于农民工的弱势地位,又缺少可靠的组织保障,农民工为求得相对稳定的就业,获得相对稳定的收入来源,不得不在福利待遇和家庭生活方面迁就,很少诉诸法律。据不完全调查,在外出农民工中,得到医疗保险和养老保险待遇的不足 35%,农民工子女能随身带并享受与市民子女同等教育待遇的不足 25%。部分"空壳村"留守老人的照料、留守子女的教育、家庭的和谐及农村社会的稳定受到很大影响,农民工的后顾之忧并未从制度上得到根本解决。

3 促进农民工稳定就业的主要措施

国际金融危机给产业升级带来了现实压力,出口产品要提升国际竞争力,必须降低成本特别是劳务成本,提高科技含量;目前正处于新一代独生子女的就业高峰,而大中城市的人口吸纳能力有限,农民工自身在社会发展、代际更替的影响下,出现了新的职业化需求。因此,当金融危机等突发事件出现时,农民工群体的去向便成为社会关注的重大问题,有必要尽快从农民工职业化发展、就业载体、社会保障和服务平台等方面统筹考虑。

3.1 加快发展经济,创造更多的就业岗位

发展是消化农村劳动力的最佳途径。一方面,要抢抓经济跨越发展契机,加快基础设施建设,加速企业转型升级,以大项目带动大就业;国家拉动内需项目、城乡基础设施建设项目和新增公益性项目的就业岗位要更多地使用农民工,组织返乡农民工积极参与农村道路、农田水利、农村环境、农民健康、农村文化等民生工程建设,帮助返乡农民工在家乡实现再就业。另一方面,要大力提升民营经济体量。通过发展民营和个私经济,发挥中小企业吸纳劳动力的作用;引导返乡务农的农民工发展规模高效设施农业,领办或进入农民专业合作组织,实现返农致富不返贫。

3.2 大力鼓励创业,发挥创业带动就业的倍增效应

创业是就业之源,民生之本。要鼓励、引导返乡农民工特别是青年农民工自主创业,认真贯彻落实省政府《关于促进农民就业创业的意见》和省政府办公厅《关于开展以创业带动就业工作的实施意见》,加快建立政策扶持、创业培训、创业服务三位一体的工作机制。对返乡农民工中有资金实力、创业愿望、创业能力和一技之长的,要积极为他们开展创业指导和培训,在创业项目开发、市场准入、工商登记、创业贷款、税费减免、用地用电等方面,实行联合审批、限时办结和承诺服务等"一条龙"服务,降低创业门槛,将农民工创业用地纳入城乡发展和土

地利用总体规划,在镇工业集中区建设廉租厂房,建立农民创业园,为农民工创业提供"绿色通道";在遵循市场经济规律的前提下,基层政府要就近在大中企业与农民工初创企业间牵线搭桥,为农民工创业在市场、技术等方面提供帮助,以提高农民工创业成功率。

3.3 政府购买公益性岗位,实现困难家庭的稳定就业

高度重视"举家返乡"的农民工家庭,在自愿申报、逐级审核、公示确认的基础上,将他们纳入"零转移家庭"动态就业帮扶范畴,及时发放《就业失业登记证》,凭证享受城镇就业再就业扶持政策,优先为他们提供职业指导、就业培训、岗位信息,确保在最短时间内实现一人就业,促进农民工返乡不失业、返乡再创业、返乡能就业。采取政府购买保洁、保绿、保安等公益性岗位的办法,帮助农村零转移家庭中特殊困难劳动力实现稳定就业。

3.4 加快小城镇建设,打造农民工稳定转移的就业载体

长期以来,我市城镇化滞后于工业化发展、工业发展又滞后于周边城市,造成了农民工流动务工相对较多的现状。因此,必须在大力发展二、三产业的同时,以实施"万顷良田建设"工程为契机,以推进农村"三集中"为手段,加快小城镇建设,增强其集聚功能,让更多的农民离土不离乡,返乡不返农,实现稳定转移,持续就业,真正实现农民身份向市民身份的转变。

3.5 完善创业就业机制,为农民工稳定就业提供有效保障

3.5.1 技术培训机制

结合本地企业需求实际,开展"订单式""定向式"专业技能培训,通过实行初级务工课程免费、高级创业课程自费等有效培训模式,提高对现有农民工群体特别是青年农民工职业培训的针对性、实用性,增强他们的就业竞争能力。同时,为农民工更好地融入城市,开展以人文、励志、职业生涯规划、传统文化等为内容的新市民培训,提高农民工综合素质。

3.5.2 组织服务机制

建立以市场导向为基础的城乡统一的多元化就业信息交流平台,使农民工流动信息监测长期化、规范化和制度化。加强输出地与输入地的对接,将来自企业和市场的就业信息,通过政府渠道与农民工实现信息共享,避免农村剩余劳动力沉淀,引导农民工正确自主择业,有利于实现政府、农民工、企业等多赢局面。

3.5.3 权益维护机制

组织由专家学者、执纪执法和农业、金融、劳动保障部门人员参加的专家咨询团,免费为农民工提供项目信息、就业指导、信贷支持、政策法律等方面的个性化和专业化的权益咨询维护服务。建立农民工就业创业保险机制,增强他们对灾害和突发事件的风险抵御能力。

3.5.4 社会保障机制

消除对农民工的歧视,不断完善其与城市职工享有同等的社会保障体制,加大户籍管理制度的改革力度,将农村土地流转与户籍制度、社会保障制度对接,推进"双置换",帮助农民工完成从农民到工人的职业转变,进而彻底解决其后顾之忧。

创新机制出活力

——镇江市健全工作机制推进"三农"跨越发展

"三农"工作是重中之重,但往往认识上重要,摆位上次要。如何阻止这惯性,扭转这一现状?近年来,镇江市以机制创新,确保"三农"摆位,增强了活力,开创了"三农"工作新局面。高效农业规模化大力推进,截至今年10月,全市高效农业面积88.06万亩,占全市耕地面积的34.1%;农民人均纯收入连续5年实现两位数增长,去年增幅达到13.5%,全省第一;今年9月底,全市农民人均现金收入8 295元,同比增长11.2%,增幅苏南第一;农村"三大合作"迅速发展,截至10月,全市农民专业合作组织已突破1 000家,入社农户11.8万户,占全市农户的21.1%;土地流转有序推进,"稳制活田、三权分离"成效显著,全市累计流转土地45.9万亩,占全市耕地面积17.8%;以村集体年收入不低于15万元、贫困户年收入不低于2 500元为目标,脱贫攻坚"两消除"工作成绩斐然,到年底全市贫困村和贫困户有望全面实现脱贫。

1 目标引领机制

事业凝聚人心,发展催生压力。为强化各级党委政府、各部门深化"三农"发展的紧迫意识,镇江市认真贯彻十七届三中全会和中央、省1号文件精神,结合本市实际,制定了关于《加快推进农村改革发展的实施意见》,并配套制定了现代农业、农村"三集中"、农业合作组织建设、农村劳动力转移、发展村级集体经济、土地流转和加强基层组织建设等7个实施办法和农村实事工程5个实施方案,形成了2009—2012年农村改革发展政策体系。在政策体系中,镇江市高度重视引入科学的管理理念,对"三农"的各项工作,突出目标考核,一方面,坚持总目标引领发展、引领方向,提出了四年实现跨越的总要求,并围绕实现跨越,对2009—2012年各年度的阶段性目标做了细化和明确;同时,将目标纳入辖市区、乡镇和各级部门发展考核的指标体系,列入各级党委政府年度考核内容,还制订了各辖市区和市各农口部门农业农村工作跨越赶超目标,使各级"三农"工作有标杆、有任务,主要领导有责任、有压力。

为强化对"三农"工作的领导和指导,从信息交流、基础工作、重点工作、重点难点问题研究、特色工作等5个方面制订了详细的实施办法,提出了具体的工作要求,形成了《关于进一步加强我市农业农村工作的实施方案》,增强了工作

本文系2009年12月参加全省农工办系统农村工作机制座谈会发言材料。

的预见性,有效保证了全市"三农"各项工作的正常运转和高效运行。

2 情况通报机制

由市委农办牵头,市有关部门、各辖市区农办专人具体承办,建立了《镇江市农村改革发展月报》(简称《月报》)制度,《月报》包括农民人均收入、高效农业推进、"三大合作"组织建设、土地流转、农产品品牌申报等农业农村 30 项主要工作指标,每月汇总、统计、分析,印发到市四套班子领导、各辖市区党政主要领导和分管领导、市和辖市区农口主要部门,必要时发至乡镇。《月报》的建立和运作,一方面使全市各级党政组织和领导能够基本准确地了解掌握"三农"工作的面上情况,为领导指导"三农"发展提供了可靠的决策依据;更重要的是,《月报》的统计分析,使各辖市区、乡镇、各级涉农部门看到了自身工作上的差距和不足,强化了工作的压力,增强了紧迫意识。

3 项目推进机制

对全市外资投入 1 000 万美元以上、内资投入 3 000 万元以上农业重大项目,实行双月通报制度。每两个月各辖市区要对本辖市内发生的农业发展重大项目,按在谈、开工、在建、竣工投产、产生效益等进展情况上报市委农办。在此基础上,由市委农办汇总分析,报市领导和反馈基层。重大项目通报制度的建立,起到了积极的促进和推动作用。据今年 10 月统计,全市实施农业重大项目 39 个、总投资 36.5 亿元,比去年同期项目增加 7 个、投资总额增加 8 亿元,分别增长 31.8% ,28% 。对省提出的新办农村"六件实事"和市定"五件实事",量化为 40 项指标,实行季度汇总分析通报制度,有效促进了各辖市区农村实事工程的开展;对全市开展的"百企联百村,投入超百亿"的"三百"行动,进行月统计、季通报。截至 10 月底,全市村企合作项目 546 个、总投资 24.8 亿元、实际到位资金 11.83 亿元,村企项目合作率达到 85.6% ,均超过了去年全年的总和。同时,建立每月一次重点工作现场办公制度,讲评分析面上工作,指出存在问题,对工作推进落实效果明显。

4 典型示范机制

镇江横跨沿江、丘陵、太湖三大农业生态区,地理条件、发展水平不尽相同,农业农村工作的重点和特色也不一样。近年来,为加强对各地重点工作的指导,根据各地的实际情况,选树了一批典型。例如,句容的高效农业典型——西冯草坪合作社、戴庄有机农业合作社;丹阳的农村"三集中"典型——界牌镇的小城镇集聚型、新桥镇的中心村集中型;扬中城乡一体化发展典型——土地流转交易市场实现全覆盖;丹徒农村合作经济组织联合体典型——"三山香茗"茶叶合作联社。此外,对赵亚夫等一批"三农"工作的典型人物给予重奖,对其先进事迹进行广泛宣传报道。在典型的带动下,全行业奋发作为、奋勇争先的意识更加强烈,全社会重视"三农"、支持"三农"的氛围更加浓厚。

5 督查考核机制

本市建立了新农村建设村级考核评价体系,按照新农村建设的目标要求,对村级经济社会发展分五大类、30 多项指标,采取自我申报、组织抽查,开展村级发展"双十佳"评比活动;对各辖市区、农口各职能部门的工作情况每半年进行一次综合考察;对高效农业、脱贫攻坚"两消除"等重点工作组织专项督查。通过采取一系列的督查考核,弘扬先进,鞭策后进,营造了重视"三农"、支持"三农"、发展"三农"的工作氛围,有效促进了各项工作的落实,推进了"三农"工作更好更快地发展。

镇江市供销社综合改革试点工作成效显著

镇江市供销社深入贯彻落实省政府《关于全省供销合作社综合改革试点工作的意见》(苏政办发〔2014〕63号)精神,2014年成立了综合改革试点工作领导小组,组织辖市区供销社到山东、浙江等试点省市学习考察,解放思想,统一认识,开阔思路;到基层调研供销社现状,分析研判改革路径;召开全市供销合作社综合改革试点工作座谈会,集思广益,凝聚共识;当好市政府参谋,出台了《关于全市供销合作社综合改革试点工作的意见》(镇政办发〔2014〕190号),确立全市以健全基层组织体系,加强农业社会化服务为主要改革试点内容;句容市作为全省供销合作社综合改革的试点,扬中市作为供销合作社体制改革试点,丹阳市作为社有企业改革试点,丹徒区高桥镇作为农村基层供销社综合改革的试点,润州区七里甸街道作为城市基层供销社转型发展的改革试点,实行点、线、面有机结合,多方位探索改革经验。

今年以来,全市供销社系统认真贯彻落实《中共中央国务院关于深化供销合作社综合改革的决定》(中发〔2015〕11号)和《关于深化供销合作社综合改革的意见》(苏发〔2015〕31号)文件精神,全面开展综合改革试点工作。截至目前,市供销社系统在基层社恢复重建、发展农产品现代流通、推进社有资产经营管理体制改革、创新农业生产服务方式、探索城市供销社发展等方面取得了明显进展。

1 健全基层组织体系,农业社会化服务有效加强

2013年以来,全市供销社系统积极开展以镇级基层社恢复重建为重点的基层组织建设,加强调研摸清情况,制定工作方案,联合财政设立专项资金,适时召开推进会总结推广经验,加强典型示范,有效完善了基层组织体系。截至目前,共恢复重建基层社38家,实现了乡镇(涉农街道)基层社全覆盖的目标,并验收通过50个项目,发放奖励资金,调动了基层人员的积极性。成功打造国家农民专业合作社示范社2家,全国总社基层社标杆社5家,全国总社农民专业合作社示范社5家,省级基层社标杆社15家、为农服务社样板社18家、专业合作社示范社26家,增强了供销社系统的凝聚力,为农服务功能不断增强,基层社实力显著增强,供销社形象有效提升,受到了地方党委政府的关注。在基层社恢复重建的同时,还积极推进为农服务社提档升级工作,重点加强省级样板社、市高标准

本文原载于《镇江日报》(2015年12月19日)。曹尧东、方良龙为共同作者。

为农服务中心建设,提升建办水平,增强服务能力;突出抓好特色合作社、专业合作联社建设,不断规范提升专业合作社运行质量,结合农作物病虫害统防统治工作,积极开展植保服务合作社、农业生产综合服务合作社等服务型专业合作社建办,积极推进农业社会化服务主体建设,通过乡镇农合联、植保联社的形式加强农资、农机、植保服务等相关工作整合,积极推进服务模式创新,努力提升阶段承包、全程保姆式托管服务的比例,具有供销特色的农业社会化服务网络雏形初步显现。

2 创新引领综合改革,句容试点全省领先

作为全省供销合作社综合改革的试点,2014 年 10 月 24 日,句容市政府印发了《关于全市供销合作社综合改革试点的实施意见》文件,成立了由市长任组长,各相关职能部门和各镇镇长为成员的综合改革试点工作领导小组。截至目前,综合改革试点工作取得了三方面的成效。一是创新管理体制,强化为农服务组织体系。实行了以"中心社"为管理体制的基层供销社重组改造,壮大了以股份制改造、项目引进为重点的社有企业发展方向,实施了生产型合作社向生产销售合作社转型实践工作。二是创新经营机制,健全农村现代流通服务体系。建设了以镇级便民购物中心为龙头的日用品配送网络,建设了以镇村级农资配送服务站为平台的农资配送网络,搭建了以区域性农产品交易场所为载体的农产品销售网络,开展了跨区域名优农产品交易渠道建设。三是创新服务机制,建立农业社会化服务体系。提升了以适应城乡一体化为重点的农村社区综合服务,大力实施了农业社会化服务平台建设,开展了以"统防统治"为基础的农作物大田托管服务,积极推进以社村共建为核心的"戴庄经验"试点工作。充分发挥牵头组建的近 30 多家农机植保专业合作社的作用,面向新型农业经营主体,开展耕、种、管、收、烘、销等多环节"保姆式"全程托管或"菜单式"定制服务;农作物"统防统治"面积达 33.5 万亩次,大田托管 10 000 多亩,服务农户 9 000 多户;参办领办的茅山绿盾植保专业合作社、郭庄纪兵农业机械专业合作社和宝华强民稻米专业合作社,还相继新上粮食烘干机械,建立了粮食烘干中心,为广大农户解决了由于雨季带来的粮食储存之忧。

3 深度改革体制机制,扬中搭建供销集团

作为供销合作社体制改革试点,该社开展了"谋事、吃苦、创业"三种精神大讨论,全面统一思想,凝聚改革共识;组建了全新的扬中市供销社总公司,在投融资运作、系统资源调度、收支平衡优化等方面发挥全局统揽作用;采取供销社总公司控股,基层社、农资经销大户参股的方式,成立扬中市禾丰农资有限公司,强化连锁配供和网点布局,整合打造农资经营新渠道;主动拓展农村合作金融服务,扬中首家农民资金合作社顺利挂牌,进入试运行阶段;坚持项目兴社,扬中月

星家居广场提质增效,油坊农资配送中心建成投入运营,丰裕农贸市场改造项目正在推进,扬中商城再拓展、镇区小型商业综合体等重点项目提上议事日程;社有企业内联外引,积极尝试转型升级、多元发展,股份制改造酝酿启动。选聘农村经济能人充实领导班子,推行绩效考核和费用预申报制度,鼓励和支持领办各类经济实体,基层社实力增强,功能提升,提质增效。

4 科技引领社有企业,丹阳构建核心竞争力

作为社有企业改革试点,主动挂钩科研院所,推广稻麦新品种、新肥种、新技术,实行"科技兴社"。丹阳市春宝公司与镇江农科所开展"科技联姻"后,积极推广高产优质小麦品种镇麦9号。春宝农作物服务有限公司及其牵头组建的惠众联社自成立以来,积极推广新品种、新技术,努力打造农业科技成果转化平台。丹阳市惠众植保服务专业合作联社成立以来,打破地域、经营界限,将技术、农资、器械等结合在一起,发挥组合优势,使联社资源得到优化配置,为广大社员和农户提供了全方位、立体式植保专业化服务,对病虫害进行统防统治,2015全年植保服务面积达31.5万多亩次。丹阳市江南草菇专业合作社依靠江苏江南生物科技有限公司建立的"江苏农村科技服务超市丹阳食用菌产业科技超市""企业院士工作站""省级食药用菌工程技术研究中心""星火学校"等研发、培训平台,大力开展食用菌新品种、新技术、新装备的示范推广和人员培训。2015年丹阳市江南草菇专业合作社,累计有5 000余人次的农民参与了培训、咨询、购买生产资料等活动,合作社主动地为农民做好食用菌产前、产中、产后的各项服务工作,有力推动了丹阳市草菇行业的发展。以市社再生资源公司为龙头,在延陵镇九里社区试点开展再生资源分类回收利用工作。

5 适应城乡居民生产生活需求,打造为民服务综合平台

丹徒区高桥供销社积极配合当地城镇化建设,合资合作开发,对地处集镇黄金地段的老网点翻新扩建,建成农资配送中心,联合农技推广站对全镇农资实行统一配送,同时进一步扩大统防统治成果;投资600万元新建7 000 m² 的日用品配送中心,对全镇食盐统一批售;改造加油站,为全镇提供农机加油服务,在为农民生产生活服务的综合平台建设上取得实质性进展。2013年高桥社以投资10%入股全市供销社系统首家农村资金互助合作社,今年,该社还投入50万元新建了"雪地靴"电商营销网店,正在积极创办雪地靴电商合作社。

润州区七里中心供销社作为城市基层供销社转型发展的改革试点,结合内部职能改革,努力推进以"邻里中心"为主体的城市社区商业服务新模式。该社一手抓拆迁资产、资金返还进度,一手抓好前期市场调研工作,围绕"邻里中心"商贸综合体建设,成立农贸市场、幼儿园、养老院、快捷酒店等5个专门市场调研小组,走访调研本市多个同类业态组织结构、运营状况、发展空间等方面情况,取

得了宝贵的第一手资料。6月份,到新区平昌新城"邻里中心"实地参观学习。8月份,赴浙江省绍兴市供销社取经,参观学习了农贸市场经营管理经验、社有资产监管经验及城乡一体化进程中,城市供销社发展模式等三方面成功经验和做法,开阔了眼界,提振了信心,增长了见识,汲取了经验。在前期多次市场调研、反复论证的基础上,确定了"邻里中心"建设方案。同时,该社申报的"镇江市美的城邻里中心项目(农贸市场 + X)"入选 2015 年中央"新网工程"专项资金拟奖补项目。本月底,13 800 m^2 经营性资产将返还给七里供销社,"邻里中心"项目建设将实质启动。

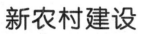

新农村建设

做好六篇文章　推进社会主义新农村建设

建设社会主义新农村是我国现代化进程中的重大历史任务,是一项复杂的系统工程,也是解决"三农"问题的一个总题目。党的十六届五中全会对社会主义新农村提出了 20 字要求,即:生产发展、生活宽裕、乡风文明、村容整洁、管理民主。2006 年是"十一五"的开局之年,做好农林工作对建设社会主义新农村意义重大。农林工作的总体思路是:全面贯彻落实十六届五中全会精神,按照市委、市政府"两率先、两步走"的战略部署,以科学发展观统领全局工作,以发展现代农业为方向,以统筹城乡发展为主线,以国内外市场为导向,以科技创新为抓手,围绕粮食安全、农业增效、农民增收三大目标任务,突出转变农业经济增长方式、拓展农业产业功能、提升农业自主创新能力和支撑保障能力三大重点,全面提高农业产出率、农产品加工转化率和农民组织化程度,增强农业综合生产能力、市场竞争能力和可持续发展能力,促进"高效、外向、生态、观光"现代农业的发展,推进社会主义新农村建设。主要目标是:① 稳定水稻面积 135 万亩,确保全市口粮自给;② 农业结构调整面积达 3 万亩,其中:新增茶叶 4 000 亩、应时鲜果 5 000 亩、花卉苗木 5 000 亩、蔬菜 1 000 亩、牧草 15 000 亩;③ 新增成片造林面积 3 万亩,森林覆盖率达到 15%;④ 农民人均纯收入在 2005 年的基础上增长 9%。

重点是做好六篇文章,推进社会主义新农村建设。

1　做好粮食生产安全文章

"生产发展"是社会主义新农村的物质基础,而粮食生产安全又是基础的基础。从我市实际出发,按照"生活用粮自给,生产用粮市场调节"的粮食安全目标,发展粮食生产。

1.1　在提高粮油单产和科技含量上下功夫

在稳定 135 万亩的水稻种植面积的基础上,因地制宜,大力推行轻简栽培等主推技术,努力提高粮食单产。大力推广优质水稻新品种,重点做好经过审定的"镇稻"系列品种的示范推广工作,力求水稻优质化率达到 80% 以上;抓好夏熟作物的田间管理,努力提高质量和产量。

1.2　加大粮油生产基地的建设力度

以沿江和平原稻区为核心,建设优质稻米生产基地;充分挖掘丘陵资源潜

本文系 2006 年 1 月参加市政府新农村建设座谈会发言材料。

力,大力发展甘薯、饲用和特用玉米、大豆为主的旱杂粮。2006 年优质粮油基地达 100 万亩,旱杂粮基地达 15 万亩。

1.3 着力抓好测土配方施肥工作

广泛宣传测土配方施肥的重要意义,积极培育示范户,有选择地在农业科技示范园、专业大户中间开展测土配方施肥试点,测土配方示范方由去年的 8 000 亩扩至 3 万亩。

2 做好农业结构调整文章

"生产发展"的重要目标是农业生产力有新的提升,实施农业结构调整则是提升农业生产力的有效手段。今年我们将以实施《镇江市丘陵山区开发与农业结构调整规划》为契机,推进全市农业结构调整的开展。

2.1 充分利用资源,大力发展特色农业

按照区域化布局、规模化生产、形成优势产品的要求,积极调整长线产品,立足市场需求,发展有种植、养殖基础的优势品种,不断扩大生产规模,2006 年形成 20 万亩经济林果基地,5 万亩特色蔬菜基地,25 万头三元杂交猪生产基地,4 万亩种草养畜(禽)基地,6 万亩特种水产养殖基地,3 万亩有机农产品生产基地。

2.2 突出现代农业示范园建设,增强科技的支撑作用

围绕我市农业六大主导产业,按照上档次、上规模、产业特色明显、科技含量高、运行机制活、辐射带动能力强、经济效益好等要求,以现有农业龙头企业、科技型企业建设的园区为基础,从今年开始,每个辖市、区至少建设一个规模型、产业型、效益型现代农业示范园区,以带动周边农民自发调整种植、养殖业结构。

2.3 以农业标准化为核心,努力提高农产品质量

健全农产品质量标准体系,2006 年新制定省、市级特色农产品标准、生产技术规程 20 个,新建 8 个农业标准化示范区建设,加强无公害农产品建设,力争 2006 年新获得"三品"认证 25 个,全市"三品"总量达到 191 个;健全检验检测体系,"镇江市农产品质量检验测试中心"已经通过"双认证",充分发挥该中心的检测功能,进一步健全基地生产检测、市场准入检测和市农产品检测中心检测的三级检测网络建设,实现农产品从田头到餐桌的全程质量控制。

3 做好建立农民增收长效机制文章

在抓好农业生产发展的基础上,坚持以人为本,积极拓宽农民增收渠道,实现"生活宽裕"的目标。

3.1 落实政策促增收

继续抓好粮食直补、良种补贴政策的落实,提高农民的政策性收入。

3.2　加快流转促增收

在完成土地承包确权发证的基础上,从规范土地流转合同入手,引导和规范土地流转;探索土地流转新机制,积极推广股份制、托管制、买断剩余承包期土地承包经营权等流转形式,引导土地适度集中,促进农业结构调整和规模化经营,提高农民来自土地的收入。

3.3　加快农村劳动力转移促增收

劳务收入是我市农民收入的重要组成部分。一方面,大力发展乡镇中小企业,促进农村劳动力就地转移;另一方面,统筹城乡就业,促进农村劳力向城镇、城市转移,同时,有组织地提高劳动力技能素质,大力开拓大中城市乃至境外劳务市场。

3.4　吸引"三资"促增收

充分利用我市农业优势,强化农业招商队伍建设,建设好项目库,创新招商手段,积极构建农业招商平台,营造招商强势,积极吸引"三资"投入我市养殖业、园艺业等劳动密集型产业,建基地、建企业,实现农村劳动力的就地转移。2006 年力争全年吸引"三资"30 亿元。

4　做好培育新农民文章

农民是社会主义新农村的主体,"乡风文明"就是要在农村形成文明健康的精神风貌,培养较高素质的新型农民。因此,我们将把提高农民素质作为建设社会主义新农村的一项根本措施来抓。

4.1　加大对农民的培训

以科技入户工程为依托,充分利用我市农业科技示范园、农广校等科技培训基地,继续抓好"三项工程"培训项目、"致福工程"的实施,不断提高农民的科技文化素质。加强农业信息"四电一站"(电视、电台、电话、电脑、网络)的建设,通过信息网络开阔视野、活跃思维,提高农民利用信息指导农业生产经营中的技能。

4.2　大力培植专业合作经济组织,提高农民组织化程度

农业专业合作经济组织综合体现了农民的整体素质。我们将认真总结我市在农民专业合作组织发展中获得的经验和教训,加大宣传力度,扩大试点示范,推广成功经验,引导和鼓励多种经济成分兴办各类专业合作社、专业协会、研究会,培育一批、规范一批、提升一批,不断增加数量,提高质量,让农民专业合作组织在结构调整中发挥主力军作用。今年力争新发展各类专业合作经济组织 30个,总量达到 165 个。

5 做好农业生态环境保护文章

"村容整洁"就是要改善农村人居环境,建立人与环境的互动关系,是塑造农村新风貌的重要内容。加强农业生态环境保护,促进农业可持续发展,是农林部门义不容辞的责任。重点抓好3方面。

5.1 继续实施"绿色倍增计划",提高森林覆盖率

森林覆盖率是我市全面建设小康社会的硬指标,完成的难度相当大。今年的营林工作以沪宁高速公路两侧绿化为重点,加快"绿色倍增计划"的推进力度,完成成片造林3万亩。加强森林有害生物防治灭控,控制森林病虫害的发生;进一步完善森林防火的基础设施,提高森林火灾的综合防控率。

5.2 加强长江渔业资源的保护

加快江苏镇江豚类省级保护区的建设步伐,重点建设好保护区内的围网养殖基地,促进保护区建设有实质性进展;以长江春禁为契机,强化长江渔业管理,打击非法捕鱼行为,加大对渔业水域污染事故的查处力度,切实保护长江渔业资源。

5.3 加快农业生态建设

加强农业生态县建设步伐,重点是在丹阳、扬中获得生态示范县的基础上,建设扬中、丹阳市省级生态农业县,同时,大力推进秸秆综合利用和规模畜禽养殖场粪便资源化利用,推广节约农业技术,减少农业面源污染,推进我市农业生态建设再上新台阶,促进农业的可持续发展。

6 做好维护农民利益文章

加强农村民主法制建设、创造和谐发展环境是"管理民主"的目标。作为农林部门,重点要在农民维权和提高农民法律意识上下功夫。

6.1 加强农民负担监管

继续实行农民负担预决算制度、监督卡制度、专用票据制度、涉农收费公示制度,规范一事一议筹资筹劳活动,防止农民负担反弹,巩固村务、财务公开成果。

6.2 加强农村集体资产管理

积极探索建设村级集体资产股份合作组织,试点开展农村集体资产产权改革,认真总结丹阳市车站村开展社区股份制改革的经验教训,并在此基础上,进一步完善,做到明晰产权,改善管理,富裕农民,为全市开展社区股份制改革提供经验。

6.3　落实护农政策

加强农业法律法规的宣传,增强农民的法律意识;提高整体行政效能,坚持从综合执法、专业执法和依法管理三个层面推行依法行政。今年将在推行综合执法上有所突破:抓住农林生产关键季节,突出重点地区、重点市场、重点品种和大案要案查处,切实履行农业生产资料、农业资源和生态环境保护、农业知识产权、转基因生物、农民权益、农产品质量安全等执法监管职责,严厉打击坑农害农违法行为。

转变思想观念　创新发展方式
全面提升我市现代农业和新农村建设层次与水平

改革开放后的第一次农村改革,经全面推行家庭联产承包制,解放了农业生产力,解决了吃饭温饱问题;20世纪80年代中期大力发展乡村工业,解决了农村经济发展问题;90年代的对外开放,解决了社会主义市场经济体制与机制问题;进入新世纪,实行农村税费改革,坚持科学发展、和谐发展,建设全面小康社会,农民收入持续大幅增长,农业持续增产增效,农村面貌持续改善,可持续发展问题正在着力解决。

深化农村改革,建设社会主义新农村,推进农业现代化,必须切实转变思想观念和发展方式,从体制、机制和政策等多方面解决农业农村深层次问题,创出新思路,推出新举措,努力开创农业农村工作的新局面。

1　建设新农村,必须转变思想观念,创新思维方式

(1) 从体制上看,"无农不稳",必须首先解决对"三农"的认识问题。十七大报告及中央1号文件强调"三农"工作是全党工作的"重中之重"。近年来,中央确实高度重视"三农"问题,投入不断增加,一系列惠农强农政策陆续出台,但是,还存在上热下冷现象,特别是在必须以"三农"工作为主要任务的县、乡两级乃至一些村,在政绩观、发展观、民生观上存在偏颇现象。就政绩观而言,一些地区、一些领导只看到农业在GDP中的比例只占4%,看不到镇江还有40%的农村人口;只看到农业特别是粮食的经济效益,看不到农业尤其是粮食的特殊社会、生态效益;在农村基础设施建设上,只注重显绩,不注重隐绩;在农业农村的发展上,只顾当前,不顾长远;在工作方法上,只抓几个形象点,不顾整个面。就发展观而言,在一些地方只注重城市城镇建设,忽视农村基础设施建设,投入比表现为100∶5,根本谈不上以城带乡;注重工业经济发展,忽视农业经济发展,不是以工补农,实质上仍然是以农补工,农村土地、农村劳动力被严重低价占用。据南京农业大学研究,我省农民从土地征用中实际得到的收益平均只占6.73%,农村劳动力在城镇打工同工不同酬且无保障情况具有一定的普遍性;即使在农业发展上,也存在只注重种养殖业,忽视农产品加工和农业服务业,谈不上全面、协调、可持续发展。就民生观而言,城乡政策不平等,二元结构尚未打破,农民与市民不能享受同等国民待遇。农村空心化明显。主要劳动力外出打

本文系2008年8月参加全市新农村建设座谈会交流材料。

工,在城市无法享受到市民待遇,留守老人、儿童得不到照顾。城乡差距进一步拉大。社保不接轨,公共产品、公共服务严重不均等,人才流失严重。"三观"的扭曲,导致对农业"口头重视,实际上忽视",县、乡乃至村的主要领导的主要精力没有放在农业农村工作上,满足于一年开一两次会议、做一两场报告、出一两份含金量不高的文件,造成农村集体经济薄弱,基层组织缺乏战斗力,在一些贫困村甚至无人愿意当村干部,导致农业生产萎缩,农村发展缓慢,农民难以致富。

(2)从机制上看,社会主义市场经济体系已基本建立,农业进入了新的发展阶段。建设新农村,必须更新思想观念,加快四个转变:要从习惯于依靠行政干预向主要依靠市场、经济和法律等宏观调控手段转变;从习惯于抓传统农业生产向产加销一体化、产业化经营转变;从面面俱到一把抓向事关国民经济基础的战略产品转变;从单纯抓农业发展向农业、农村、农民协调发展转变。要加强市场引导,既抓有形市场,更要重视无形市场;加强经济调控,注重政策导向,突出投资重点,强化基础设施,抓好重要农产品储备,建立风险基金,健全农业保险;加强依法治农,强化基层和农民法律意识,规范市场经济秩序,严肃农业行政执法。

(3)从政策层面看,户籍制度、保障制度、金融政策、人才政策,城与乡无不存在断层,严重不对称。只有从思想观念、思维方式上真正打破城乡界限,才能从根本上、从政策上实现城乡接轨。

解决"三农"问题,在思维方式上,必须坚持城乡统筹,把农业作为战略产业来抓,人口大国尤其如此。不管农业 GDP 占比低到什么程度,人的生存、基本生活都离不开农业,任何时候、任何情况下都忽视、轻视不得。所有这些,都要求我们必须着力转变农业和农村经济发展方式,改进领导方法,深化农村改革,统筹城乡规划布局、基础设施、劳动就业、社会事业、行政管理和生态环境,推进城乡一体化,推动农村经济社会的全面协调可持续发展,确保农业持续增效、农民持续增收、农村持续繁荣,社会和谐稳定。

2 建设新农村,必须转变发展方式,切实解决我市农业农村工作中的突出问题

建设现代农业和新农村,还面临一些制约因素,突出表现在 9 个方面。

2.1 功能规划不到位

一是缺乏长期性国土功能总体战略规划。没有一个法定的城镇、村庄、三次产业及产业内部的布局规划,因而总是不断地调整规划,建了拆、拆了建,重复建设,投资浪费严重。二是关于新农村建设规划,各地满足于概念性规划,具体到中心村的详细规划多数仍然没有到位。三是规划的严肃性严重缺失。在一些地区,仍然没有严格按照新农村建设规划建农房、安排产业用地,随意建房用地问题依然突出。

2.2　农业产业层次不高

一方面,高效农业占耕地面积比例偏低,尚未达到省平均数,设施农业面积比例更低,远不适应我市区位和经济发展要求;另一方面,农产品加工和市场建设仍是我市的一条短腿,初级产品多,深加工产品少,自产自销的多,进入超市和出口的产品少,农业附加值不高,农业依旧是弱质产业。

2.3　以城带乡、以工补农的长效投入机制尚未建立

一是城乡统筹无论从体制层面还是从机制层面都未从根本上破题,需要更多的"五件实事"加快推进城市基础设施、公共服务向农村延伸;二是以工补农需从政策导向上予以突破,目前基于行政动员的"双百"工程,企业缺乏动力,没有自主积极性,有必要在工农互动双赢上探索运作新机制。

2.4　土地政策难有突破

基于土地政策的敏感性,各地在农民土地承包经营权资产化和集体土地资本化上难有大的作为,因而,严重制约了土地适度规模经营和农村"三集中"的推进,对于村级集体经济发展也是瓶颈因素。

2.5　农村生态环境短期内难以根本好转

工业污染、生活污染、农业面源污染正在向农村集中,而农村基础设施的薄弱,更使得农村污染日趋加重,农民生活、农业生产正受到严重威胁,耕地减少、水土流失更是未见好转,农村绿化仍需加强。

2.6　新农村建设主体缺位,素质下降

农民是新农村建设的主体。无论是农村产业发展、生产力提高、基础设施建设,还是农村精神文明建设、法制建设、发展社会事业,都需要强大的人力资本来支持,都需要不断地提高农民素质来完成这一历史任务。农民这一主体地位,既不能被取代,也不能缺位。但在现实中,本地文化素质相对较高的农村青壮年劳力流出,转向城镇就业安家,欠发达地区农村青壮年劳力流进来,满足当地农村企业对青壮年劳力的需求,农村留守农民素质不断下降。因此,新农村建设的中坚力量成为现实中最大的难题。

2.7　农业生产保障能力较弱

一是农田水利设施建设滞后,农业抗灾减灾能力较低,农业仍未从根本上摆脱靠天吃饭局面。动物防疫设施不完善,重大动物疫病防控能力尚待加强。二是农业组织化程度不高。农村"三大合作"是推进农业产业化的重要途径,但我市的农村"三大合作"推进滞后,已经成为农业生产发展、农民增收的制约因素。三是资源约束趋紧和生态环境脆弱。土地流转、水资源、资金、技术乃至环境,严重制约着传统农业向现代农业转变。如何建立农民增收的长效机制,实现农业农村的可持续发展,面临一系列亟须化解的难题。

2.8　农业科技应用水平下降

一方面,农技推广队伍不健全,农业科技人员缺乏,农业科技成果转化应用率下降;另一方面,农村务农劳动力素质下降,接受新技术能力减弱,且习惯于传统生产,难以从根本上提高农业综合生产能力。因此,加强农民文化技术教育,提高农民综合素质,已成为新农村建设最本质、最核心的内容,也是最为迫切的要求。

2.9　农民收入的持续增长机制尚未建立

目前,农民收入的主体是工资性收入,而工作的不稳定,农民工与城市工人不能同工同酬,工资增长更受限;农资价格的持续高位上涨,农产品价格受到控制,农业增产未必增收;农村保障制度既无城市完善,更未与城市接轨;政策性收入在总收入中的比例偏低;财产性收入比例小,且分布不均,农民收入未能从根本上解决稳定增长的机制。

3　建设新农村,必须创出新思路,推出新举措

发展现代农业,建设新农村,必须开阔思路、创新举措,真正抓住"三农"发展的关键,不断攻克实际工作中的重点和难点,在发展中解决问题,在创新中实现提升。

2006 年以来,大力实施"双百"工程,采取抓两头、带中间的做法,深入推进"百村示范、百村帮扶",全面推进新农村建设。我们采取"五帮四扶"的形式,注意突出重点、化解难点,深化了新农村建设"百村帮扶"内涵,取得明显成效。通过帮助发展高效规模农业,帮助建设农业合作组织,帮助农民自主创业,帮助劳动力加快转移,帮助建设基础设施,切实提高了农民收入;通过扶精神、扶人才、扶技术、扶班子,初步建立了农民增收长效机制,涌现出了一批农民增收致富的典型。新区大路镇照临村、丹阳司徒镇杏虎村、句容天王镇戴庄村等农民人均纯收入从 3 000 多元增加到去年的 7 500 元,增长近一倍。通过"五帮四扶",帮扶村经济社会发展有了长足进步,农村内部两极分化得到一定程度的遏制,农村发展整体水平有了一定提高。

提升新农村建设层次和水平,重要的是要抓好示范村建设,充分发挥典型带动作用,实现农村全面协调可持续发展。今年,按照市委市政府要求,在全市100 个示范村中广泛开展"五争四先"活动,通过提升示范村建设水平,进而提升我市现代农业和新农村建设水平。

3.1　抓产业强村,在发展村级经济上争当示范

发展农村经济特别是工业经济是新农村建设的首要任务,更是示范村的首要任务。一要在工业强村上争当示范。通过招商引资,做大做强工业,拉长产业链,如双新村、前巷村、飞达村那样,大力发展骨干企业,壮大集体经济实力。二

要在要素增值富村上争当示范。如丹阳开发区车站村那样,通过发展第三产业,建标准厂房,出租集体土地,使集体资产保值增值。三要在合作富村上争当示范。如句容后白西冯村、句容天王戴庄村那样,通过发展现代农业,建立农民专业合作组织,壮大集体经济。

3.2 抓科技兴村,在农民增收致富上争当示范

一要在全民创业上争当示范。通过创业培训,在全市示范村中积极推广扬中"百村创业"和丹阳"千户兴业"的做法,大力发展以农村民营经济为主体的镇村工业。二要在劳动力转移上争当示范。通过农民技能培训,有组织地进行农村劳动力转移,增加农民的工资性收入。三要在发展现代农业上争当示范。通过农业结构调整,推进高效农业规模化,引进"三资"开发农业,发展高效、外向、观光农业,增加农民收入。四要在增加农民财产性收入上争当示范。鼓励有条件的农民进行房屋及其他资产出租,增加农民的资产性收入。五要在健全保障上争当示范,示范村村民社会保障要与其经济发展水平相适应,明显高于全市平均水平。

3.3 抓文明建村,在乡风文明上争当示范

乡风文明是建设新农村的灵魂。要不断提高农民的文化科技素质,充分发挥农民夜校作用,帮助农民学科技、学文化;要加强村庄文化设施建设,建好以农家书屋、农民健身场所为主要阵地的农民文化活动中心,鼓励农民开展健康有益的文化活动;积极开展"十星"户等乡村文明创建活动,建设健康向上的乡村文化。

3.4 抓生态美村,在村容整洁上争当示范

制订中心村详规,推进农村"三集中";实施"一池三改",推进村庄环境建设,建立户分类、组保洁、村收集、镇转运、县处理的垃圾长效管理机制;严格控制工业污染,加强以河塘整治为主要内容的水环境建设,搞好污水处理;大力实施村庄绿化,确保森林覆盖率达到21%以上;通过推行化肥农药减量工程、畜禽养殖安全排放工程和秸秆综合利用工程等三大工程,控制农业面源污染;积极治理水土流失,改善和优化农村生态环境。

3.5 抓强基固村,在管理民主上争当示范

抓好班子建设,广泛开展"镇村学华西,农村干部学吴仁宝"活动。继续实施"126 工程",选拔优秀人才充实村干部队伍,提高村干部的整体素质。推行村务公开、财务公开,重大事项对村民进行公示。实行村民自治,民主选举,民主决策,民主管理,民主监督。

示范村是新农村建设的排头兵,起着引领新农村建设方向、提升新农村建设层次的作用。通过"五争",努力实现"四先":一是在建设更高水平的小康上勇当先进。重点在大幅度提高农民收入、提高农民生活质量、提高农民幸福指数上

下功夫。二是在消灭绝对贫困,建设和谐村庄上勇当先进。示范村必须率先消灭绝对贫困,并在缩小相对贫困上下功夫;在有条件的示范村建立农民退休制度,提高农民保障待遇;逐步实现医疗、养老、教育与城市接轨,推动和谐农村建设;积极化解各种矛盾纠纷,实现农村和谐稳定。三是在绿化美化村庄,优化生态环境上勇当先进。示范村必须按照村庄建设规划实施村庄整治,努力实现村庄建设园林化,工农业生产清洁化,农田林网化。四是在增强村级党组织凝聚力、战斗力上勇当先进。全面提升示范村集体经济实力,改进村党组织的组织设置、活动方式和工作方法,在工业强村普遍推行村企合一,合建党委,加强党组织制度建设,加强党员党性修养,充分发挥党员的先锋模范作用;大力引进优秀人才,充实村级干部队伍,为新农村建设提供可持续智力支持。

目前,根据市委市政府要求,在深化"双百"工程的基础上,全市广泛实施了"百企百村百亿"行动,即:组织全市数百家规模企业与全市605个建制村挂钩合作,力争通过3~5年的努力,促进"三资"投入农业、农村超过100亿元,以企带村,以村促企,实现村企互动发展、村企共赢。上半年,全市已有319个村与428个企业挂钩合作,占村总数的52.7%,其中,94个村与101个企业有实质性合作,合作项目108个,包括高效农业、农产品加工、基础设施、环境整治、农业服务业等,协议投资5.06亿元;全市67家市级以上农业龙头企业已有37家与66个村建立了合作关系,合作项目80个,总投资2.84亿元。最近,市委市政府将专题召开"三百"行动现场推进会,推动村企合作实现"五共",即:共谋发展思路,共兴农村经济,共办社会事业,共建整洁村庄,共育文明乡风,并在土地、税收、供电、村镇建设、高效农业、培训就业、精神激励等方面制定了鼓励政策,以加快推进城乡统筹、加快推进新农村建设、加快推进现代高效农业发展步伐。

镇江市以"五帮四扶""五争四先"活动为载体扎实推进社会主义新农村建设

近年来,镇江市以"百村帮扶、百村示范"工程为抓手,以"五帮四扶""五争四先"活动为载体,帮扶 100 个贫困村、推出 100 个示范村,通过抓两头带中间,大力推进社会主义新农村建设,农民收入有了明显提高,农业结构调整有了明显成效,村庄面貌有了明显变化,党群关系有了明显改善,为 2008 年以大市为单位实现全面小康目标起到了关键作用。

1 "五帮四扶"

1.1 "五帮"

1.1.1 帮助贫困村发展高效规模农业

实践证明,发展葡萄、草莓、水蜜桃等应时鲜果和茶叶、草坪、花卉苗木等特色经济作物的规模种植,亩均效益是种水稻等传统种植业的 10 倍以上,而发展规模养鸡、养蟹、养羊等高效养殖业的经济效益就更高。为此,镇江市以产业化规模化的新思路,引导和帮助贫困村积极推进农业结构调整,激发和调动贫困户发展高效规模农业的积极性;帮助他们种植品质优良、市场广阔、经济效益较高的葡萄、草莓、草坪、茶叶,帮助他们养有机鸡、优质蟹、良种羊;帮助他们吸引"三资"投入、扩大种养规模、降低生产成本、提高比较效益;帮助他们发展龙头企业、成立经济合作社、建立产供销一条龙的产业链条;帮助他们发展特色经济和优势产业,形成"一村一品"的产业布局,从根本上增强脱贫致富的能力和水平。到 2008 年底,产业化扶贫将基本覆盖所有重点村和 70% 以上的贫困户,受益贫困户年户均增加收入 1 000 元以上。镇江新区大路镇照临村农民与温氏集团合作,依靠规模养鸡脱贫致富,成效十分明显。该村农民建一个鸡棚,占 6 分地,一次性可养 6 000 只鸡,一年可养 3 批,一只鸡净收益 1~1.5 元,一个鸡棚一年总收益达 18 000~27 000 元。当地群众说:"家里穷不穷,就看有没有鸡棚。"

1.1.2 帮助贫困村建设合作经济组织

发展农村合作经济组织是促进农民增收的创新形式,更是带动贫困户脱贫致富的有效手段。现在基层干部群众都说:"哪里的经济合作社办得好,哪里的农民群众脱贫致富就早。"地处茅山老区的句容市天王镇戴庄村,2006 年成立了有机农业合作社,使全村 100 多户贫困户摆脱了贫困,其中 70% 左右的农户人

本文原载于《江苏农村要情》(2008 年第 15 期)。翟胜勇、巫长龙为共同作者。

均收入增加 1 500 元,20% 的农户增加3 000 元,被日本农业经济专家称赞为"戴庄模式"。句容市后白镇西冯村的花木草合作社,带动村级集体收入 22 万元、农民纯收入 1.1 万元,辐射周边 8 个村、近 2 000 户农户。丹阳市司徒镇屯甸村的茶叶专业合作社,为当地 700 多户茶农增收约 150 万元。丹徒区成立的 5 家农村土地股份合作社,入股农户 2 183 户,入股面积 4 201 亩,大大提高了贫困农户的土地受益。去年以来,镇江市围绕提高农民组织化程度,出台专门文件,加快推进农村社区股份合作、农民企业合作、土地股份合作等"三大合作"组织建设,确保 2008 年全市农民专业合作经济组织突破 200 家,带动农户率达 25% 以上。

1.1.3 帮助贫困村农民自主创业

激发全民创业的热情,才能加快发展、富裕农民。句容市通过发放扶贫小额贷款的形式,鼓励农民自主创业,取得明显成效。该市已发放 5 637 万元扶贫小额贷款,使 8 800 多户贫困户人均增收 500 元,其中仅向张小虎葡萄合作社就发放了 45 万元贷款,张小虎本人通过扶持不断做大做强葡萄产业,已成为镇江市第一位依靠农业创业,实现收入达 100 万元的农民创业者。句容市天王镇戴庄村农民杜忠志的儿子,放弃在城里开车的机会,回家和父亲一道发展有机农业,现在全家年收入超 10 万元,是开车收入的3 倍多。去年以来,镇江全市推广句容做法,针对农民创业中遇到的各类问题,特别是缺政策、缺资金、缺技术等实际困难,真正从舆论上鼓励农民创业,从产业上引导农民创业,从政策上支持农民创业,从服务上帮助农民创业,为农民加快增收致富搭建创业平台。

1.1.4 帮助贫困村转移劳动力

加快农村特别是贫困地区劳动力转移就业,是增加农民收入最快捷、最有效的渠道。丹徒区上党镇丰城村有劳动力 1 700 多人,在全国各地从事洗浴业的有 1 100 多人,占到了全村劳动力的 64.71% ,年人均纯收入 1.2 万元左右。丹阳市司徒镇毛甲村有劳动力 1 200 多人,长期在南京从事洗浴业的有 800 多人,占 66.67% ,年人均纯收入 1.4 万元左右。丰城村和毛甲村的增收事例有力说明,"转移一个人,致富一家人"。镇江市大力推广这些成功的做法,努力建立以解决农村贫困户劳动力、新成长劳动力、被征地无业劳动力、有劳动能力和愿望的残疾人等就业困难对象为重点的转移机制,努力做到凡有劳动能力的贫困家庭至少有 1 人转移就业。

1.1.5 帮助贫困村建设基础设施

近几年来,镇江市大力实施农村新五件实事工程,结合高效农业规模化工程,加强以小型水利设施为重点的农田基本建设,加强防汛抗旱和减灾体系建设,加强农村道路、饮水、沼气、电网、通信等基础设施和人居环境建设,加强教育、卫生、文化等农村公共事业建设,确保农民得益受惠。丹阳市司徒镇的杏虎村对全村道路、农桥、沟渠等基础设施项目进行合理规划定位,组织实施了村"四通"(通路、通电、通水、通信)工程,达到了树成行、渠相通、路相连、旱能灌、涝能排的现代农业示范区标准。这些基础设施建设,不仅直接改善了经济薄弱村的生产生活条件,更重要的是有助于提高薄弱村自身的"造血"功能,实现了农民增收的基础性保障。

1.2 "四扶"

1.2.1 重在精神上扶持

扶贫贵在扶志。镇江市采取行之有效的办法,不断增强贫困村和贫困户脱贫致富的紧迫感,坚定他们脱贫致富的决心和信心,激发和调动他们脱贫致富的主动性和积极性,使他们变被动接受帮扶为主动脱贫致富。

1.2.2 重在技术上扶持

农业适用技术是脱贫致富的重要支撑,也是贫困地区农民群众最缺乏的资源。镇江市动员各方力量,把农民群众最需要的科学知识、种养技术特别是高效农业规模化的适用技术,送下乡、送到村、送进户、送到农民手上,帮助他们解决生产实际中遇到的各种技术难题,提高他们的生产效率和经济效益。

1.2.3 重在人才上扶持

人才缺乏,特别是头脑活、见识广、办法多的本土"能人"太少,是造成贫困的重要因素。镇江市加大对贫困村的智力扶持,帮助他们培养、培训和引进人才,特别是培养和引进那些爱农村、懂农业、乐于帮助农民脱贫致富的实用型"农教授""土专家"和"能人"。

1.2.4 重在班子建设上扶持

班子强,一强百强。镇江市以"强基工程"为载体,强化贫困村两委班子建设,真正把那些有责任心和事业心、有市场意识、有创业能力、有带动农民共同致富愿望和水平的同志,选拔任用到村级领导班子中来,不断提高村级领导班子的凝聚力、号召力和战斗力。

2 "五争四先"

镇江市在开展"五帮四扶",促进 100 个贫困村改变面貌的同时,还通过开展"五争四先"活动,充分发挥 100 个示范村的示范带动作用,提升了新农村建设的整体层次和水平。

2.1 "五争"

2.1.1 抓产业强村,在发展村级经济上争当示范

发展村级集体经济是新农村建设的重要任务,更是示范村的首要任务。一是在工业强村上争当示范。通过招商引资,做大做强工业,拉长产业链,如双新村、前巷村、飞达村那样,大力发展骨干企业,壮大集体经济实力。二是在要素增值富村上争当示范。如丹阳开发区车站村那样,通过发展第三产业,建标准厂房,出租集体土地,使集体资产保值增值。三是在合作富村上争当示范。如句容

后白西冯村、句容天王戴庄村那样,通过发展现代农业,建立农民专业合作组织,壮大集体经济。

2.1.2 抓科技兴村,在农民增收致富上争当示范

一是在全民创业上争当示范。通过创业培训,在全市示范村中积极推广扬中"百村创业"和丹阳"千户兴业"的做法,大力发展以农村民营经济为主体的镇村工业。二是在劳动力转移上争当示范。通过农民技能培训,有组织地进行农村劳动力转移,增加农民的工资性收入。三是在发展现代农业上争当示范。通过农业结构调整,推进高效农业规模化,引进"三资"开发农业,发展高效、外向、观光农业,增加农民收入。四是在增加农民财产性收入上争当示范。鼓励有条件的农民进行房屋及其他资产出租,增加农民的资产性收入。

2.1.3 抓文明建村,在乡风文明上争当示范

乡风文明是建设新农村的灵魂。示范村充分发挥农民夜校作用,帮助农民学科技、学文化,不断提高农民的文化科技素质;建好以农家书屋、农民健身场所为主要阵地的农民文化活动中心,鼓励农民开展健康有益的文化活动,并积极开展"十星"户等乡村文明创建活动,加强村庄文化设施建设,建设健康向上的乡村文化。

2.1.4 抓生态美村,在村容整洁上争当示范

示范村普遍制订中心村详规,推进农村"三集中";实施"一池三改",推进村庄环境建设,建立户分类、组保洁、村收集、镇转运、县处理的垃圾长效管理机制;严格控制工业污染,加强以河塘整治为主要内容的水环境建设,搞好污水处理;大力实施村庄绿化,确保森林覆盖率达到21%以上。通过推行化肥农药减量工程、畜禽养殖安全排放工程和秸秆综合利用工程等三大工程,控制农业面源污染,改善和优化农村生态环境。

2.1.5 抓强基固村,在管理民主上争当示范

抓好班子建设,广泛开展"镇村学华西,农村干部学吴仁宝"活动。继续实施"126 工程",选拔优秀人才充实村干部队伍,提高村干部的整体素质。推行村务公开、财务公开,重大事项对村民进行公示。实行村民自治,民主选举,民主决策,民主管理,民主监督。

2.2 "四先"

示范村是新农村建设的排头兵,起着引领新农村建设方向、提升新农村建设层次的作用。通过"五争",努力实现"四先"。

2.2.1 在建设更高水平的小康上勇当先进

重点在大幅度提高农民收入、提高农民生活质量、提高农民幸福指数上下功夫。

2.2.2 在消灭绝对贫困,建设和谐村庄上勇当先进

示范村必须率先消灭绝对贫困,并在缩小相对贫困上下功夫;在有条件的示范村建立农民退休制度,提高农民保障待遇;逐步实现医疗、养老、教育与城市接轨,推动和谐农村建设;积极化解各种矛盾纠纷,实现农村和谐稳定。

2.2.3　在绿化美化村庄,优化生态环境上勇当先进

示范村必须按照建设规划,实施村庄整治,努力实现村庄建设园林化,工农业生产清洁化,农田整治林网化。

2.2.4　在增强村级党组织凝聚力、战斗力上勇当先进

全面提升示范村集体经济实力,改进村党组织的组织设置、活动方式和工作方法,普遍推行村企合一、合建党委,加强党组织制度建设,加强党员党性修养,充分发挥党员的先锋模范作用;大力引进优秀人才,充实村级干部队伍,为新农村建设提供可持续的组织和智力支持。

镇江市统筹城乡发展的实践与思考

镇江市有人口 300 万,国土面积 3 847 km²,下辖 6 个辖市区和镇江新区,其中农业人口 167 万人,占总人口的 55.7 %。近年来,按照省委、省政府以产业化提升农业、工业化致富农民、城市化带动农村的统筹发展部署和要求,城乡一体化进程加快,农业农村工作呈现出良好发展势头。2008 年,农民人均纯收入8 703 元,增幅 13.5%,列全省第一,城乡居民收入比 2∶1,农业占 GDP 比例3%,全市城市化率 61%。

1 镇江统筹城乡发展的主要成效

1.1 体制机制不断创新

2002 年和 2005 年,两次乡镇机构改革,乡镇总数由 20 世纪 90 年代的 97 个合并为现在的 41 个镇和 7 个开发区(或管委会),乡镇机构缩小了一大半,通过撤并和村改居,行政村由 20 世纪 90 年代的 1 413 个减少为现在的 607 个;2007年全市完成村庄建设规划编制,把过去的 7 379 个自然村,规划为现在 1 609 个集中居住点,基本完成了重点镇、中心村、集中居住点的框架体系;截至今年 10月,全市农民专业合作组织已突破 1 000 家,入社农户 11.8 万户,占全市农户的21.1%;辖市区普遍建立土地流转服务市场,镇建立交易中心,50% 的村建立服务站,三级土地流转市场体系基本形成;全市累计流转土地 45.9 万亩,占全市耕地面积的 17.8%;初步建立起城乡就业和社会保障统一平台,安排专项农民培训经费,实施农村劳动力转移技能、农民实用技术、农民创业、农民经纪人等各类培训;建立城乡中小学挂钩支持制度,实施送优质教学资源下乡工程,加强农村社区成人教育;全面完成镇卫生院基本建设和村卫生室建设任务,新型农村合作医疗筹资标准有了新提高,医疗费用实际补偿达到 42.1%,参合率稳定在99.88%。

1.2 农村基础设施建设得到加强

实施"城建下乡、生态进城"战略,对农村河道、塘坝实行 5 年一轮回的清淤,丹阳、扬中率先通过省整体验收,农村水环境明显改观;积极推进农村区域供水、供气、电网改造、信息化建设,农民生活条件明显改善;农村垃圾实行户收集、村组集中、镇运转、县区集中处理,全市共建设辖市区或镇级垃圾处理厂(填埋场)21 个,自然村、农村社区普遍建起了垃圾集中点,购置了垃圾运输设备,建起

本文系 2009 年 12 月参加全省城乡统筹发展研讨会交流材料。

了农村保洁员队伍;70%的行政村建设了农民健身、休闲、文化娱乐场所;扬中、镇江新区、丹阳等辖市区还建立了法律咨询、农技推广、图书室等多位一体的农民服务中心;农村道路硬质化程度占总里程的80%以上,实现了村村通、组组通。

1.3 以工促农、以工哺农的机制初步建立

2006年,全市选择100个示范村、100个帮扶村,安排以市和辖市区四套班子、以一个领导带1~2个部门和2~3个企业,与示范村、帮扶村挂钩,截至2008年底,三年间共投入帮扶资金8.3亿元;2008年下半年,在继续深化"双百帮扶"的基础上,实施"百企帮百村、投入超百亿"的"三百"行动,截至10月底,全市参与挂钩合作的企业达521家,挂钩639个村(社区),村企结对挂钩率达到了99.4%,基本实现全覆盖;全市共实施村企挂钩合作项目546个,总投资24.8亿元,实际到位资金11.83亿元,村企实质性挂钩合作率达到了85.6%。实施消除年收入低于15万元的村、年收入低于2 500元的贫困户的脱贫攻坚"三包""两消除"工程,市级机关包括书记、市长在内的6 815名党员与1 772户贫困户结对帮扶,市级76个部门与60个经济薄弱村挂钩帮扶,各辖市区、镇村也同步行动,全市100个贫困村和所有贫困户有望年内全面完成解困目标。

1.4 农村"三集中"稳步推进

采取政策引导、市场运作、开展"双置换"等措施较好地解决了农村"三集中"钱从哪里来、人往哪里去、土地权属矛盾、土地规模经营等问题。目前,全市已经形成比较成熟的6种"三集中"类型:扬中、镇江新区,以辖市区整体布局推进"三集中";丹阳界牌小城镇集聚型;新桥镇金桥整村新建型;京口、润州区城中村的撤村改居型;镇江新区的大项目带动型;句容茅山的生态文化遗存保护型。今年1—10月,全市新开工农民集中居住点建设61个、建成面积248.04万 m²,新增农业适度规模经营面积13.61万亩。工业特别是大项目全部集中在省级经济开发区或镇工业集中(园)区,丹阳市1—10月工业集中区累计完成基础设施投入11亿元,建设标准厂房52.4万 m²,新入户企业86家,入驻企业总数达218家。京口区象山镇,润州区七里甸街道、和平路街道等城中、城边村,今年以来拆迁600多户,置换农民身份2 000多人,为城市发展提供了近千亩建设用地,新增绿化面积5万 m²。镇江新区以"万顷良田建设工程"为契机,对5.6万亩土地进行整合,搬迁农民2.3万人,通过整理复垦宅基地,新增8 542亩建设用地,为开发区城市建设和产业发展腾出了空间。

1.5 农村金融创新初现成效

加快发展辖市区、镇银行业金融机构,目前全市有8家小额贷款公司对农业中小企业和农户开展金融业务。据调查,经营主体和贷款农户、中小企业,普遍反映良好,今年1—7月,全市8家小额贷款公司累计发放贷款7亿元。

1.5.1　建立健全农村信贷担保体系

市建立了再担保机构,扩大农村有效抵质押物范围,积极开展农村集体建设用地使用权抵质押贷款方式,尝试农民林地、水面承包经营权、合作组织股权、农业机械等抵质押贷款方式,积极推行农户联保、农户互保、专业合作组织为成员担保等多种信用保证方式。农村信用社扩大了农业贷款业务范围;农业银行开始返农,今年发放 30 余万张惠农信用卡,为农民提供小额贷款业务;邮政储蓄银行充分发挥邮递员走村串户的优势,为农户提供及时的贷款服务,还协助丹阳市向邮储总行成功申请了 10 亿元新农村建设资金贷款;农业发展银行在搞好政策性贷款业务的基础上,增加了农村基础设施建设贷款,为新农村建设提供了有力支持。

1.5.2　建立健全农业保险制度

大力发展主要种植业保险,积极推进经济作物、养殖项目、高效设施农业和农机具保险;坚持政策性和商业性保险并举,扩大农业保险覆盖面。

2　当前的主要矛盾和问题

当前制约城乡一体化发展的突出矛盾集中在以下 4 个方面问题。

2.1　户籍改革不够彻底,农民和市民仍存在"差别待遇"

镇江从 2003 年 5 月起户籍管理实现了城乡一体化,但在实施户籍管理制度改革过程中,由于经济发展水平和一些地方政府及行政管理部门仍持传统观念,强加给户籍过多的附加功能,造成城市居民和农民在医疗、就业、保障、教育等方面不能享受同等待遇,造成与户籍有关的社会不公。

2.2　规划和建设难以实施到位

2.2.1　缺乏镇村建设详细规划

2008 年编制完成 705 个保留居民点的村庄规划,其中平面布局规划 482 个,村庄建设规划 223 个,目前还有 400 多个村没有建设详细规划。没有建设详规,基础设施建设就可能存在盲目投入、重复建设的问题。

2.2.2　土地权属制约规划实施

主要问题是村与村、组与组之间农民建房的宅基地难以置换,农民建新房就很难到规划的集中居住点上去。

2.2.3　农村基础设施难以集中建设

由于农村村落分布零星,人口不集中,进行基础设施建设需要投入大量的资金、人力、物力,给建设带来较大的困难。仅以农村小型污水处理设施为例,一个 5 000 人口居住的中心村,建设一个小型污水处理站,就要投入资金达 300 万元。

2.3 城乡保障不统一,反差较大

2.3.1 从医疗保险看

一是医保标准不统一。主要是地区经济发展水平存在差异,各辖市区的医保统筹标准不同。无论是基本医疗保险还是补充医疗保险,市区待遇与各辖市区之间落差较大,造成了医保"同城不同待遇"。二是医保卡不通用。医保卡只能在指定医院使用,更不能跨区域通用。三是管理体制多头分散。市区采取的是劳动部门与卫生部门联合管理模式,由医保局下属市医保基金中心负责基金的征缴与管理,卫生局下属市医保结算中心负责医疗费用的结算,不但经办力量重叠,也不利于对辖市的指导监督。

2.3.2 从养老保险看

一是农保工作发展不平衡。除扬中市作为新型农保制度试点地区外,其他地区农保工作长期停滞不前,每年稳定续保的不足万人。二是老农保政策已失去参保吸引力。养老金没有调整机制,由于没有政府财政投入和集体补助,缺乏社会保险的基本特征,亟待制度全面创新。三是新型农保补助偏低。政策拉动作用不明显,对农民增收贡献份额明显不足。

2.4 农村公共服务量少质差

主要是基础设施建设欠账较多,农村劳动力稳定就业矛盾日趋突出,农村社会事业投入不足,城乡基本公共服务严重不均。简单算一笔账,镇江城市和农村每年基础设施建设投资总额差不多是 20∶1,市区每年 100 亿元以上,农村全部加起来不到 5 亿元。

3 推进城乡统筹发展的思路和设想

今后一个时期,镇江统筹城乡发展的总体思路是"五化":统筹规划,推动城乡国土功能规划一体化;以工哺农,推动产业发展一体化;以城带乡,推动公共服务均等化;公共财政覆盖农村,推动基础设施建设一体化;制度创新,推动劳动就业、社会保障一体化。重点实施"安居、乐业、幸福、无忧、维权"等五项工程。

3.1 突出以"三集中"为抓手,实施"安居"工程,更大力度地加强农村基础设施建设

以国土规划二轮修编为契机,推进城乡国土功能统筹规划,推动基础设施、产业发展、公共服务、就业创业和社会保障向农村延伸。以"万顷良田建设"工程为契机,因地制宜大力推进农村"三集中",试点推进丹阳界牌等 3 个小城镇集聚型,积极推进丹徒、辛丰、龙山等 30 个中心村集中型,大力推进丹阳坤城、常兴等 300 个旧村改造型,全面推进环境整治型农民居住点建设,达到布局优化、道路硬化、村庄绿化、路灯亮化、卫生洁化、水质净化、环境美化的要求。在省级

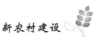

开发区和城中村试行"双置换"。在国家级重点镇和省级中心镇率先建设主业突出,专业化生产、社会化协作的工业集中区,鼓励突破乡镇行政区划限制,编制统一规划、多个乡镇联合建设工业集中区,形成规模优势,广泛吸引多元化的投资主体,鼓励企业、个人和外商以适当方式参与集中区的基础设施、标准厂房等项目的投资、建设和经营,2010 年,形成 5 个营业收入达 80 亿元以上的乡镇工业集中区。通过推进现代农业园区建设,加强土地股份合作和农民专业合作,推动农业适度规模经营,2010 年,农业适度规模经营面积占耕地面积的比例达到35% 以上。继续深入开展"百企百村百亿"行动,以项目合作为主要内容,推进村企实质性挂钩合作,使 90% 的村拥有合作项目。同时,以生态市创建为契机,建设环境优美乡镇为载体,以农村节能减排为核心,发展生态农业为手段,努力打造资源节约型、环境友好型社会主义新农村。

3.2 突出发展为民,实施"乐业"工程,更大力度地促进农民增收

扩大内需的重点在农村,关键在于建立健全农民增收的长效机制,提高农民的消费能力。要加强技能培训和政策扶持,大力扶持农民创业,为创业农民提供税费减免、贷款贴息及用地、用电、用水等方面的政策支持。充实农民创业担保基金,到 2012 年,全市农民创业担保基金扩大到 5 000 万元,在提高农民成功创业和稳定转移就业率上下功夫;推进城乡统筹就业、同工同酬和工资协商制度,维护农民工合法权益,在提高劳动者报酬占 GDP 和财政收入的比例上下功夫,大幅度提高农民工资性收入;大力发展现代高效农业,充分挖掘农业内部增收潜力,发展农产品加工和家庭手工业,推进农产品市场营销,在提高农产品附加值上下功夫,大幅度提高农民经营性收入;大力发展土地、社区、富民股份合作和资金互助合作,规范合作组织运作,在提高二次分配、股份分红效益上下功夫,大幅度提高农民财产性收入;认真落实农民新型医疗、低保、养老保险等政策,逐步推进城乡接轨,切实增加农民保障性收入;深入开展脱贫攻坚"两消除"活动,逐步提高低收入群体收入水平;全面落实好国家和省、市对农民的各项补贴政策,增加农民转移性收入,确保农民人均纯收入突破 1.1 万元,增长 12%,争取 14% 的增幅。

3.3 突出办好农村实事工程,实施"幸福"工程,更大力度地改善农村民生

2010 年全面完成县、乡、村河道和塘坝清淤既定任务,通过对河塘疏浚并建立长效管理机制,使农村河流、塘坝清澈起来;区域供水的重点在改造进村管网,提高入户率,尽快让农民喝上洁净卫生的安全水;脱贫攻坚工程要根据经济发展水平和农民人均纯收入情况,逐步提高脱贫标准,缩小贫富差异,进一步建立起农民脱贫和村级集体经济解困的长效机制;通过实施清洁能源工程,提高秸秆和畜禽粪便的综合利用水平,让城乡空气更清新、环境更洁净;通过实施绿色家园工程,大力开展植树造林,建设绿色村庄,将森林覆盖率提高到 25.6%;巩固完

善农村垃圾处置长效管理机制,每镇建成污水处理设施,全面建成全国环境优美乡镇,让山更绿、水更清、村更美;同时协调推进省定六件实事,大力改善农村民生。

3.4 突出公共服务覆盖农村,实施"无忧"工程,更大力度地提高农民社会保障水平

3.4.1 建立城乡就业和社会保障统一平台

到 2010 年,所有村建立劳动保障服务站。每年各类农民培训经费达到 1 000 万元,确保完成农村劳动力转移技能培训、农民实用技术培训、农民创业培训、农民经纪人培训共约 10 万人次的任务。将就业再就业资金使用范围扩大到农村,对农村零转移贫困家庭劳动力发放"再就业优惠证",凭证享受城镇就业再就业扶持政策。放宽贷款担保条件和倍数,优化信贷流程,完善利益补偿和责任分担机制。大力推进新型农村保险,逐步实现农村养老保险与城镇企业职工养老保险制度的有序转接,完善残疾人、五保户等农村弱势群体的保障制度,到 2010 年,基本实现"人人享有社会保障"的目标。

3.4.2 加强农村卫生和计划生育工作

到 2010 年,农村基本公共卫生服务人均筹资标准不低于 10 元;全面完成镇卫生院基本建设和村卫生室设备配备任务,新型农村合作医疗筹资标准不低于农民人均纯收入的 2%,医疗费用实际补偿 45% 以上,参合率确保稳定在 99% 以上,保证农民病有所医、老有所养。

3.4.3 实施优质教育、卫生资源的城乡流动

坚持城市教师、卫技人员晋升职称需有农村工作经历的政策。切实做好农村贫困群体脱贫致富和救助工作,防止发生因学致贫、因病致贫的问题发生。

3.4.4 完善公共服务功能

尽快实现城乡统筹,新出台政策原则上不能产生新的二元结构,能一步到位的坚决一步到位,决不留下隐患。

3.5 突出机制创新,实施"维权"工程,更大力度地深化农村改革

进一步调节不适应或阻碍生产力发展的生产关系,致力于推进六方面的改革。

3.5.1 土地制度改革

重点完善土地承包经营制度,在农村土地承包经营权、集体土地所有权和使用权、宅基地使用权的确权、登记、颁证上取得重大进展;规范县、镇两级土地交易市场运作,全面建成村级土地流转服务站,加快土地流转速度,推进农业适度规模经营。

3.5.2 农业经营体制机制改革

大力推进农民专业合作经济组织建设,变分散生产为联合经营、变松散型为紧密型,变单向服务为综合服务,在发展农民专业合作联社上取得重要进展,促

进合作组织管理民主化、财务规范化、服务优质化、经营效益化、产权明晰化、发展可持续化,不断提高合作社对农户的带动能力,在提高农户入社率和二次分配上下功夫,逐步推行产加销一体化的产业化经营。

3.5.3 农村集体产权制度改革

大力推进土地股份、社区股份合作,在农村集体资源、资产、资金管理上取得重要进展,使农民真正成性为集体"三资"的主人,明晰产权,量化到人,收益分红,切实提高农民的财产收入。

3.5.4 集体林权制度改革

认真贯彻落实中央和省林业工作会议精神,因地制宜开展林权制度改革,做到林地权、林木权、收益权三明确。在今年试点改革的基础上,2010 年全面推进并完成改革任务,确保实现改革见成效、资源有增长、生态受保护、林农得实惠的综合目标。

3.5.5 农村金融制度改革

进一步引导金融机构加大涉农信贷投放,加快发展对农民专业合作组织的直接贷款,推动小额贷款公司健康发展,力争再新增 5 家小额贷款公司;积极创造条件在组建村镇银行上取得突破;大力推进农业银行、邮储银行对农民的小额贷款,提高惠农卡的激活率;积极推进农民资金互助合作,在农民信用合作上取得重要进展,试点推进高效设施农业保险,切实化解农业发展资金瓶颈和农民收入风险。

3.5.6 乡镇机构综合改革

要借乡镇机构综合改革之机,完善综合性、公益性农业服务组织,健全农技推广队伍,理顺农经管理体系,彻底改变线断网破局面。

规划引领　产业支撑　创新推动
——句容市新市镇、新社区、新园区建设调查

今年以来,句容市新市镇、新社区、新园区建设推进有力、亮点频现、开局良好。已完成拆迁 145 万 m²,拆迁量相当于过去三年总和的 83%。"黄梅新村"规划设计、房屋拆迁已基本结束,安置房工程招标即将启动;后白"万顷良田"建设涉及拆迁 1 675 户,已签约 1 568 户、签约率为 94%,已完成 82 户拆迁和 600 亩新社区建设征地工作;宝华在编制完成新市镇控制性规划的基础上,新开工宝华花园和凤坛花园两个农民集中安置社区,已建成面积 21 万 m²,将续建 34 万 m²;下蜀长江花园集中安置区建设三期工程即将启动……

句容在"三新"建设中,坚持"规划引领、产业支撑、创新推动",既保证了工作落实的强劲力度,也较好地把握了"三新"建设的正确方向。

1　牢牢抓住"龙头",坚持以科学的规划引领"三新"建设

最大的失误是决策的失误,最大的"败笔"是规划的"败笔"。对接南京是承接南京的经济和产业溢出,不是为南京建设"后花园";建设新市镇,不是单纯地让农民集中居住,而是经济水平、城市形象、生态环境、百姓收入和生活水平的全面提高和改善。为此,句容在"三新"建设上,高度重视规划的编制和引领。

1.1　修编市域总体规划

对接《南京市城市总体规划》,把句容发展放在宁镇扬一体化发展的大格局中思考,认真分析研究句容所处的发展阶段、自然禀赋、产业特征、区位优势和不利因素,依托南京市交通规划设计院、南京市规划设计研究院,系统进行空间布局、产业发展、城市功能定位等重点问题的研究,按照建设南京副城标准重新修订编制了《句容市综合交通战略专题研究》和《句容市城市发展战略规划》。

1.2　编制"三新"建设规划

以市域规划控制新市镇规划,保证功能区分、布局合理、产业集聚、环境更优。在新市镇建设上,坚持"以人为本、整体协调、特色鲜明"的理念,努力实现"城镇规划、土地利用总体规划、产业规划和生态规划"的有机融合。宝华镇按照句容对接南京"桥头堡"的功能定位,投入 200 多万元,编制了"宝华新城"总体规划、控制性详规和其他专项规划;茅山风景区按照争创国家 5A 级风景区的标准,编制了景区总体发展规划,大力发展三产旅游服务业。在新社区建设上,

---

本文系 2010 年新市镇、新社区、新园区建设系列调研之一。骆树友、刘璇为共同作者。

216

按照科学发展、集约节约、生产力统筹布局、产业和生态整合、适宜生活居住等需求,对6个新社区——下蜀镇长江花园新社区、宝华镇宝华花园新社区、宝华镇凤坛花园新社区、黄梅镇黄梅新村社区、后白镇福源新社区、华阳镇周家岗新社区进行规划,突出科学性、前瞻性和可操作性。在新园区建设上,着眼于优化经济结构和生产力布局,按照产业集聚、企业集群、发展集约的发展思路,因地制宜、分类指导,重点推进了"五大经济板块"建设,推动乡镇工业项目向园区集中,实现工业经济的集中集约发展。同时,按照"政府搭台、多元投入、市场运作、产业兴园"的要求,编制了《句容市应时鲜果产业园区建设规划》和《句容市榉树园产业建设规划》,在整合全市45个千亩以上高效农业基地的基础上,重点规划推进苏南10万亩高效农业产业园、后白万亩农业观光园、绿泉庄生态农业物流园等一批现代农业园区建设。截至2009年底,句容市高效农业面积28万亩、农业适度规模经营面积29.54万亩,分别占耕地总面积的34%和40%。

1.3　严格按规划高标准实施基础设施建设

近年来,宝华镇先后投入资金10亿多元,实施了新市镇建设、亮化、硬化工程,与南京实现了区域供水、供气,南京电信、网通双双落户宝华,形成一区双号的有线网络覆盖模式,开通了数字电视,市政道路开工建设19条、50多km,建成了3万t自来水增压站、110kV和平变电所,铺设污水管网19 km。茅山风景区从2009年开始,投入近1亿元规划建设景区总入口、游客服务中心,现在,占地200余亩、建筑面积4 000 m²的游客服务中心已全面竣工。茅山风景区2009年又投入1亿多元,建成了道教文化广场、八卦广场等一批精品景观景点,完成了景区内九霄宫、元符宫等一批景点配套设施改造与升级,崇喜万寿宫、德佑观、仁佑观等项目正在加快推进之中。

2　突出发展经济,坚持以强有力的产业支撑保障"三新"建设

产业是新市镇建设的基础和支撑,也是新市镇长远繁荣发展的保障。在新市镇建设中,句容市各镇结合区位条件、资源优势、产业基础,因地制宜选准发展模式,努力实现经济发展方式转变,夯实新市镇建设的基础。

下蜀镇以临港经济为依托,充分发挥沿江优势,以港引资、以港聚业,着力构建6大产业集群,充分利用黏土储量高的资源优势,加速发展新型建材业,重点开发和推广新型建筑材料产品。依托南京汽车工业与镇江船舶工业,抓住中国二重集团项目落户镇江的契机,配套发展装备制造产业,打造金属压延、金属制品、金属材料的三大特色冶金加工产业及电、气、热能源产业,建设产业强镇。2003年,预算内财政收入仅2 300万元,2005年已突破1亿元,2008年跃升至3.2亿元,财税总量与增幅连续5年居句容各镇之首。郭庄镇主动对接南京,加快结构转型,大力发展物流、机械、化纤、电子、航空等产业,从2006年至2009年3年时间主要经济指标全部接近或实现翻番。宝华镇在做大做强旅游产业的同

时,大力推进总部经济、地产经济、高新技术等优势产业发展,先后吸引青和文化城、大全集团研发中心、英国安瑞地理信息软件等总部经济项目 6 个,工业、房地产项目 30 多个,旅游项目 40 多个,实现镇域经济发展快速转型。

通过推进"五大板块"建设,工业经济得到快速发展,区域经济实力进一步增强。2009 年,句容全市实现规模以上工业增加值 112 亿元、销售收入 440 亿元、利税 30 亿元,分别增长 22.5%,22%,23.7%,财政总收入突破 30 亿元。

3 发挥市场作用,坚持以创新的政策举措推动"三新"建设

紧紧围绕"钱从哪里来、人往哪里去、土地如何运作、各方面积极性怎么调动"等根本问题,就怎样最大限度地规避风险、提高效益,认真思考谋划新举措、新政策。

3.1 搭建融资平台

句容市以"双赢"的理念和优惠的条件,积极与江苏银行、华夏银行等金融部门联系沟通,开展合作,争取扩大信贷规模。大力引进社会资本投入基础设施建设,2009 年上半年,句容市依托福地公司、城投公司共融资 10.44 亿元,为重点工程的快速推进提供了资金保障。

3.2 引进战略投资者

广泛运用 BT、BOT 等手段,加强与大型企业、集团、有实力的客商进行合作,引进商业资本投入基础建设。今年,黄梅镇引入碧桂园综合性社区项目,占地面积近 1 万亩,总建筑面积达 1 500 万 m^2,总投资超 400 亿元,成为句容市吸引战略投资的一个成功范例。

3.3 用好用活土地政策

坚持全市土地利用统筹调度,保证最大限度地利用土地,实现占补平衡。对经济薄弱镇、村的土地整理、村庄改造,包括规划、拆迁、基础设施建设等支出,均由市统一打包核算支付;对市从各乡镇每调用一亩土地实施 5 万元奖励。

3.4 惠民拆迁安置

为切实维护被拆迁人的合法权益和合理诉求,句容采取住宅房屋拆迁补偿安置实行产权调换,辅之以货币安置的方式。具体政策包括置价评估、安置面积、位置户型、选房顺序、价格差别、搬迁补助、拆迁奖励、照顾性安置等内容。这些政策不但被拆迁户普遍认可,而且政策还特别承诺:临时安置不超过 18 个月,如超过期限,安置补助费按 2 倍补偿。对拆迁户中的贫困家庭、年老病残人员,政策给予了更多的关心和帮助:规定人均面积不足 40 m^2 的,按标准补足安置;孤寡人员产权调换面积不足 60 m^2 的,按 60 m^2 确定产权调换面积;等等。黄梅镇已拆迁的 2 600 户中,有 13 户这类家庭都得到妥善安置,特别是 3 户孤残老人,不但按"上限"发放了补偿款项,还替他们找好了比过去居住条件更好的

临时安置点。拆迁富民在句容得到了充分落实。黄梅镇签约拆迁户不仅可以得到配套完善、手续齐全、能自由买卖的安置房,而且平均每户得到 10 多万元、多的达 20 万~30 万元的现金补偿。

规划引领、产业支撑、创新推动。句容"三新"建设的有力推进,不仅在全市起到了积极的示范作用,也为"加快转型、奋力跨越"中的全市各项建设和工作带来了许多有益的启示。

首先,句容"三新"建设的有力推进,体现迎难而上、干则必成的执着精神,事在人为、人在精神。在"三新"建设过程中虽然面临各种矛盾、困难和阻力,但句容市委、市政府一班人特别是广大基层党员干部,始终保持昂扬的精神状态,咬定目标、一鼓作气,迅速打开了局面。黄梅镇用两个月时间就完成拆迁 2 600 户、50 万 m²;后白镇用一个月时间就做完 1 568 户拆迁签约工作。句容"三新"建设有力推进的实践告诉我们:发展必然遇到困难挑战,小发展困难小,大发展困难大,甚至冒风险;只要我们抱定想发展、干大事的信念,困难再多、矛盾再复杂,都能勇往直前。

第二,句容"三新"建设的有力推进,体现着抢抓机遇、抢争市场的发展意识。南京东扩,北接长江,南临空港,腹地丘陵生态绿色资源丰富,全市境内交通密集,高铁开通在即。句容已成为沪宁线上难得的一块"福地",南京、常州等周边城市的客商、游人越来越关注句容。句容"三新"建设得以有力推进,正是他们充分抢抓了地利天时的大好机遇和优势,通过市场化运作,引进战略投资者,引进一个个建设项目,解决了资金难题。机遇稍纵即逝,抱着"金饭碗"照样"讨饭吃"。句容的实践告诉我们:加快区域发展、加快经济转型,要善于把握优势、认清机遇,认真地研究产业动向、金融规律、市场需求,从市场找出路、向市场要效益,用我们的优势资源和优质服务吸引投资、引进项目,从而使发展转型的速度更快、质量更优、效率更高。

第三,句容"三新"建设的有力推进,体现着为民谋利、造福百姓的实践过程。发展为民不仅仅是把发展成果惠及人民,更重要的是发展的过程顺应人民的意愿、得到人民的支持和理解。句容把推进"三新"建设、造福一方百姓作为重要的指导思想,这不是喊在嘴上、写在纸上,而是贯穿于工作全过程实实在在的行动。和谐富民拆迁、建设优美环境、突出发展经济、关爱弱势群体等,无不体现着"利民、便民、惠民、富民"。从句容"三新"建设有力推进,我们看到:只要真正地把人民的冷暖放在心上,把人民的利益谋好,我们的工作就一定有强大生命力,就一定能经得起人民和历史的检验。

让乡镇供销社真正活起来

乡镇供销社是供销社联系和服务"三农"的首要环节。供销社能不能真正办成农民认可、农民欢迎的合作经济组织,关键在乡镇基层供销社;供销社的活力强不强,关键是乡镇基层供销社;供销社为农服务做得好不好,关键看乡镇基层供销社。近年来,全市供销合作社系统通过开展自主经营实体、为农服务载体、合作经济组织联合体"三位一体"建设,涌现了一批功能较全、实力增强、形象良好的乡镇基层供销社。但通过对丹阳、句容、扬中、丹徒、润州等辖市区 14个镇(街道)供销社的实地调查,了解到全市真正做到有规范牌照、有坚强有力的班子、有办公经营场所、有自主运营的实体、有为农服务项目、与地方政府有经常联系、运行正常的只占 28.6%,基本不运转或运行质量不高的占 71.4%。可以说,在新的历史条件下,更新发展理念、探索发展模式、创新体制机制,已成为推动乡镇供销社发展的当务之急。

1 做实"健全"的文章

秉持为农服务的宗旨,坚持因地制宜、市场取向、开放办社的原则,坚持合作制和联合合作的原则,坚持行政区划和经济区域相结合建社的原则,围绕搭建平台、综合发展、构建体系、建设新型基层组织这一目标任务,结合区域特点和"三新"建设,分类推进基层供销合作社改革创新。一方面按照当前建制镇和涉农街道建设基层供销合作社,另一方面加大按经济区域建社力度,通过优化重组、创新发展等手段,打造一批布局合理、产权清晰、机制灵活、运作规范的新时期优秀基层供销合作社;发展壮大一批资产完整、功能齐全、经济效益好的大社、强社;恢复重组一批空白基层社、空壳困难基层社,使供销合作社组织体系不断修复完善,逐步形成以辖市区社为核心,镇(街道)供销社为基础,社有企业为龙头,农民专业合作社、协会、综合服务社等为农服务载体完整科学的供销合作社组织体系。

1.1 做大做强一批基层供销合作社

对组织机构健全、设施完善、资产保值增值良好的基层供销合作社,要围绕建设日用品、农业生产资料、农产品、资金互助和农业社会化服务等经营服务体系,在建制村建设综合服务社,以项目为抓手,以现代经营体制和用工机制为手

本文原载于中共镇江市委办公室《创新》(2013 年第 9 期)。以此文为基础,起草印发了《关于加强全市镇供销社建设的意见》(镇政办发〔2014〕86 号),省供销合作总社向全省系统转发了该文件。

段,吸收经营者、职工、农民和社会资本参股,推进基层供销合作社的升级改造,打造成为新时期优秀基层供销合作社,力争在"十二五"末有 1/3 以上基层供销合作社达到新时期优秀基层社建设标准。

1.2 激活提升一批基层供销合作社

对目前靠资产收益能够维持的基层供销合作社,引入市场化用人用工机制,以盘活资产为杠杆,通过恢复农业生产资料、农产品、烟花爆竹、再生资源回收利用等传统业务经营,并逐步开展日用品超市及连锁经营、资金互助、农业社会化服务等新的服务项目,实现企业经济效益、企业积累同步增长,职工收益和养老保险、医疗保险有所保障。

1.3 恢复重建一批基层供销合作社

按照合作制原则,以市场化为导向,对以下类型合作社实施创新重组,重塑市场经营主体:负资产较大,没有集体经营,长期拖欠职工养老金的基层供销合作社;主体资产已出让、靠出让金过日子,无资产、无业务、无人员的"空壳"基层供销合作社;全部资产出让或长期租赁给职工,名存实亡的基层供销合作社乃至空白镇,可以吸收社会上有实力的实体参股或系统内龙头公司控股组建;可采取投资主体多元化,职工、基层供销合作社,县级社持股改组基层供销合作社,县级社可以自筹资金,也可以用政策扶持资金作为入股,县镇两级供销社持大股。专业合作社搞得比较好的镇可以由基层供销社或由在当地有影响力的合作社牵头组建农民专业合作联社,吸收专业大户、经济能人和相关的加工流通企业参加,行使供销合作社职能,服从县级社管理。

1.4 探索基层供销合作社与村级组织建设相结合的机制

按照专业化生产、社会化服务的要求,采取多种形式,在比较大的行政村、社区发展综合服务社、直营店,在中小村发展连锁店或加盟店;通过领办、参办农民专业合作社,开展土地托管、农业社会化服务等工作,拓展完善服务功能,充分发挥供销合作社在村级组织建设中的经济组织功能,形成村两委、农民专业合作社、综合服务社的村级共建模式。

2 做好"完善"的文章

乡镇供销社的组织属性为企业,必须遵循经济规律加强管理。以建立现代企业制度为目标,按照市场经济模式来构建社有企业和基层组织的运行机制,充分体现合作经济组织特色。

(1)采取重组、联合的方式,打造龙头企业,实行集团化经营。

(2)采取扶优弃劣、抓大放小、捆绑加盟的办法,组建新的企业,优化产权结构。

(3)采取招商引资、股份合作、股权出让、有进有退的办法,鼓励和支持农民和各类经营主体入社持股经营,实现社有资产结构多元化。

(4)采取因企施策,循序渐进的办法,深化企业的人事、用工、劳动、分配制度,进一步明晰企业能人、带头人的责权利,建立与其贡献相一致的薪酬、社会保险制度。

(5)建立健全社有资产管理、监督和运营体系,采取企业集团或资产经营公司等组织管理形式,完善法人治理结构,代表本级社行使出资人权利。

(6)加强人才队伍建设,建立健全供销社各类人才培训制度,提升现有人员的能力素质;以开放办社的理念大力引进各类社会人才,充实基层社经营管理人才;建立县级社与基层社年轻干部双向交流制度,鼓励引导机关干部到基层社建功立业;定期开展基层社主任和社有企业负责人交流,拓宽基层社主任的眼界、思维方式,经营管理理念,促进基层社和社有企业人才互动和业务能力的互促;利用效益较好、规模较大的社有企业,吸引招聘大学生、研究生,作为系统人才"孵化"器,建立系统后备人才培养机制;制定各类人才的岗位职责,完善人才考评机制;建立按劳分配与按生产要素分配相结合的激励机制,充分调动干部职工干事创业的积极性。

社村共建为农综合服务社的实践与探索

随着农村城镇化、农业现代化的不断推进,农民兼业化、村庄空心化、劳力老龄化现象愈趋明显,"谁来种地""怎么种地"问题日益突出,以农户为单位的"单打独斗"生产方式已不适应现代农业发展要求,加强农民的联合合作,提高农业生产组织化程度势在必行。鉴于我市人多地少和较多农民不愿土地流转的客观实际,学习日韩农协运作方式,借鉴台湾农会经验,加快构建以农户家庭经营为基础、联合合作为纽带、社会化服务为支撑的立体式复合型现代农业经营体系已成"三农"工作的当务之急。

供销合作社是为农服务的合作经济组织,是连接城乡的桥梁,网点广布,具有为农服务的传统基础和农民信任的独特优势。今年3月,党中央、国务院印发了《关于深化供销合作社综合改革的决定》,要求供销社坚持为农服务宗旨,坚持合作经济组织的基本属性,通过改造自我、服务农民,大力领办创办农民合作社及其联合社,努力形成上下贯通、利益紧密联结的农民合作经济组织。为此,近年来全市供销合作社进行了积极探索,大力推动村级为农服务社建设,把发展为农服务社作为供销合作社强化为农服务功能,延伸为农综合服务网络,促进基层社体制创新的一条重要途径,走出了一条因地制宜、形式多样的发展路子。

1 社村共建为农服务社的实践

据调查,目前我市有各类为农服务社678家,以产权、服务和管理的归属划分,大致有5种类型:一是社管民营型。其房产属村或农户,经营服务多为个体,服从供销社管理。比如,丹徒区谷阳镇镇南为农服务中心。二是社村联营型。其房产属村,经营服务主体多元化,供销社营管结合。比如,丹阳延陵镇九里为农服务中心,系九里村委会统一新建的房产,供销社统一制作服务标识,其中废旧物资网点由丹阳物回设立,农资由农服中心经营,日用品超市是个体经营,公共服务由村实施。再如,句容宝华供销社以连锁配送的农资经营网点为依托,纳入村委会公益服务、生活资料经营项目,创建为农服务中心。三是社援村建型。供销社出资,扶贫结对村提供土地,产权归村,共建服务用房,经营服务由供销社、村和农户共同承担。比如,扬中市太平村为农服务中心,系扬中市供销社挂钩扶贫村,结合油坊镇在太平村范围内新建城南小区的机遇,扬中市社援建了农资配送中心、居家养老服务中心、日用品超市,并提供棋牌、助餐、助医等服

本文原载于《江苏合作经济》(2015年第2期)。

务。四是社营村助型。依托供销社固有房产,由供销社职工承包经营服务,村配套提供公共服务。比如,丹徒区上党镇东贪为农服务中心(原全国总社党组书记周声涛曾莅临视察),依托职工承包经营的社有网点,与区文体局、镇农服中心等部门及东贪村合作,增设相关公益服务项目整合而成,服务项目集中,整体形象好。再比如,句容市陈武为农服务中心,位于边城集镇道路两侧,所有经营服务项目用房大部分为供销社的房产,与驻地村委会签署共建协议,由村提供公共服务。五是社村一体型。由供销社、村共同投资、共建项目、共营服务。比如,句容茅山镇丁庄村为农综合服务社,是由茅山供销社与丁庄村和爱农葡萄合作联社联合组建的,通过共同申报农业项目,共建基础设施,共同提供农业社会化服务,村两委整合公益性服务,为农民提供各类生产生活服务。截至去年底,全市供销社兴办高标准为农综合服务社(中心)46家;领办、参办、创办农民合作社368家,其中合作联社25家、服务型合作社73家;建设农资配送中心7家,日用品配送中心8家,农产品市场19家。初步形成了以农资配送连锁经营为基础、庄稼医院为支撑、农作物病虫害"统防统治"为特色的植保服务体系;以农产品经纪人队伍为基础、农民合作社为骨干、农产品市场为支撑的农产品营销体系;以基层供销社牵头组织、专业大户为基础、服务型合作社为支撑的农业生产服务体系;以日用品配送为基础、连锁超市为骨干、加盟店为补充、代邮代缴费等便民服务为配套的生活服务体系。同时还出现了句容茅山丁庄、丹阳延陵九里、扬中新坝立新等社村共建为农综合服务社的典型,他们集供销社的经营优势、村两委的组织优势和农民合作社的服务优势"三位一体",较好地满足了农民生产生活的需要,是日韩农协、中国台湾农会服务模式在镇江的特色体现,是供销社打通为农服务最后一公里的创新实践,符合供销社深化改革和服务型基层组织的建设方向。

2 社村共建为农综合服务社的探索

2.1 社村共建的主要内容

通过调查发现,社、村发挥各自优势,共建内容广泛,合作潜力巨大。

2.1.1 发挥供销社、村组织优势,共建农民合作社

农民合作社是"社村共建"的重要载体。基层供销社、涉农龙头企业要进一步加强与村级组织、专业大户的广泛合作,充分发挥供销合作社经营优势和村级组织的组织协调优势,共同创办、联办各类农民合作社及其联社。通过资本联合、劳动联合、经营联合和产品联合等形式,采取入股、出租或流转土地等方式加入合作社,形成以产权为纽带的利益共同体。积极拓展资金互助合作、休闲观光农业、农产品加工营销等服务领域,切实增强合作社的辐射带动作用,努力实现农民致富、农业增收、农村经济发展、村集体凝聚力增强、供销社服务能力提升多方共赢。

224

2.1.2　发挥供销社经营优势,共建农村现代流通网络

以供销社为主导,联合村级组织,实施龙头企业带动和超市下乡,推动经营服务向基层延伸。整合土地、房产及仓储物流等设施资源,大力发展农村连锁超市,改造规范加盟店和村级为农服务社,扩大农资配送直供比例,提升农村流通网络规范化、标准化、信息化水平。实现县有配送龙头企业、镇有直营超市、村有连锁便利店的农村现代流通服务网络,进一步改善农村生活环境,促进村集体收入稳步增加。

2.1.3　发挥供销社业务优势,共建农业社会化服务体系

按照"因地制宜、主体多元、形式多样、重点突破"的原则,以农业龙头企业、基层供销社和农民合作社为载体,充分发挥村级组织的政治和组织优势,社村合作开展"放心农资惠千家"行动、农作物病虫草害统防统治、农事订单服务或托管服务、土地流转、农村信用合作服务和农产品销售等经营服务,拓宽供销社为农服务范围,增强村集体服务能力,推进农业服务规模化、产业化。

2.1.4　发挥供销社网络优势,共建农村社区综合服务平台

各级供销社和农业龙头企业要根据当地新农村建设规划,按照"新市镇、新社区建到哪里,供销社经营服务就延伸到哪里"的要求,以共建农村社区综合服务社(中心)为重点,积极推进日用品超市、农资超市(直营店)、庄稼医院、农民合作社及其他涉农经营服务项目进社区,同时开展养老、幼托、理发、洗浴、餐饮、农机家电维修、代缴费等生活服务项目,满足农民生活需求。在共建农村新社区中提升供销社为农服务能力,通过合作共建与经营服务增加村集体收入。

2.1.5　发挥供销社资源优势,共建农产品经营服务体系

深入开展"产销对接助万户"行动,扎实推进农产品品牌创建工程,社村共建农产品标准化生产基地,采取测土配方施肥、农作物病虫害生物防治、标准化生产技术推广等措施,保证基地农产品质量安全和优质优价,大力推进农产品"三品"认证,打造有影响力的特色农产品品牌。村集体可以土地、房产、农业设施等入股,双方合作经营等形式,共建农产品市场,推进农超、农校、农企、农网对接,不断拓宽供销社经营服务领域,增加村集体经营性收入,畅通农产品销售渠道,帮助农民增收致富。

2.2　社村共建的主要工作

通过座谈,越发感到,把供销合作社系统打造成为与农民联结更紧密、为农服务功能更完备、市场化运行更高效的合作经济组织体系,成为服务农民生产生活的生力军和综合平台,需要做的工作还很多,其中,社村共建的为农综合服务社就是供销社为农服务的终端平台。

2.2.1　共用各类资源

充分利用供销合作社在市场、网络、技术、人才、服务等方面的有效资源和农民的土地资源,发挥村党组织的领导、组织、集体资源优势,以经济合作为载体开

展社村共建。坚持开门办社,拓宽用人渠道,实现优秀人才合理配置。鼓励政治过硬、作风扎实、有服务"三农"意愿、有一定技术服务能力和市场开拓能力的村"两委"干部、合作社社长、农产品经纪人、农产品加工企业主、专业大户和社会能人加入供销社队伍。通过供销社经济合作服务平台与村两委联合合作,实现优势互补,打造一支高素质的村级干部队伍和基层供销社干部职工队伍。

2.2.2 共建合作组织

通过共建农民合作社、合作社联合社或农村合作经济组织联合会等方式,将供销合作社组织向村级延伸,拓宽基层党组织服务农民的渠道。供销社和村两委要积极领办、创办农民合作社,组建合作联社,着力创建农民合作社示范社,广泛吸纳农业龙头企业、种养大户、家庭农场加入农民合作社,整合吸纳已成立的农民合作社到供销合作社组织和经营服务体系中来。推广句容"戴庄模式",集农民合作联社、村"两委"于一体,也可以在符合条件的合作联社设立党总支,在农民合作社设党支部,发挥好党组织和党员的作用,促进各类合作经济组织规范发展。积极支持和引导农民在合作社内部开展资金互助,破解农民融资难题。

2.2.3 共筑服务平台

按照"主体多元化、服务专业化、运营市场化"要求,社村共建农村社区综合服务社(中心),构筑农业社会化服务平台。将日用品超市、农资超市、庄稼医院和其他涉农经营性项目纳入农村新社区建设的总体规划,打造农村经营服务综合体,同时整合各类农业经营性服务组织、涉农中介服务组织,壮大服务实力,为农民提供低成本、便利化、全方位服务,并引导其参与公益性服务。整合组织部、民政、计生、人社、文体、卫生、科技等社会公共资源开展公益、政务服务,建立"农民大讲堂",培育新型农民和农村实用人才,建设养老、托幼等设施,拓展便民服务领域。完善集公益性服务与经营性服务相结合、生活性服务与生产性服务于一体、专项服务与综合服务相协调的新型农村社会化服务网络,增强农村社区服务社(中心)的综合服务功能。

2.2.4 共谋特色项目

村"两委"要积极引导农民参与土地托管和集约化经营,转变农业生产经营方式。基层供销社要以村集体合作组织、农民合作社、专业大户、家庭农场为载体,开展以土地托管、订单作业为主要内容的农业规模化、专业化、标准化的综合性社会化服务,促进农业科技转化为现实生产力。要重点推进粮油作物和园艺作物的托管服务,集耕、种、管、收、烘、储、销于一体,提升农业经营规模化、服务社会化水平。发挥供销社龙头企业链接产销的带动作用,合作共建日用品超市、农资超市、农产品市场、优质农产品基地、农产品加工及仓储物流设施等经营服务项目,创建农业服务产业化示范基地,打造农产品知名品牌和农村现代流通网络体系。

2.2.5 共享发展成果

坚持"依法、自愿、有偿"的原则,鼓励支持农民承包土地向专业大户、家庭农场和农民合作社流转,通过社会化服务,降低生产成本,提高农业生产经营规模化收益。建立基层供销社与社有龙头企业、农民合作社和村"两委"之间的产权联结、资金互助和利益分配机制,通过服务分成、盈利分红、二次返利等方式,增加农民收入和村集体收入;基层供销社、农民合作社获得规模化服务收入;基础薄弱的村庄,通过农业规模化服务增加的收益,按契约比例获得集体收入,增加村级组织正常运转和基本公共服务经费新来源,提升基层党组织服务能力和水平。

3 社村共建为农综合服务社的期望目标

通过上述社村共建,经产权联接、服务联合、组织联系,由供销合作社、村两委、农民合作联社共同组建为农综合服务社或称农村社区综合服务中心,下设"五部一中心":政务服务部,是政府各部门的村级服务点;生产服务部,包括技术服务、农事托管、农资超市、农产品销售、农机维修等;生活服务部,包括日用品超市、废旧物资回收站、卫生室、理发店、餐饮、红白理事会、洗浴、养老托幼、家电维修、代邮代缴费等;信用服务部,包括合作社内部的资金互助、保险、担保、信用评级等;信息服务部,包括村务、党务、社务公开,农家书屋,远程教育,农民讲堂,电子商务,时政、科技、气象、农产品信息,中介服务等;农民活动中心,包括党员活动、文化娱乐、体育健身等。集供销合作、生产合作、信用合作、村社合作、部门合作于一体,开展党务、政务、村务、社务、服务等全方位服务,形成具有中国特色、镇江特点的农村基层服务组织,真正把便民服务送到村,把生活服务送到户,把信息服务送到人,把生产服务送到田,满足农民生产生活的各种服务需求,切实打通为农服务最后一公里,把农村社区打造成服务型基层党组织、法治型村民自治组织和实体型合作经济组织。

4 推动为农综合服务社社村共建落到实处

社村共建为农综合服务社是改进农村社会管理、转变农业发展方式、健全农业社会化服务体系和提升农村基层组织服务能力的创新举措,应当得到各级党委政府的高度重视和大力支持,因村制宜,不求上述目标在所有村都能全面达到,可以总体规划,分步实施,以取得实效为检验标准。

4.1 加强组织协调

辖市区、镇党委政府要把推进社村共建为农综合服务社列入重要议事日程,加强领导和协调,重点解决推进过程中遇到的突出问题;党委组织部门要将"社村共建"作为农村服务型基层党组织建设的重要内容,切实加强指导;民政部门要将其列入农村社区建设的基本要求;各级供销合作社具体负责此项工作的组织落实和督导调度,形成加快推进"社村共建"的强大工作合力。同时,加强职业农民教育培训,尽快培育一批"有知识、懂技术、会经营"的新型职业农民,服务于现代农业发展。

4.2 加强政策支持

各级财政要整合新农村建设、农业产业化、扶贫开发、农业社会化服务、"新网工程"、农村党建、农村社区建设等专项资金,把社村共建为农综合服务社项目列入扶持范围,予以重点倾斜;国土、规划、住建、环保等部门要建立对经济薄弱村集体经济项目审批"绿色通道",简化审批手续,降低收费标准,对从事农业生产性服务取得的收入免征营业税。

4.3 加强规范管理

依据国家产业政策和合作事业发展需要,坚持市场运作、合作共赢、便民利民、为农服务原则,明确产权,订立契约,明晰供销合作社与村集体、合作社、社员的利益边界;建立和完善资产合理流动、重组和利益分配机制,认真做好有关资产的产权界定、清产核资、资产评估、综合评价等基础管理工作。加强资产管理,坚持阳光操作、规范运作、科学实施、民主决策,明确投资项目决策者和实施者应承担的责任,确保社村共建工作持续健康发展。

4.4 加强宣传引导

建立工作调度督查制度,将"社村共建"纳入各级党委政府对"三农"工作的考核内容,定期对"社村共建"工作进行督导。要充分发挥舆论引导和典型示范作用,注意发现和树立不同类型的先进典型,及时总结推广成功经验,大力宣传开展"社村共建"带来的新发展、新变化,努力形成良好的工作导向和社会氛围,推动"社村共建"更好地为农服务。

农业开发规划

江苏省茅山丘陵(句容)有机农业标准化
示范园区建设规划(2001—2006 年)

随着世界经济的发展和社会的进步,人们对生活质量的更高追求与严重的资源环境问题发生了尖锐的矛盾。于是,发展有机农业,保护生态环境,向社会提供优质、安全的健康食品,便成了当今世界农业发展的潮流。在今年3月召开的中央人口资源环境工作座谈会上,江泽民同志专门讲到了有机农业,要求"结合农业结构调整,积极发展生态农业、有机农业,使农药、化肥使用量降低到一个合理的水平,控制农业面源污染,保证农产品安全"。我国加入世贸组织不久,大力发展有机农业,生产优质有机食品,将成为我国农业抵御外来农产品并进军国际市场的一张重要王牌。随着全国范围的农业产业结构调整,大力发展有机农业也是我省农业提升档次,在激烈的市场竞争中立于不败之地的重要手段。

今年5月,省老区开发促进会在宁、镇、常三市交界处的茅山丘陵腹地做了专门调查,并向省政府提出了重点开发茅山丘陵腹地有机农业圈的建议,李源潮副书记、姜永荣副省长对此报告非常重视,做了长篇批示,要求农林厅牵头,提出全省分区域分产业建立有机农业的规划和政策,并以此作为今年秋播工作的重点。调查报告建议由江苏丘陵地区镇江农科所作为主要技术依托单位,为茅山丘陵腹地有机农业圈的开发建设提供科技支撑,并在地方政府的领导和支持下,今秋主持启动句容袁巷有机农业示范园,以带动整个"茅山丘陵腹地有机农业圈"的兴起。为使丘陵有机农业开发工作有序、健康、迅速地开展,镇江市政府组织农口及涉农部门的领导、专家,会同句容市、袁巷镇、天王镇政府对园区建设在现场调研、勘察的基础上,编制了全面规划,并经过多方论证修订,现报告如下。

1 示范园区地址及规模

示范园区位于镇、常、宁三市交界处,地处句容市境最南端,居于苏南密集的城市群之中,坐落在沪、宁、杭都市三角的中心区域,距南京禄口国际机场38 km。示范园区南起104国道(宁杭线)东侧的袁巷镇白沙村,沿瓦屋山、马山、大王山、方山等山体西侧北上,直至常溧(水)公路边的天王镇潘冲村,全长25 km左右,连接了茅山及瓦屋山两个著名的风景旅游区。现状是山上林木葱茏,山脚延伸有大片丘陵岗坡地主要种植杂粮,其间谷地多辟为冲田种稻;上游

本规划于2001年3—8月由我执笔完成,2002年2月在省环保厅主持下,经国家环保总局南京环科所及省级专家论证通过。

有一定规模的水库,水质清澈,达到《地面水环境质量标准(GB3838—88)》一类标准,大多能自成独立水系;人口密度每平方公里不足 200 人,只有全省平均数的 30%;大气环境质量和声环境均达到一类标准;土壤以小松土及黄土为主,有机质含量 0.5%~3%,农业生产水平不高,较少施用农药、化肥,区内无工业污染源,资源条件适宜发展有机农业、生态农业。经初步勘查,有可能辟为有机农业生产基地的有白沙、上杆、南塘、李塔、方山、潘冲六大片区,耕地面积合计 2.302 万亩,加上周边山林地则达 3.5 万亩。

2 示范园区建设目标、项目总体设计及总体布局

2.1 示范园区的建设目标

围绕江苏丘陵地区农业产业结构调整的重点产业类型,即以稻米为主的粮油、以应时鲜果为主的经济林果、以牧草种植为前提的草食畜禽饲养等三大产业类型,开发有机农业产业项目,示范、带动茅山丘陵腹地有机农业的发展,推动全省丘陵地区农业产业结构调整,推进全省丘陵地区生态农业、有机农业的协调发展,提升全省丘陵地区农业生产档次,实现发展农村经济、增加农民收入的目的。

2.2 示范园区总体项目设计与布局规划

根据六大片区的现状与条件,按总体目标设计框架要求,有机农业产业发展重点初定如下:白沙片区为综合示范核心区域,以果草间作、草畜结合、设施栽培为主,兼有有机茶叶和有机稻米生产;上杆片区以有机果、有机牧草及有机兔、羊等畜产品为重点,兼有有机茶和有机板栗;南塘片区以有机中草药材和有机果品为重点,兼作有机块根(茎)类蔬菜;李塔片区以有机粮、油为重点,兼有有机茶生产;方山片区以有机茶为重点,兼有有机杂粮、有机花生生产;潘冲片区以有机牧草及有机羊、鹅等畜产品为重点,兼有有机鱼生产。

3 示范园区各片区具体项目设计与布局规划

3.1 白沙片区

位于袁巷镇白沙村瓦屋山西麓的白沙片区作为示范园区规划启动建设用地,也是整个示范园区的核心片区。该片区地形为东高西低,东、南、北三面均有山丘分布,南、北山丘之间为大片丘陵岗坡地和冲田。东西向绵延 5 km 直抵 104 国道(宁杭公路),上游有依山而建的白沙水库,库容量 84 万 m^3,均为自然水和山泉,冲田有水渠可自流灌溉,坡地可建节水农业设施,能形成独立自然水系。片区面积约 5 000 亩,其中有林地约 2 000 亩(含茶叶 250 亩)、塝田、冲田 767 亩,余为坡地 2 273 亩,土壤为偏酸沙壤土,耕层肥沃,适合多种经济林果生长。初步规划是:山坡地原有林木继续加强管理,充分发挥森林生态功能和经济效益外,在原有茶园改造基础上,适当增加茶叶种植面积,形成相对集中的连片

有机茶叶生产示范区;山脚坡地大面积种植适生果树并实行果树行间种植牧草,实行果、草间作立体种植,生产多种有机果品及有机牧草,带动发展有机畜禽产品。果树以桃、柿、无花果、草莓为重点,并在塝田安排一定面积的设施果树栽培面积,利用温室棚架搞避雨及防虫网覆盖栽培,生产有机葡萄、有机枇杷、有机甜樱桃等有机果品。牧草以豆科牧草白三叶草为主,混播百喜草、多年生黑麦草等禾本科牧草,种草养羊、养鹅、养兔等有机畜禽,重点发展肉质鲜美、适合舍饲的肉用绵羊——"湖羊",冲田开发有机优质大米。

（1）各类有机农产品的种植面积、产量和畜禽饲养量如下。

① 有机大米	567 亩	年产 200 t
② 有机茶叶	250 亩	年产 7 t
③ 有机果品	2 223 亩	年产 2 278 t
其中：草莓	100 亩	年产 150 t
葡萄、枇杷等	100 亩	年产 80 t
桃	1 112 亩	年产 1 112 t
柿	861 亩	年产 861 t
无花果	50 亩	年产 75 t
④ 有机牧草	2 000 亩	年产 1 600 t
⑤ 有机畜禽饲养量		
其中：羊		年产 6 000 头
鹅		年产 50 000 只
兔		年产 50 000 只

（2）具体布局如下。

1 号区（烈士墓东至凉亭村西面积 698 亩）

  ① 坡地有机桃间作牧草　　　240 亩

  ② 冲田有机稻　　　　　　　208 亩

  ③ 山林地有机茶叶　　　　　250 亩

2 号区（白沙水库北缓坡地,面积 510 亩,现主要为残次生林地）

  ① 有机柿间作牧草　　　　　460 亩

  ② 无花果　　　　　　　　　 50 亩

3 号区（南山丘坡地面积 401 亩）

  ① 有机柿间作牧草　　　　　401 亩

4 号区（馒头山坡地面积 377 亩）

  ① 有机桃间作牧草　　　　　377 亩

5 号区（北山丘坡地至龙海水库面积 495 亩）

  ① 有机桃间作牧草　　　　　495 亩

6 号区（白沙水库下游塝田及冲田面积 559 亩）

① 有机果树   200 亩

  其中：草莓   100 亩

    葡萄、甜樱桃等   100 亩

② 有机稻   359 亩

  园区的北部分布有 1 112 亩有机桃及间种牧草,园区的南部分布有 861 亩有机柿及间作牧草、50 亩无花果和 250 亩有机茶,园区的中部为 200 亩设施大棚果树及 567 亩水稻。全部建成后将形成春天漫山桃花,秋天遍野红柿,其间镶嵌连片白色大棚和水田的壮观景象,是生态农业和生态旅游的绝佳组合,为发展观光农业创造了良好条件。

3.2　上杆片区

  该区位于瓦屋山、周山、王八盖及上杆水库之间,东高西低,在王八盖与周山之间为一片较低的土丘地及部分冲田;土壤与白沙区相仿;总面积约 3 000 亩,其中开发生产基地 1 464 亩。主要布局如下:

① 有机茶园   216 亩,其中老茶园改造 46 亩

② 有机果园   302 亩,其中 50 亩设施栽培

③ 新品种示范园   200 亩

④ 板栗园   494 亩

⑤ 有机牧草(套种)   704 亩

3.3　南塘片区

  该区四面环山,人为破坏较少,是六大片区中生态条件最好的,因而必须在重视生态环境保护的前提下,慎重选择开发项目。初步考虑较适宜于开发有机块根(茎)类蔬菜、中草药材及果品类项目,总面积约 5 000 亩,以招商引资为主,建立专用生产基地。具体项目仍待进一步论证选择。

3.4　李塔片区

  该区位于天王镇境内,上游有李塔水库。该区已经过小流域治理,土地整理,农田较为平整,沟渠配套,适宜茶叶、水稻、油菜生产,全区总面积约 3 500 亩,初步布局为:

① 有机水稻   3 000 亩

② 有机油菜   3 000 亩

③ 有机茶   200 亩

3.5　方山片区

  该区块以方山顶及其西坡为主,在传统茶叶生产的基础上,进一步搞好生态建设和有机化生产。区内土壤质地较好,尤其是山顶为沙壤土,富含有机质,十分适宜于茶叶生长。总面积 1 520 亩,布局为:山顶 500 亩、山坡 1 020 亩有机茶。

3.6 潘冲片区

该区位于茅山脚下,北傍常溧(水)公路,以低山丘陵为主。土壤为小粉土及旱作黄土,微酸性,土层较厚,适宜面积5 000亩,规划布局为:

① 有机牧草	3 000 亩
② 有机獭兔种	1 000 组
③ 有机湖羊	3 000 头以上
④ 有机禽养殖(种鸡)	1.7 万只

4 示范园区的技术路线

充分发挥丘陵山区环境与资源的优势,在全面采用综合生态农业技术基础上,整合有机农业、优质栽培技术,组装集成优质有机农业生产技术体系,形成良性循环生态系统,同步生产纯天然、无污染、高质量的有机农产品,确保经济效益和生态效益的协调统一,确保农业可持续发展。

示范园区采用综合生态农业技术,突出两个层次的立体农业分布:一个层次是山顶、山腰林木茂盛,山脚、缓坡果茶成行、牧草铺地,山冲大棚连栋成片和稻浪翻滚;另一个层次是山丘缓坡地的立体农业分布,即果树地间作牧草,牧草用来饲喂畜禽,实行果草结合、农牧结合的立体综合利用。两个层次的立体农业分布,是丘陵山区土地、水、生物资源和环境科学合理的立体综合利用,再加以严格实行操作性强的有机农业生产技术规范,既能组合成示范园区绿与美的农村自然景观,又能呈现出示范园区的生物多样性及其良好的生态系统,真正实现农业的可持续发展。

示范园区采用的优质栽培技术,主要通过引进国内外优质品种(不含转基因品种)和先进技术,经消化吸收,结合地情组装集成应用,确保产品达全省、全国一流水平,优质高效,保证经济效益。

以镇江农科所为基础,大力引进人才,组织精干力量,迅速建立开放型的有机农业研究开发中心(研发中心实施方案另定),重点围绕丘陵地区农业产业结构调整方向,开展有机农业科研攻关,不断提升综合生态农业技术和优质高效农业技术档次;在研究国内外市场的基础上,通过研究开发新的有机农产品,去开发、引导国内外有机农产品市场,经直接的市场实践和对科技、市场信息网络的参与,及时掌握信息动态,争取在有关重点产业领域能及早与国际接轨。研究开发的成果力争全省、全国领先,为有机农业示范园区建设,为镇江市有机农业产业发展,为江苏省有机农业产业发展,提供强有力的科技支撑。

5 示范园区的运作机制

示范园区经营拟采取多元化运作方式。一是由江苏丘陵地区镇江农科所、镇江市农林局或其他入园单位组建独立核算的法人经济实体,租赁土地直接经营;二是当地农户在入园单位直接经营地块的示范带动和指导下自己独立经营;三是在统一规划、布局下,以保护生态环境为前提,招商引资(包括内商和外商),既可以独资经营,也可以合资、合作经营。农科所、农林局等在白沙片区直接经营的土地称为启动示范区,包括1号区、2号区及6号区的一部分,合计面积1 408亩;农户经营的土地称为示范带动区,包括3号区、4号区、5号区全部及6号区的大部分,合计面积1 632亩。

在镇江市有机食品生产基地建设领导小组的领导下,启动区将首先参照白兔示范园的成功做法,组织专门班子采用单独核算、企业化运作的机制经营启动示范区,法人治理,严格管理、职责分明,成绩和收益挂钩,高效、有序运作,树立良好的公众形象。积极创造条件,引导当地农民,在果树进入投产期前后,再将土地反租给农户,由研发中心负责技术指导,并由相关经济实体提供全部物化有机农业生产资料,负责产品的销售,反租农户则联系产量、质量计酬,既调动了农民的生产积极性,加强了园区内部的生产管理,又显著增加了当地村民收入,还帮助农民学技术。另外,还提供集体羊舍廉价出租给农户,鼓励反租农户用承包果园生产的牧草养羊。随着启动示范区的先行,将逐步组织引导当地农民进入示范带动区,按规划布局自主经营有机农业生产,示范园区提供生产基础设施、技术指导和帮助销售产品。当农户经营的示范带动区发展到一定程度时,研发中心和当地政府通过联合培养专业大户及农业产业化经营带头人,将组织农民联合营销,帮助他们成立专业合作经济组织,以"公司+合作社+农户"的形式,带领农民共同进入市场。除了白沙片区的一部分属示范带动区外,其余上杆、南塘、李塔、方山、潘冲等片区,也都由领建单位首先建立一定面积的启动示范区,但主要作为示范带动区。镇江市及句容市政府有关涉农部门,将随着政府机构改革,分流人员到这些示范带动区组建经济实体,直接经营并带领当地农民开发有机农业生产。在硬件设施建设基础上,开展有机农业、观光农业的对外招商引资,同时吸纳有志开发有机农业的国内外农工商业界人士入园,形成多元投资、多方运作的市场化运行模式。另外,示范园区还将作为"茅山丘陵有机农业圈"的核心部分,通过技术培训、技术服务、联合营销及"公司+合作社+农户"的紧密联合体等多种形式,以茅山老区乃至全省丘陵地区为带动辐射区,带动该地区发展生态农业、有机农业,从整体上推进全省丘陵地区农村经济发展和农民收入的提高。

6 示范园区建设分年进度

6.1 第一年度(2001年9月—2002年8月)

(1)完成园区环山主干道(104国道白沙村至常溧路潘冲村)砂石路工程,全长约25 km,按四级公路标准实施。

（2）白沙片区。

① 片区主干道路基框架及 104 国道至白沙村路面工程；

② 1 号区道路、输水管道及节水灌溉设施、电力网,开挖蓄水塘坝及其配套水利设施；

③ 1 号区 240 亩有机桃定植及 200 亩间作牧草种植；

④ 1 号区启动 250 亩有机茶及 208 亩有机稻米；

⑤ 2 号区完成 510 亩土地治理并种上牧草。

（3）上杆片区。

① 完成田间整治土石方工程；

② 改造老茶园 46 亩；

③ 架设电缆线路 10 km。

（4）南塘片区。

① 通电、通路。

（5）李塔片区。

① 3 000 亩土壤改良；

② 300 m 渠系衬砌,2 400 m"U"形板渠衬安装；

③ 水稻、油菜品种更新。

（6）方山片区。

① 300 亩土地复垦、栽种茶树；

② 250 亩茶园品种更新；

③ 田间路沟配套及林带建设。

（7）潘冲片区。

① 2 000 亩土壤改良及牧草播种；

② 道路设施配套；

③ 购置牧草收割机。

6.2　第二年度(2002 年 9 月—2003 年 8 月)

（1）白沙片区。

① 1 号区完成 250 亩有机茶、208 亩有机稻生产基地；

② 2 号区定植有机柿 510 亩,完成相关道路、输水管道及节水灌溉设施、电力网；

③ 完成办公、培训、生产、生活用房 2 000 m^2；

④ 6 号区完成土地治理 200 亩,定植葡萄、枇杷等 100 亩；

⑤ 本区各类有机产品品牌申报；

⑥ 本区各类转换期有机产品试销。

（2）上杆片区。

① 新建茶园 170 亩；

② 完成 302 亩果品栽植及土壤改良;

③ 新建温室大棚 50 亩;

④ 完成果园牧草播种 402 亩。

（3）南塘片区。

① 招商引资,确定开发项目;

② 项目基建开工。

（4）李塔片区。

① 有机稻米、有机油加工设备选型配套;

② 有机米、有机油品牌申报;

③ 转换期有机米、有机油试销。

（5）方山片区。

① 有机茶加工设备更新;

② 转换期有机茶试销;

③ 有机茶品牌申报。

（6）潘冲片区。

① 电力增容;

② 种用獭兔养殖场建设;

③ 有机牧草,有机羊、鹅转换期产品试销;

④ 有机牧草,有机畜产品品牌申报。

6.3 第三年度(2003 年 9 月—2004 年 8 月)

（1）白沙片区。

① 6 号区建成 100 亩草莓大棚,100 亩葡萄、枇杷等果树大棚;

② 6 号区完成相关道路、输水管道及节水灌溉设施、电力网;

③ 6 号区完成 359 亩有机水稻种植;

④ 3 号区完成 401 亩土地治理并定植桃树;

⑤ 3 号区完成相关道路、电力网及输水管道等节水灌溉设施。

（2）上杆片区。

① 494 亩板栗园改良与管理;

② 果园牧草播种 302 亩;

③ 灌溉设施配套。

（3）南塘片区。

① 项目基建施工;

② 中草药规模生产。

（4）李塔片区。

① 有机茶园建设。

（5）方山片区。

① 有机茶生产。

（6）潘冲片区。

① 牧草种子仓库建设；

② 牧草种子精选机购置。

6.4　第四年度（2004 年 9 月—2005 年 8 月）

（1）白沙片区。

① 4 号区完成 377 亩土地治理并定植桃树；

② 4 号区完成相关道路、电力网、输水管道及节水灌溉田间设施。

（2）上杆片区。

① 滴灌设施配套；

② 冷藏保鲜设备购置。

（3）南塘片区。

① 有机果品生产；

② 有机中草药加工；

③ 申报本区有机产品品牌。

（4）李塔片区。

① 有机粮油正式上市。

（5）方山片区。

① 有机茶正式上市。

（6）潘冲片区。

① 牧草加工厂建设；

② 牧草烘干设备购置；

③ 牧草自动捡拾打捆机购置。

6.5　第五年度（2005 年 9 月—2006 年 12 月）

（1）白沙片区。

① 5 号区完成 495 亩土地治理并定植桃树；

② 5 号区完成相关道路、电力网、输水管道及相关节水灌溉田间设施。

（2）园区冷库建设。

（3）有机农产品全面上市。

（4）完善配套园区各项设施、设备。

7　示范园区投资规模

示范园区投资总规模为 6 690.30 万元（不含南塘片区，计划招商引资 1 500 万~2 000 万元），其中：主干道建设费 500 万元；基础设施及配套工程 2 627.98 万元；研发经费 863.0 万元；投产前生产性支出 2 272.3 万元，不可预见费 427.00 万元。分区投资概算如下。

7.1 示范园区干道建设

示范园区干道全长 25 km,四级公路标准,需投资 500 万元。

7.2 白沙片区

总投资规模: 4 233 万元。

(1)基础设施及配套工程: 1 863 万元。

① 土地治理 3 040 亩	每亩 500 元	计 152 万元
② 节水灌溉设备及输水管道 3 040 亩	每亩 1 500 元	计 456 万元
③ 电缆线路 25 km	每公里 2 万元	计 50 万元
④ 机耕路 10 km	每公里 3 万元	计 30 万元
⑤ 铁丝围网 10 km	每公里 10 万元	计 100 万元
⑥ 办公、培训、生活、仓库等 房屋建筑 2 000 m³	每平方米 800 元	计 160 万元
⑦ 培训教学设施(含信息上网设备)		计 35 万元
⑧ 冷库(100 m³)及冷藏保鲜运输设备		计 60 万元
⑨ 草莓钢架大棚 100 亩	每亩 1 万元	计 100 万元
⑩ 果树大棚 100 亩	每亩 6 万元	计 600 万元
⑪ 羊舍 4 500 m³	每平方米 300 元	计 120 万元

(2)研发经费: 750 万元。

① 研发中心基本经费	每年 30 万元	计 150 万元
② 新品种、新技术引进	每年 20 万元	计 100 万元
③ 科研攻关费	每年 30 万元	计 150 万元
④ 检测费	每年 30 万元	计 150 万元
⑤ 调研费	每年 20 万元	计 100 万元
⑥ 情报信息费	每年 10 万元	计 50 万元
⑦ 推广服务费	每年 10 万元	计 50 万元

(3)投产前的生产性支出: 1 215 万元。

① 种苗费用 3 000 亩	每亩 250 元	计 75 万元
② 土地租金、水、电费	每年 18 万元	计 90 万元
③ 肥料、农药等物化成本	每年每亩 1 500 元	计 750 万元
④ 管理费用(含管理人员工资)20 人	每人每年 3 万元	计 300 万元

(4)不可预见费 405 万元;其中今冬明春启动示范区工程建设需要经费 60 万元(具体工程项目见分年进度)。

7.3 上杆区块

总投资规模: 1 104.80 万元。

（1）基础设施及配套：334.98 万元。

① 机耕路过路涵	22 座	计 1.01 万元
② 田间涵闸配套	476 亩	计 5.6 万元
③ 修机耕路及田间整治土石方	1.92 万 m²	计 6.17 万元
④ 冷藏保鲜运输设备		计 20 万元
⑤ 电力设施		计 20 万元
⑥ 滴喷灌设备		计 282.80 万元

（2）研发经费：5 年，计 110.00 万元。

① 科技活动费		计 10.00 万元
② 科技培训、品种引进		计 100.00 万元

（3）投产前生产性支出：637.82 万元。

① 新扩高档茶园	170 亩	计 85.00 万元
② 改造老茶园	46 亩	计 4.60 万元
③ 果品园土壤改良	252 亩	计 40.32 万元
④ 果品园苗木肥料管理	252 亩	计 50.40 万元
⑤ 果品园设施栽培	50 亩	计 300.00 万元
⑥ 完善扩充管理果品园	252 亩	计 37.80 万元
⑦ 改良管理板栗	494 亩	计 49.40 万元
⑧ 果园牧草	704 亩	计 35.20 万元
⑨ 土地租金	1 564 亩×80 元×3 年	计 35.10 万元

（4）不可预见费：22.00 万元。

7.4 南塘区块

待定（计划招商引资 1 500 万～2 000 万元）

7.5 李塔区块

总投资规模：150.00 万元。

（1）基础设施及配套工程：		计 24.00 万元
① 中渠衬砌	300 m	计 12.00 万元
②"U"形板衬砌	2 400 m	计 12.00 万元

（2）研发经费：3.00 万元。

（3）投产前生产性支出 123.00 万元。

① 土壤改良	3 000 亩	计 60.00 万元
② 有机肥料	3 000 亩	计 45.00 万元
③ 水稻良种	3 000 亩	计 1.8 万元

7.6 方山区块

总投资规模：302.50 万元（含方山山顶及山坡）。

（1）基础设施及配套工程：132.00万元。

① 沟路配套   计30.00万元

② 涵闸桥配套   计11.00万元

③ 制茶设备厂房改造   计50.00万元

④ 揉捻烘干设备   2套   计26.00万元

⑤ 建林带   计15.00万元

（2）投产前生产性支出：170.50万元。

① 土壤改良   300亩   计42.00万元

② 有机肥料   1 520亩   计33.00万元

③ 茶叶种子   550亩   计86.50万元

④ 茶树栽植   300亩   计9.00万元

7.7　潘冲区块

总投资规模：400万元。

（1）基础设施及配套工程、机械设备：274万元。

① 涵闸道路配套   计25万元

② 牧草加工厂   1 000 m²   计28万元

③ 种子仓库   200 m²   计128万元

④ 畜禽场   计80万元

⑤ 种子精选机   1套   计1万元

⑥ 牧草收割机   计20万元

⑦ 自动捡拾打捆机   计20万元

⑧ 烘干设备   1套   计60万元

⑨ 电力增容   计20万元

（2）投产前生产性支出：126万元。

① 土壤改良   2 000亩   计40万元

② 牧草种子   2 000亩   计20万元

③ 有机肥料   2 000亩   计20万元

④ 獭兔种   1 000组   计30万元

⑤ 土地租赁费   2 000亩   计16万元

8　示范园区预期效益

以白沙片区为例，完全投产后年利润每亩可达1 000元，合计300万元，其中启动示范区可达100万元，投产后7年内可收回全部基础设施投入。白沙片区当地村民除经营示范带动区获益外，尚可取得土地租金收益每年10万元；参与启动示范区劳务收益每年50万元。三项收入合计可每年获益260万元，抵去原有土地产出收入，全村人均每年可增加收入2 911元。

据此推算,整个示范园区投产后当地农民每年可获利1 000万元以上。如能在生态农业的基础上,在生态保护的前提下,利用原有茅山、瓦屋山风景区结合开发出生态旅游产业,则能获得更好的社会经济效益。如能在带动辐射的茅山丘陵腹地乃至全省丘陵山区建设有机农业基地20万亩,每亩获利500元计,每年能增加农民收入1亿元。

9 示范园区的组织领导

镇江市、句容市和袁巷、天王镇分别成立有机食品生产基地建设领导小组,组织、领导、协调、服务本区域范围有机食品生产基地建设。示范园区在各级领导小组领导下开展工作。镇江市领导小组由镇江市分管副市长担任组长,市政府分管副秘书长、农林局局长、句容市政府分管副市长、镇江市农业资源开发局局长和农科所所长担任副组长,领导小组其他成员由计委、科技、质量技术监督、环保、财政、国土、水利、人事、外国专家局等部门领导组成,市人大常委会副主任赵亚夫担任领导小组顾问。领导小组设办公室,农林局局长兼任办公室主任,农林局分管副局长、农科所分管副所长任办公室副主任。各组成成员部门、单位要积极支持和参与示范园区建设,优先安排项目和资金入园。经费的使用,统一由领导小组办公室扎口管理,建立专账、专户,实行项目化管理、报账制运作,坚持有偿与无偿相结合和少花钱、多办事、办好事的原则,防止重复投资,努力提高办事效率和资金使用效益。

由领导小组办公室组织农林局、农科所、开发局及其相关部门和句容市有关部门、袁巷镇政府参加的示范园区工作组,具体承担启动示范区建设工作。主要技术力量由农科所、农林局、科技局的高级技术职务人员组成。工作班子以项目化管理为主体,责任落实到人;园区建设以组建法人经济实体为主要目标,实行独立核算,企业化运作,承担国有资产保值、增值经济责任。

附:研发中心设立方案(略)

附图:(1)茅山丘陵腹地有机农业区块分布示意图(略)

(2)茅山老区有机农业圈核心区(袁巷)规划图(略)

镇江市丘陵山区开发与农业结构调整规划
(2005 年 9 月—2008 年)

镇江丘陵地区自然资源丰富,生态环境优美,农业发展潜力巨大。加快丘陵山区开发与农业结构调整,对发展现代农业、繁荣农村经济、建立农民增收长效机制、促进全面小康目标的实现,具有重要的现实意义。现根据中共中央和省市1号文件精神、省委省政府领导视察镇江时的讲话精神及发展现代农业的会议精神,结合市委市政府关于全面建设小康社会的决议和今年的旱情,制订本规划。规划期为从今年的秋播起至 2008 年。

1 镇江丘陵农业资源与优势

1.1 气候条件优越,生物资源丰富

镇江丘陵由宁镇山脉和茅山山脉构成"丁"字形骨架,地形地貌复杂,属北亚热带季风气候。茅山丘陵年平均气温 15.1 ℃,年均降雨量 1 012 mm,常年日照时数为 2 152 h,与相邻平原相比,属高光能少雨区。丘陵区域生物资源丰富,属于北亚热带落叶阔叶林与常绿叶混交林带过渡地带,为种植业结构调整,发展经济林果提供了有利的气候条件。

1.2 地形地貌复杂,土地资源宽裕

镇江丘陵涉及 47 个乡镇,占全市乡镇总数的 71.2%;有 442 个村,占47.12%;农户 36.62 万户,占 62.3%;低山丘陵面积 2 651 km²,占全市土地总面积的 68.98%;丘陵耕地 152.14 万亩,占全市耕地面积的 60.3%;人均耕地 1.39亩,水稻面积 90.8 万亩,占全市的 62.6%;尚有近 8 万亩荒山荒地可开发用于发展林桑茶果牧。镇江丘陵在沪宁线上具有相对丰富的土地资源,为结构调整提供了较为广阔的空间。

1.3 区位优势明显,交通方便快捷

镇江丘陵是经济发达的长三角中的丘陵,是大中城市群落中的丘陵,是陆海空立体交通发达的丘陵,是中高级消费群体密集环抱中的丘陵,也是与国际合作交流密切的丘陵。可以说,通过结构调整,完全可以成为城市居民的集"米袋子""菜篮子""花园子"为一体的农副产品生产基地和观光农业基地。

本规划由我执笔,2005 年 10 月 13 日于南京在市政府主持下,通过由省农林厅厅长刘立仁任专家组组长的论证,并给予高度评价。

1.4 自然生态优美,人文底蕴丰厚

镇江是国家历史文化名城和中国优秀旅游城市,人文荟萃,有着深厚的文化积淀。镇江山水风景迷人,既有大江东去的雄浑之气,又有小桥流水的江南风情,自古以来就有着"城市山林"之美誉。金山、焦山、北固山在长江的映衬下,展现了天下第一江山的动人景色,国家森林公园南山、宝华山和茅山更铺开了一幅风韵独特的水墨山水画。近年来,每年来镇的游客以 25% 以上的速度递增,为我市丘陵开发休闲观光农业提供了良好的发展机遇,也为地方特色农产品开辟了新的市场。

1.5 农业基础较好,研发能力较强

镇江农业以市场为导向,充分发挥自身优势,走出了一条引进与自主开发相结合的农业发展之路。通过大力实施品种、技术、知识三项更新工程,建设农业科技示范园,2003 年农业科技进步贡献率达到 54.86%,居全省第四位,比全国平均水平高出近 10%。境内有国家、省级农业科研院所 5 座,农技推广机构基本健全,农业技术开发、引进、消化能力强,特别是镇江农科所,作为丘陵农业科研专业所,拥有一批科技人员,储备了一批适合丘陵地区应用的新品种和新技术,这些都为丘陵农业的发展提供了强有力的人才支撑和技术支撑。

2 镇江丘陵山区开发与农业结构调整的主要成效与问题

2.1 主要成效

"十五"期间,我市认真贯彻党在农村的各项方针政策,不断深化农村改革,按照统筹城乡的总体方略,在稳定发展粮食生产、确保粮食安全的前提下,围绕科技型、生态型、外向型、城郊型农业的总体定位,采取扎实有效措施,围绕提高农业综合生产能力、农产品市场竞争力和农业综合经济效益,大力实施农业结构战略性调整,培育壮大农业主导产业,促进农业增效、农民增收,取得了明显成效。

2.1.1 区域化布局基本形成

2000—2004 年,通过农业结构调整,已经压缩了丘陵地区多级翻水稻田 10.5 万亩,其中,改种经济林茶果面积 5.71 万亩,节省灌溉用水 2 625 万 m^3。新增造林面积 19.58 万亩,森林覆盖率由 12.08% 上升为 14.31%。丘陵地区以全市 60.3% 的耕地面积,生产出全市 58.41% 的稻谷、85.6% 的油料、31.1% 的小麦、90% 以上的肉类和果品及 100% 的茶叶。主要农产品正逐步向优势产区集中,初步形成了山上生态林覆盖,山坡经济林特茶裹腰,丘岗应时鲜果、种草养畜、花卉苗木点缀,塝冲稻油飘香的低山丘陵农业;以优质粮油、特种水产、特色蔬菜为主的沿江、湖区农业;以时鲜蔬菜、设施栽培、观光农业为主的城郊农业。

2.1.2 优势产业初具雏形

一是应时鲜果形成特色。根据我市丘陵地处城市密集、南北过渡地带的特点,发挥资源丰富和交通便利的区位优势,大力发展不耐贮运的应时鲜果,形成了草莓、桃、葡萄、梨"四大名旦",全市果品面积7.4万亩,年产量5万余t。二是草食畜禽初具规模。大力发展种草养畜,形成了鹅、羊、奶牛、兔四大主导畜禽产品,全市牧草面积5万亩,奶牛总量4 500头,草禽出栏量200万羽,山羊和兔出栏量分别达到60万只,形成了由镇江长江乳业、句容农家土产、丹徒鹏翔皮业、丹阳珥陵山羊批发市场等农业龙头企业带动的草食畜禽养殖基地。三是花卉苗木发展迅速。主动适应城市发展和人居环境改善的需要,大力发展花卉苗木,初步形成优势特色产业。全市花卉苗木3.78万亩,其中,观赏苗木占68.4%,拥有花木市场4个,苗木企业102个,花农6 394户,花木从业人员19 145人,生产经营品种达到140多种,花王花卉、星火草坪等企业已经形成规模,具有较强的带动能力。四是食用菌产业异军突起。为适应城市居民生活保健的需要,大力发展食用菌产业,已形成反季节草菇、金针菇、秀珍菇、鸡腿菇、蘑菇等食用菌6 000余t的年生产能力;丹阳江南食用菌、丹徒正东生态产业等企业已具备规模生产能力和对农户的较强带动能力。五是旱杂粮已成功能食品。突破旱杂粮小而全和低产、低效的常规生产经营方式,走规模化、品牌化、保健型道路。玉米鲜食、菜用;山芋烘烤、加工,句容天王镇山芋经纪人张以来,每年销售烘烤型山芋100多万kg,销售额100余万元,北岗等村已形成山芋专业村;丹阳行宫、全洲等镇黄豆改黑豆已成出口产品,种植效益显著提高。六是观光农业初见成效。充分利用我市真山真水、生态自然优势,积极开拓农业生态观光旅游,起步良好。茅山、宝华山集宗教文化和森林生态于一体,游客纷至;南山、瓦屋山的自然生态与有机农业结合,吸引着城市有车族自驾游;丹徒江心洲的农家乐已成为市民品牌;京口区组织开展的玉米迷宫、快乐采摘节、农业科普夏令营、幸福康乐园烧烤等多项趣味活动,深受市民欢迎。旅游农业正逐步发展成为我市新的农业主导产业,成为农业和农民增收的新的经济增长点。

2.1.3 农产品质量明显提高

近三年,我市丘陵地区制定市级以上标准63个,建设市级以上农业标准化示范区24个,其中,稻鸭共作、旱川葡萄两个国家级示范区正式通过验收,受到了国家标准委的好评。建设和认定无公害农产品基地105万亩,"三品"(无公害农产品、绿色食品、有机农产品)认证166个。丘陵地区优质水稻面积达到50万亩,占55%,油菜全面优质化。市级农产品质量检测中心通过省级认证并投入使用,初步建立起农产品安全质量监测网,肉、菜、粮质量安全被列为市政府为民办15件实事之一。

2.1.4 产业化经营格局基本形成

全市拥有国家级、省级龙头企业15家,市级龙头企业37家,近三年"三资"

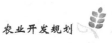

开发农业数量位居全省前列。"十五"期间,我市建立了丁庄葡萄合作社等102个专业合作经济组织,打造了"继生"葡萄、"大卓"水蜜桃等一批优势产品品牌;"金山翠芽"茶叶在今年"中茶杯"评比中一举夺冠,成为名副其实的全国名茶;稻鸭共作、食用菌、早川葡萄、彩叶苗木等科技园区吸引着国际和全国性学术会议在镇江召开,并受到高度评价,扩大了国际、国内的交流与合作。

2.1.5 农民收入增长较快

过去几年,丘陵农村经济得到了较快发展,GDP由2000年的171.17亿元上升到2004年的305.24亿元,增长127.7%,年递增率达到22.84%;粮经比由2000年的66:34调整为2004年的48:52,养殖业占农业总产值的比例由2000年的20%上升为2004年的36%;转移农村劳动力38.5万人,占农村劳动力的63%。一、二、三产业的从业人员比例从2000年的50:30:20调整为37:40:23,农民人均收入由2000年3 753元上升为2004年的5 244元,增长39.75%,增幅比平原地区农民高出4.88%。

2.1.6 农业农村工作思路不断创新

镇江地域小,"小中见大""小中见特"是镇江农业工作的特色。近年来,初步摸索出一些新的工作模式。一是坚持用产业化的思路发展农业,强调对农户的带动性。摸索出了温氏畜牧、正东食用菌、花王花卉等一批"公司+协会+农户"的合作模式,建立起紧密型利益共同体。今年上半年参与合作模式的农户达到2.02万户,占全市农户总数的5%,户均收入1.51万元,比普通农户增收25.9%。二是坚持引进技术与消化吸收相结合,开发农业新技术。草莓、桃、梨、水稻、蔬菜等一批国外新品种与稻鸭共作、双轨制奶牛饲养、土着菌养猪、早川葡萄、桃整枝、设施花卉等一批国外技术,通过试验示范、完善提高,形成了具有本市特色、在全省乃至全国都有影响的农业新技术,为农业增效、产品增质、农民增收做出了积极贡献。三是坚持智力引进,努力开创农业农村工作新局面。一方面,发挥驻镇涉农科研院所相对较多的优势,借用他们的智慧,为全市农业农村发展出谋划策,镇江市农科所、江苏农林职业技术学院、江苏大学等发挥自身优势,在科技示范、科普教育、农产品加工等领域发挥了重要作用;另一方面,引进市外、国外智力,借鉴国内国际先进的农业经营管理经验,先后邀请日本、以色列、美国、德国、韩国等国专家来镇考察讲学,邀请中国农科院、南农大、南京土壤所等知名专家学者、院士来镇讲课指导,今年句容市政府还与日本农山渔村文化协会开展合作,共同制定《江苏省句容市农业农村发展战略规划》,这在全省是首家,在全国也是第2家。

2.2 主要问题

近年来,我市农业资源开发与结构调整虽然取得了一些成效,但面临的问题依然不少。

2.2.1 农业综合生产能力偏低

丘陵农业基础设施薄弱,丘陵耕地 152.14 万亩,有 55.77 万亩属缺水旱地,占 36.66%,贫瘠型耕地 68.76 万亩,占 45.2%;三级以上提水稻田 14.2 万亩,占丘陵稻田面积的 15.64%,其中五级以上 1.3 万亩,占 1.43%。丘陵山区平均 1.2 年发生一次旱涝灾害,农田水利设施、农机装备水平较低,水土流失尚未得到根治,抗灾能力薄弱。今年,丘陵 70 万亩农作物受干旱影响,40 万亩稻田难以复水,30 万亩未能适期栽插,10 万亩通过抗旱翻水移栽,近 5 万亩稻田改种,严重影响稻田生产力的发挥。

2.2.2 农业综合竞争能力偏低

丘陵地区农田小而散,农户以小规模经营为主,难以形成规模优势;农产品总体质量偏低,劳力、土地成本高于苏北、安徽,难以形成价格优势;公益性农技推广体系尚未健全,新型服务组织尚处于发育阶段,农业社会化服务体系尚未形成。

2.2.3 农产品加工能力偏低

丘陵地区农产品加工企业较少,规模企业更少,果蔬、水产品加工基本是空白,农产品生产停留在低层次上,大多为初级原料输出,种养加、产加销配套成龙的不多,深度加工能力差,单靠路边市场难以促进基地的规模扩张,更难形成区域化布局。

2.2.4 农民素质与收入水平偏低

由于丘陵地区二、三产业欠发达,经济基础相对较差,加上农业基本生产条件差,农民文化科技素质偏低,思想保守,小富即安,农产品产量、质量也相对较低;尽管国家实施了"一免三补"政策,但农民收入依然较低。以地处丘陵的丹徒区与沿江平原的扬中市为例,2004 年农民人均纯收入分别为 4 876 元和 6 160 元,两者相差 1 284 元,丘陵比沿江农民人均收入少 20.84%。

2.2.5 资金、土地成为结构调整的"瓶颈"

丘陵乡镇特别是茅山老区经济基础薄弱,资金严重短缺,难以支持农业;农民收入少,农业再生产尤其是规模生产投入严重不足,加上经济作物周期长、投资大、见效慢,成为结构调整的资金"瓶颈";"基本农田不准栽树、挖鱼塘"及"一免三补"让农民珍惜粮田等政策因素,使土地流转更为困难,成为结构调整的土地"瓶颈"。

3 今后 3 年丘陵山区开发与农业结构调整的指导思想与基本原则

3.1 指导思想

从今年秋播起,今后 3 年山区开发与农业结构调整的指导思想是:按照市委、市政府"两率先、两步走"的总体部署,以科学发展观为指导,以发展现代农业为方向,以统筹城乡发展为主线,以农民增收为中心,坚定不移地推进农业结构战略性调整,加快发展高效农业,全面优化农业内部结构;突出农产品加工和市场流通体系建设,加快发展农业合作经济组织,全面推进农业产业化经营;大力提升农产品质量,加快农产品出口基地建设,增强农产品出口创汇能力;大力发展生态农业,加快观光农业建设,全面提升农业产业功能;加大现代农业示范园区建设力度,加快建立多元化农技服务体系,全面推进农业科技进步;着力提高农业综合生产能力和竞争能力,逐步实现先进的种植养殖业、发达的农产品加工业和现代的农业服务业发展目标。

3.2　基本原则

农业结构调整是一个长期动态过程,也是一项复杂的系统工程,投资大、周期长、见效慢,必须科学合理规划,紧密结合市情、乡情和农户的实际,因地制宜,逐步推进,坚持"五项"基本原则。

3.2.1　坚持总体规划,分步开发的原则

各辖市、区、乡镇要根据本地资源状况,按照建设现代农业的目标,统筹规划,重点做到四个结合,即:与现代村镇建设规划结合,与农业产业园区、基地建设结合,与农业资源综合开发利用结合,与周边市场、加工、旅游景点等资源结合。根据工作基础、经济能力、产业发展和农民素质等因素,通过科学规划,分步实施。

3.2.2　坚持特色发展,产业开发的原则

根据自身产业基础,种植习惯,因地制宜发展特色产业,按照特色产品→优势产品→主导产业→支柱产业的发展思路,有目标地调整、培育,注重产业发展的规模化、品牌化、外向化。

3.2.3　坚持农民自愿,科学开发的原则

适地适用,合理开发利用资源;依托农业科研院所,整合全市科技资源,从培育科技示范户、专业户,建立科技示范园入手,以良好的示范业绩,引导、带动和组织农民,形成广大农民自愿调整、自主开发的局面,进而建立农民专业合作经济组织,开拓市场,发展加工,扩大规模。

3.2.4　坚持政府引导,"三资"开发的原则

丘陵地区农业经济基础相对薄弱,结构调整投入量大,必须以财政投入为导向,创新体制与机制,改善投资环境;以企业为主、农户为主,着力培育市场竞争主体,大力吸引工商资本、民间资本和外商资本投入丘陵地区农业结构调整,政府辅以优惠扶持政策。

3.2.5　坚持持续发展,循环开发的原则

以科技为先导,在生产布局、资源配置、经济、环境、生态和社会等诸要素的协调上,注意合理应用边缘效应、循环再生、趋利避害、效益协调等生态农业基本原理,力求生态环境优美、生物结构合理、整体协调和谐、资源永续利用,实现物

质、能量和农业经济良性循环。

4 主要目标与任务

到 2008 年，丘陵地区农业结构调整的主要目标是：在种植结构上，新增经济林果等经济作物面积 12 万亩，达到 24 万亩，优势农产品生产总量占农产品总量的比例达到 80%；在品质结构上，新增优质品种面积 66 万亩，达到 96 万亩，优质化率达到 90% 以上，通过无公害以上等级认证的产品量占 70%；养殖业占农业总产值的比例达到 45%；新增市级以上农业龙头企业 140 家以上，农产品加工转化率达到 60%；新建大型农产品批发市场 1 个，中型市场 4 个，新发展经济合作型企业 20 家，农产品出口年增长率达到 20% 以上；建设观光农业点 20 处，农业旅游人数年增长 20% 以上；新建市级以上现代农业示范园 15 个；改造中低产田 25 万亩，旱涝保收田占基本农田面积的 80% 以上，水土流失面积 80% 以上得到治理，亩均蓄水量达到 305 m^3；提高农业装备水平，初步形成农林牧渔生产机械化协调发展的新格局；丹阳、句容、丹徒建成生态农业县（市、区）；农业科技进步贡献率达到 65%；农民人均纯收入年递增 12% 以上，丘陵农村全面实现小康目标。

5 主要调整内容与区域布局

按照都市型、外向型、生态型、观光型农业的总体定位，充分整合镇江的资源、区位、技术和国际合作优势，根据"有所为、有所不为"的原则，着力打造特色农业。从提高丘陵农田综合生产能力出发，既要注重基本农田的保护，又要注意土地资源的合理利用；既要注重粮食安全，确保口粮自给，又要立足国内外市场调节，不过于背负粮食生产包袱。将调整的重点放在荒山荒地开发（8 万亩）、丘陵旱地合理利用（25 万亩）和三级以上缺水稻田（14 万亩）的优化布局上，主要在建设六个"一批"上下功夫。

5.1 建设一批农产品生产基地

充分发挥我市农业资源的相对优势，按照区域化布局、规模化生产、形成优势产品的要求，努力打造十大基地。

5.1.1 优质粮油基地

以句容赤山湖、丹阳西部丘陵和丹徒南部丘陵稻田为重点，建设 60 万亩优质稻米和双低油菜基地。

5.1.2 名特茶叶基地

以茅山和宁镇山脉两侧为重点，以开发荒山荒坡和丘岗地为主要目标，新增无性系良种茶 3 万亩，争取茶叶总面积达到 10 万亩。

5.1.3 应时鲜果基地

以省道、国道两侧和城镇周边为重点，以旱地和四级以上翻水稻田为主要阵地,发展草莓、葡萄、水蜜桃、梨、桑葚等主要品种,建立果品基地10万亩;坚持以品种多样化,满足不同消费需求;以改进技术,提高果品质量;发掘传统品种,构建地方特色。

5.1.4 花卉苗木基地

以丹阳东北部丘陵和句容茅山丘陵为重点,调整旱地作物布局,发展花卉苗木基地7万亩。

5.1.5 草食畜禽基地

改草山草坡为人工牧草,实施果草间作,建立牧草基地10万亩,发展三元杂交猪50万头;奶牛8 500头,山羊80万只,兔100万只,家禽2 000万羽。

5.1.6 特色蔬菜基地

以宁镇丘陵以北沿江和城镇周边为重点,建立以净菜上市和加工为目标的蔬菜基地10万亩;以正东生态产业及句容食用菌协会为重点,促进食用菌成为丘陵地区的产业亮点。

5.1.7 功能性旱杂粮基地

以镇宝线、句容天王和丹阳西部丘陵为重点,应用多级翻水稻田与岗塝旱地置换术,旱地种植多年生经济作物,将三、四级翻水稻田调整为旱杂粮,建立以山芋、玉米、大豆、芝麻为重点的功能性旱杂粮基地12万亩,使土地、水资源最大限度地得到合理利用。

5.1.8 特色水产品基地

以赤山湖、横塘湖及大中型水库为重点,建立以南美白对虾、螃蟹、珍珠为主要品种的养殖基地8万亩。

5.1.9 中药材生产基地

镇江丘陵野生药材资源在全省占有重要位置,收购品种达170多种,人工种植中药材已有较好基础,以茅仓术、丹参、葛根为主要品种,按照适生原则,在茅山丘陵可建立基地3万亩。

5.1.10 有机农产品生产基地

重点建设茅山有机农业园,以有机稻米、有机果品、有机家禽、有机茶叶、有机水产品为主要目标,发展有机农产品3万亩。

5.2 建设一批农产品加工企业

充分利用我市农产品资源,培育壮大一批带动能力强、科技水平高、市场前景好、经营机制灵活的龙头加工企业,使之内接生产基地、外连国内外市场,形成"企业＋基地＋农户"的产业化经营格局。力争全市列入统计的龙头企业达到200家,销售收入达到150亿元,出口交货值达到15亿元,其中:销售收入超亿元的龙头企业达到10家,国家级重点龙头企业争取达到3家;与农户建立紧密协作关系的企业占全市龙头企业总数的50%,龙头企业带动全市农户数比例达到50%。

5.3 建设一批专业合作型企业

以专业合作经济组织为纽带,通过"五统一"(统一供应种苗、统一技术标准、统一供应生产资料、统一防疫植保、统一市场营销)的生产方式,与农民结成利益共同体;大力培育壮大镇江温氏畜禽、万山红遍果品、八达种禽、百事特鸭业、江南食用菌、花王花卉、春城葡萄、正东食用菌等一批合作紧密的特色农业群;力争建立"公司+协会+农户"的专业合作型企业30个。

5.4 建设一批农产品批发市场

充分发挥市场在农业资源配置方面的积极作用,只有以市场为导向的农业才是有生命力的农业。在基地建设初期,以路边市场、农贸市场的方式拓展销路,提高产品知名度是必要的也是可行的,但是,随着基地规模的扩大,为了实现规模效益,必须建立稳定的市场。一是要在农产品集中产地,加快建设一批农产品批发市场,并逐步实现企业化管理,其中,交易额超过10亿元的大型农产品批发市场2008年前应建有1家,同时建设一批与基地发展相适应的中小型农产品批发市场;二是要通过企业化运作,注册商标,创立品牌,分级包装,争取有20%~25%的产品进入大中城市的超市;三是开拓国际市场,通过建立外向型农业基地,发展精深加工,培育出口品牌,力争实现1~2亿美元的出口创汇能力。

5.5 建设一批观光农业点

充分利用我市田园景观、山水资源和生物多样性优势,结合农林牧渔生产、农业经营活动、农耕文化及农家生活,建设一批集参与性、知识性、趣味性、观赏性于一体的休闲观光旅游场所。让农产品就地成为旅游产品,让农民就地转移为旅游从业人员,开辟农业、农村和农民新的经济增长点。到2008年建成20个市级旅游示范点,并有10个示范点进入国家旅游网。重点建设以下"三区":

5.5.1 城市周边观光农业区

突出科普和体验功能,以城市中青年和学生为主客源市场,以南山农业科技示范园、瑞京农业园、江苏农林科技示范园、江苏丘陵山区科技实验园为重点,突出生物科普教育,展示传统农业文化遗产,展现现代农业科技成果,形成集科研、体验、观赏、教育于一体的精品农业观光示范园。

5.5.2 丘陵生态观光农业区

突出生态、休闲、观光功能,把农业生产、农产品消费、休闲观光集为一体,以中高层消费群为主客源市场,以南山、宝华山、茅山森林公园、茅山有机农业园、南山农庄等为重点,突出宗教文化、人文历史、天然氧吧、休闲健身观光特色,品尝山珍野味。

5.5.3 滨水观光农业区

突出参与、趣味、度假功能,以城市市民和农村中高消费群为主客源市场,以仑山水库、二圣水库等大中型水库,江心洲农家乐,世业度假区和沿江湿地,镇江北部滨水区为重点,突出农渔风光、特色蔬菜、水边垂钓、渔事劳作等参与特色,品尝江鲜、湖鲜。

5.6 建设一批生态农业工程

生态农业是以生态经济系统原理为指导建立起来的资源、环境、效率、效益兼顾的综合性农业生产体系。必须以资源的永续利用和生态环境保护为重要前提,通过食物链网络化、农业废弃物资源化,充分发挥丘陵资源潜力和丘陵物种多样性优势,建立良性物质循环和经济循环体系,促进农业可持续发展。

5.6.1 大力推广生态技术

以提高资源利用效率为核心,以节地、节水、节种、节肥、节药、节能和资源的综合循环利用为重点,大力推广应用节约型农业生产技术、集约生态养殖技术、有机废弃物综合利用技术,减少农业面源污染。

5.6.2 加强生态环境保护

通过工业向园区集中,坚决控制工业污染;通过河道疏浚清淤,清洁水体环境;通过农民向中心镇村集中,治理农村生活污染。

5.6.3 强化生态工程建设

丘陵地区在森林覆盖率和绿化覆盖率上要为全市完成全面小康目标做出贡献。加快实施"绿色倍增计划",重点建设森林植被恢复工程 8 万 ~ 10 万亩、绿色通道建设工程 4 000 ~ 5 000 亩、农田林网建设工程(折合林地 4 000 ~ 5 000 亩)、速生丰产林建设工程 5.5 万 ~ 8.5 万亩、封山育林建设工程 1.5 万 ~ 2 万亩;着力实施蚕桑振兴行动计划,在丘陵恢复蚕桑 3 万 ~ 4 万亩,将发展蚕桑作为防治水土流失,促进劳动力就地转移,增加农民收入的重要途径来抓,综合开发桑叶、桑果、茧丝和蚕蛹资源,推进蚕桑产业化;加强野生动植物资源保护,保持低山丘陵生物多样性;加强农业资源的循环利用,重点建设规模养殖场畜禽粪便资源化处理工程和秸秆综合利用工程,提高农业综合效益;加强农田水利建设,控制与治理水土流失 50 km^2。

6 主要建设工程

为了加快推进农业结构战略性调整,今后 3 年,我市将重点建设十大工程。

6.1 动植物新品种引、繁、推工程

品种是增产提质,满足消费多样化需求的内在因素。通过引进适销对路、优质、高产、高效的品种(品系),建立完善的种苗繁育基础设施。初步计划建立千亩良种茶,千亩应时鲜果,千亩花卉(草本)蔬菜,千亩苗木草坪,千头三元杂交猪,万只獭兔,万套鸡、鸭、鹅和百头山羊各一个引种繁育中心,加大种质创新力度,力争培育出具有自主知识产权的新品种。在引种基础上,通过组培、嫁接、扦插、制种等办法,扩大繁殖系数,实现丘陵地区新品种、良种自给率90%以上。

6.2　农产品基地建设工程

按照有市场竞争主体带动,有科技支撑,有一定产业基础的要求,实行区域化布局,适地适用,建设应时鲜果、名特茶叶等十大农产品基地,重点支持种苗供应、农田水利、节水灌溉、设施农业和农机装备。

6.3　农产品物流中心建设工程

农产品市场在我市是一条短腿,必须加紧建设。初步计划在镇江南郊新建300 亩大型农产品物流中心,争取年内开工;同时,在基地建设初具规模、自发市场基本形成的基础上,通过引导、规范,在丹徒或京口、句容、丹阳、赤山湖配套建设粮油、茶叶、花木、水产品分中心。

6.4　农产品加工与保鲜、贮运、包装工程

丘陵地区农产品资源丰富,但加工业落后,为加快结构调整,促进增产增收,必须扶持培育一批农产品加工企业,重点建设畜禽产品、果蔬产品、有机农产品、水产品和功能食品的加工企业;应时鲜果、食用菌等农产品不耐贮运,上市集中,在加工业一时难以配套的情况下,必须建立大型气调冷库,并配套冷藏运输设备,同时配套保鲜包装,以实现时鲜农产品的均衡上市和优质优价。

6.5　品牌培育工程

目前,我市仅有国家级名牌农产品 1 个,省级名牌 8 个,远不适应开拓国际国内市场的要求。大力培育品牌是提升企业形象、产品形象,做大规模,形成特色,提高质量,增强市场竞争力的重要举措。在积极推行农业标准化生产的基础上,鼓励注册商标,同时对已有较好基础的品牌进行整合,注册集体商标,做大规模,做强企业,做响品牌,争创省级名牌、国家级名牌、知名品牌和驰名商标。重点支持农业标准化示范区建设;无公害、绿色、有机产品认证,支持 HACCP、ISO9000、ISO14000 及出口免检等专项认证;支持知名农产品、特色农产品原产地认证;加强产品宣传,提高品牌知名度,形成新的地方特产。

6.6　观光农业工程

联合旅游部门,开发利用丘陵地区果茶种植、野生动物驯养、珍稀食用菌种植、竹园林木和江、湖、库水体资源,重点打造国家级农业旅游示范点,支持观光农业园非营利性基础设施建设,积极推动江鲜美食节、茶文化节、农村民俗文化节、垂钓比赛、果品品尝活动及农业科普夏令营等,开展观光园区考评、宣传、推介、展示活动。

6.7　农田基本建设工程

丘陵地区中低产田面积大,农业基础设施不配套,必须加快改造。3～5 年内计划改造中低产田 20 万～30 万亩,配套建设水源工程,整修塘坝 4 745 座,新建泵站 136 座,改造泵站 223 座,完成长山、北山、赤山湖灌区防渗渠改造,完成

干、支、斗、农渠改造 1 500 km,涵、闸、桥、泵站等各类建筑物 3 000 处,新增灌溉面积 15.38 万亩。疏浚河道 877 km,完成土方 5 651 万 m³。

6.8 农业装备与节水农业工程

丘陵农业装备水平总体低下,要在稳步提高大宗农作物生产机械化水平的同时,加快特种经济作物、林牧渔、设施农业和农产品产后处理与加工机械化,重点装备修剪、移栽、喷滴灌、规模养殖、鱼塘清淤与增氧、微耕、植保和低温烘干、微波杀青、成型、冷藏保鲜、农产品加工、秸秆综合利用及其他农业工程机械;在主要提水灌区发展低压管灌溉面积 8 万亩,在高效经济作物上发展喷微灌等设施农业面积 1.5 万亩。

6.9 生态农业建设工程

重点在提高森林覆盖率、生态资源保护和有机废弃物资源化利用上加强工程建设,主要包括植被恢复、绿色通道、农田林网、封山育林、蚕桑恢复、野生动植物保护、畜禽粪便沼气化、商品有机肥料化和秸秆气化、板材化等工程。

6.10 农业工程技术中心建设工程

为适应良种良法配套、开发新技术要求,在市农科所基础上,整合全市农业科技力量,组建开放式农业工程技术中心、有机农产品研发中心;依托江苏大学,在恒顺集团组建农产品加工工程技术中心;依托中国林科院、南京林业大学,在大亚木业有限公司组建林产品加工工程技术中心;在现有市农产品质量检测中心的基础上,整合市内检测资源,充实设备,完善技术,扩展项目,大力提高与农业发展相适应的检测功能。重点在有机农业、农林产品加工、贮藏、保鲜、农业污染的综合治理、农林有机废弃物资源化利用、农业循环经济、农产品质量安全和功能食品等方面进行研究和产业化开发。

7 重点实施项目

根据我市农业产业基础和品种、技术条件,为加快构建我市特色农业和主导产业,从今年秋播起,将重点推进彩叶苗木、应时鲜果、草食畜禽、名特茶叶、观光农业和有机农业的项目建设。六大项目的实施,总投资概算为 6.84 亿元,新调整农田 20.4 万亩,基地总规模将达到 45.6 万亩,直接带动 2.3 万农户 7.09 万人就业,农民增收 5.21 亿元,实现经济效益 3.28 亿元。

7.1 彩叶苗木基地建设

7.1.1 基地面积

规划建设面积 6 万亩,其中新建 3.4 万亩,区域布局为:丹阳市 1 万亩,丹徒区 0.8 万亩,句容市 1.6 万亩。

7.1.2 基地分布

丹阳市:后巷镇、埤城镇、访仙镇、河阳镇、全州镇;丹徒区:上党镇、上会镇、黄墟镇、辛丰镇;句容市:边城镇、天王镇、茅山镇、袁巷镇、下蜀镇、宝华镇、后白镇。建设 312 国道丹阳市云阳至吕城和句容市下蜀至宝华示范带、101 省道丹阳市坤城至后巷示范带、丹西公路云阳至行宫示范带、镇荣线丹徒区上党至荣炳示范带、句茅路春城至茅山示范带、镇常线句容市春城至天王示范带、104 国道句容市后白至袁巷示范带。

7.1.3　主要建设内容

（1）建立 1 000 亩以上的彩叶苗木核心示范基地 3 个,丹阳市、丹徒区和句容市各 1 个。

（2）建设大规格城市绿化苗木 1.5 万亩,城镇绿化苗木基地 6 000 亩,造林绿化苗木基地 5 000 亩,培育盆花、鲜切花、摆花及绿化草坪等基地 5 000 亩。

（3）建设基地内运输干道约 100 km。

（4）种苗引进约 200 万株。

（5）灌溉及喷灌设施长度 400 km 等。

（6）配套建设培育彩叶苗木的设备及基础设施等。

7.1.4　实施主体

江苏农林职业技术学院绿苑实业总公司、江苏花王园艺有限公司、镇江市永利林业有限责任公司、丹阳市丹青林业发展有限公司、丹阳市后巷荣汉苗圃、镇江市南山良种花木有限公司、江苏金仕达生物技术有限公司、江苏德华林产有限公司、镇江市盛弘景观植物有限公司、句容市生态园林工程建设有限公司、句容市磨盘山林场、句容市东进林场、句容市林场、丹徒长山林场等。

7.1.5　投资概算与财政补贴办法

（1）本项目投资概算:1.632 亿元,其中:

苗圃主干道 100 km(6 m 宽、沙石路面)	3 000 万元
苗圃辅支道 200 km(3 m 宽)	1 800 万元
种苗引进	4 000 万元
喷灌及管理设施(400 km)	1 200 万元
土壤平整改良	900 万元
肥料、农药等生产资料	1 590 万元
运输工具 20 台	300 万元
土地租赁	680 万元
抚育管理费	2 550 万元
其他(不可预见费用)	300 万元

项目建成后,年产值可达 1.36 亿元,可获利润 2 120 万元,税金 680 万元。

（2）财政补贴办法。总投资 1.632 亿元,以企业和农户投资为主,财政补贴为辅。财政主要补贴种苗基地建设和大田基础设施建设,对种苗基地连片 30 亩以上的新品种引进按 5 000 元/亩补贴;对实施喷滴灌的,每亩补贴 800 元;对大田繁殖苗木连片 100 亩以上的,每亩补贴种苗款 500 元/亩;对苗木基地 500 亩以上的,给予基础设施建设补贴(主干道、灌溉)1 600 元/亩。预计财政补贴总额为 5 100 万元,其中:省级财政补贴 2 550 万元、市级财政补贴 1 275 万元、县级财政补贴 1 275 万元。

7.1.6 社会经济效益

一是为苏南丘陵岗地造林绿化选择适生的树种,并通过培育良种壮苗,为丘陵岗地的造林绿化提供大量优质苗木;二是通过低山丘陵的造林绿化,扩大森林面积、增加森林资源总量、提高森林覆盖率,完善和提高环境质量,为镇江建立生态城市提供可靠的保障;三是以彩叶苗木基地为示范,采用高标准、高科技、高效益的建设模式,开发丘陵岗地资源,为农业增效、农民增收开辟途径;四是为推进绿色江苏、城市园林化等提供大量优质苗木,为全面实现小康社会做出贡献。本项目的实施将直接带动 700 多农户、2 000 多人就业,实现农民增收 2 500 万元,实现经济效益与社会生态效益的统一。

7.2 应时鲜果基地建设

7.2.1 基地面积

规划建设面积 15 万亩,其中新增 7.0 万亩,区域布局内:句容市 4.7 万亩,润州区 0.8 万亩、丹阳市 0.8 万亩。

7.2.2 基地分布

句容市:白兔、行香、天王、后白、大卓、春城、二圣、袁巷;丹徒区:上党、上会、谷阳;润州区:蒋乔、官塘桥、七里甸;丹阳市:河阳、司徒、全州、埤城。建设句茅线、丹句线、312 国道示范带。

7.2.3 主要建设内容

(1)种苗繁殖基地建设:句容市 150 亩,京口区 50 亩,年产种苗 200 万株。句容市以草莓、葡萄、水蜜桃、柿为主;丹徒区以油桃、砂梨、草莓为主。

(2)新品种引进。安排计划各主要果品每年引进 2~3 个优质品种。

(3)设施农业基地建设,包括早川葡萄、避雨栽培、梨平网栽培、大棚草莓等。

7.2.4 实施主体

镇江市万山红遍农业科技园;句容市白兔草莓协会;句容市大卓水蜜桃合作社;句容市春城丁庄葡萄合作社;句容乡亲饮品有限公司;丹徒区丰城湖生态农业园;润州区嶂山果品协会;镇江市南山农艺有限公司。

7.2.5 投资概算与财政补贴办法

总投资 1.482 亿元,以农民投资为主,财政投资主要补贴种苗、大棚、水泥柱、铁丝和滴灌设施。以连片种植 100 亩以上为补贴起点(原则上对散种户不补),每新发展一亩葡萄(早川式、避雨栽培)财政补贴 1 600 元;桃补贴 200 元/亩;梨普通栽培 200 元/亩,设施栽培 1 000 元/亩;草莓普通栽培 600 元/

亩,大棚栽培4 000元/亩。实施喷滴灌栽培的农户,每亩增补800元/亩。

7.2.6 社会经济效益

本项目实施可直接带动5 000农户、20 000人就业,实现农民增收2.8亿元,并为推进观光农业的实施创造有利条件。

7.3 草食畜禽基地建设

7.3.1 基地规模

人工种植牧草10万亩,奶牛栏存8 500头,山羊饲养量80万只,鹅饲养量500万只,兔饲养量100万只。

7.3.2 基地分布

句容市:天王、大卓、春城、边城、茅山、华阳、后白、宝华;丹阳市:练湖、后巷、行宫、延陵、埤城;丹徒区:荣炳、高资、上会、上党。其中句容市种植人工牧草5万亩,丹阳市种植人工牧草3万亩,丹徒区种植人工牧草2万亩。

7.3.3 主要建设内容

（1）牧草种子基地建设。在句容建立牧草草种基地200亩。

（2）种苗基地建设:丹徒、丹阳、句容各建立一个良种奶牛繁育场;句容、丹阳各建立一个种鹅场;句容建立2个优质山羊扩繁场;句容、丹徒各建立一个种兔场。

（3）建立养殖小区。

7.3.4 实施主体

镇江市良种牧业有限公司、镇江市长江乳业有限公司、丹阳市康力乳品有限公司、丹阳市练湖乳业有限公司、句容市容圣牧业有限公司、句容农家土产有限公司、江苏省农林职业技术学院新大实业有限公司、江苏丘陵地区农科所实验羊场、丹阳市芮志林种鹅场、丹徒上会兔业养殖场、句容德美兔业有限公司。

7.3.5 投资概算与财政补贴办法

总投资1.5亿元,以企业和农户投资为主体。财政投资主要补贴:草种、动物种苗和养殖小区建设。

（1）对达到种鹅存栏2 000只以上的每只补贴100元,对达到可繁母羊200只以上的种羊场给予5万元补贴。

（2）对达到基础母牛50头以上的种牛场给予2万元补贴。

（3）从国外引进种牛、种羊和牛羊胚胎、冷冻精液,按其价值30%予以补贴。

（4）对养殖小区"水、电、路"三通实行补贴,补贴款为基础设施建设费用的70%;并对进区养殖户实行贷款贴息、信用担保。

（5）对规模种植牧草100亩以上的,每亩补助100元;200亩以上的,每亩补助150元;500亩以上的,每亩补助200元;种植专用饲料玉米,给予种子费用全部补贴。

7.3.6 社会经济效益

本项目实施可直接带动 2.5 万人就业,实现农民增收 1.03 亿元,并有防止丘陵水土流失、增加有机肥供应、实现生态良性循环的效果。

7.4 名特茶叶基地建设

7.4.1 基地面积

规划建设面积 10 万亩,其中新增名特茶优质原料基地 3 万亩,具体区域布局为:句容市 1.5 万亩,丹徒区 0.8 万亩,丹阳市 0.5 万亩,润州区 0.2 万亩。

7.4.2 基地分布

句容市:边城、二圣、春城、下蜀、天王、茅山;丹徒区:荣炳、上会、宝堰、上党、谷阳、黄墟;丹阳市:后巷、埤城、云阳、全州、司徒、河阳;润州区:蒋乔、官塘桥、七里甸。建设宁镇山脉、茅山山脉示范带。

7.4.3 主要建设内容

(1)无性系良种茶品种示范及育苗基地 1 000 亩,年产种苗 1 000 万株。

(2)茶叶标准化生产示范基地 2 000 亩,良种更新改造基地 27 000 亩。

(3)培植茶叶加工龙头企业 5 个,组建茶叶合作社 10 个。

(4)建设清洁化加工示范车间 2 000 m²,示范新型名茶加工机具 5 套,建茶叶专用保鲜库 10 座,新增名茶加工能力 20 000 kg,推广名茶标准化生产技术,实施两个地方标准。

(5)形成知名品牌 3~5 个,建成名特茶规模基地 5 万亩,无性系良种茶园占全市茶园面积的 25%。

7.4.4 实施主体

镇江市茶叶协会、句容市茶叶协会、镇江市金山翠芽茶业有限责任公司、镇江市南山茶林研究所、句容市张庙茶场、句容市下蜀茶场、丹阳市迈春茶场、丹阳市司徒茶叶合作社、丹徒区上党墅香茶场、镇江市五洲山茶场、镇江市五峰茶场。

7.4.5 投资概算与财政补贴

总投资 1.18 亿元,以企业、农户投资为主的一共 8 000 万元,省、市、县三级财政补贴 3 800 万元。财政投资主要补贴种苗、工艺设备改造和茶叶合作社的组建等。① 种苗繁育基地建设补贴 200 万元;② 连片发展 50 亩以上无性系良种新茶园或改造老茶园,补贴种苗 700 元/亩,补贴 1 050 万元;③ 组建茶叶合作社补贴 100 万元;④ 清洁化生产工艺改造 1 200 万元;⑤ 加工龙头示范新设备引进及产业化开发 1 250 万元。

7.4.6 社会经济效益

本项目实施可直接带动近 10 000 户、1.5 万人就业,并吸纳季节工 2 万人,实现农民增收 6 000 万元,大大提高岗坡旱地经济效益,并改善山区生态。项目建成后,第二年开采,第三年可正常投产,通过财务分析得知,项目投资回收期为 4 年,亩产值 5 000 元,年可新增收入 1.5 亿元,利税 1 000 万元。

7.5 南山生态观光农业园区基地建设

7.5.1 园区面积

规划建设面积 11 000 万亩,其中新建和改造 5 000 亩,包括茶园 1 000 亩,果园 2 000 亩,花卉苗木 1 000 亩,特色蔬菜 1 000 亩。

7.5.2 园区组成

(1)南山生态农业观光园片区,总面积 3 000 亩,已建 1 900 亩,新发展 1 100 亩。

(2)嶂山茶果菜片区,总面积 2 050 亩,已建 950 亩,新发展 1 100 亩。

(3)五洲山茶叶片区,总面积 2 600 亩,已建 2 000 亩,新发展 600 亩。

(4)秀山苗木、果品、蔬菜片区,总面积 3 350 亩,已建 1 150 亩,新发展 2 200 亩。

7.5.3 主要建设内容

(1)茶果菜科研基地建设,面积 300 亩。

(2)设施果园、智能温室建设,面积 115 亩。

(3)茶果菜基地建设 4 000 亩。

(4)岗坡地开发 980 亩。

(5)水电路基础设施建设 5 000 亩。

(6)科普设施建设 3 000 亩。

7.5.4 实施主体

镇江市南山农业科技示范园;镇江市五洲山茶场;镇江市润州区官塘桥镇园艺协会;润州区农业科技服务站;镇江市国家森林公园;镇江市南山茶林研究所;镇江市五峰茶场。

7.5.5 投资概算与财政补贴办法

总投资 7 890 万元,以企业为主,农户参与,吸引"三资"开发。财政投资主要补贴基础设施(水、电、路)、新品种引进、科研经费、种苗补贴、设施农业及科普设施等,补贴总额 2 985 万元,其中,基础设施 1 785 万元,品种引进与科研 300 万元,设施农业 500 万元;科普设施 100 万元,种苗补贴 300 万元。

7.5.6 社会经济效益

本项目的实施可直接带动农户 1 100 户、3 900 人就业,实现农民增收 2 730 万元,园区经济效益可达 6 500 万元,并为城市居民提供休闲、科普等场所,优化市区环境。

7.6 茅山有机农业示范园区建设

7.6.1 基地面积

规划建设面积 3.5 万亩,其中新建 5 000 亩,园区位于句容市天王镇,由潘冲、白沙、方山、上杆、李塔、南塘等片区组成。

7.6.2 基地分布

建东农场 1 000 亩,万山红遍农业园 3 000 亩,方山茶场 500 亩,天贵老鹅公司 500 亩。

7.6.3 主要建设内容

(1)建东农场:① 引进种植日本优质桃、柿等果品,实行有机化生产,规模 1 000 亩;扩大有机草鸡饲养规模 20 000 羽,年产有机蛋 100 t。② 实施土壤改良工程。③ 建 200 m² 有机果品和 50 m³ 冷库各 1 座。④ 建 200 m² 培训基地 1 座,管理房 300 m²。⑤ 建 500 亩果园节水灌溉工程设施。

(2)万山红遍农业园:① 建立有机稻生产基地 1 000 亩,引进种植日本优质桃、柿等果树 2 000 亩,实行有机化营销;② 实施土壤改良工程;③ 建有机稻米加工厂 1 座(按年产 800 t 设施),购置日本产精米加工设备 1 套,建有机果品包装加工车间及冷库各 1 座;④ 修建 10 km 机耕路;⑤ 建 1 500 亩有机果园节水灌溉设施等。

(3)句容市方山茶场:① 建立有机茶生产基地 500 亩,大棚引进 100 亩名特优良种茶,购置频振杀虫灯;② 实施土壤改良工程;③ 建设茶园节水灌溉设施 500 亩;④ 扩建名特优茶车间 700 m²。

(4)句容市天贵老鹅有限公司:① 建立有机鹅养殖场及其牧草供应基地 500 亩,年出栏有机商品鹅 10 万羽;② 改扩建鹅加工车间。

7.6.4 实施主体

句容市建东农场、镇江市农科所、万山红遍农业园、句容市方山茶场、句容市天贵老鹅有限公司。

7.6.5 投资概算与财政补贴

(1)总投资 2 573.5 万元,其中省级财政补贴 700 万元,市、县两级财政各配套 350 万元,企业自筹 1 173.5 万元。

(2)各企业投资概算。

① 建东农场:总投资 550.5 万元,其中省 160 万元,市、县各 80 万元,自筹 230.5 万元。

② 万山红遍农业园:总投资 1 290 万元,其中省 310 万元,市、县各 155 万元,自筹 670 万元。

③ 方山茶场:总投资 373 万元,其中省 124 万元,市、县各 62 万元,自筹 125 万元。

④ 天贵老鹅有限公司:总投资 360 万元,其中省 106 万元,市、县各 53 万元,自筹 148 万元。

7.6.6 社会经济效益

本项目实施每年可以创造 5 000 多人就业机会,作为园区的产业工人,实现创收 2 500 万元左右,带领农民发展有机农业产业增收 1 000 万元,并可以保护生态环境。同时项目实施单位每年将实现 1 550 万元的经济效益。

8 主要措施

8.1 加大政策引导与扶持力度

从政策扶持、资金投入、法律保障等方面,建立促进农业结构调整的保障机制及农业增效、农民增收的长效机制。

8.1.1 制定并落实支农惠农政策

认真落实国家、省、市已有政策,充分发挥政策的导向作用,调动农民结构调整积极性。在实行粮食直补政策的基础上,扩大良种补贴范围,不仅要对水稻良种实施补贴,还要对结构调整的经济作物和养殖品种实施种苗补贴,扩大补贴规模,增加受益面,提高良种补贴的政策效应;增加农机补贴,大力推广先进适用的新型农业机械,提高农业机械化水平,提高农业劳动生产率和农产品市场竞争力;完善土地承包经营流转机制,鼓励农户或集体经济组织,通过转包、转让、出租、入股、互换、委托经营等形式转让承包土地,引导土地适度集中,促进农业结构调整和规模化经营。

8.1.2 建立多元化农业投入机制

继续加大财政支农力度,提高农业投资比例,确保支农资金用于农业,为农业和农村经济发展奠定物质基础。进一步完善投资政策和投入方式,大力开展招商引资,积极引导"三资"开发农业,建立起多元化的农业投入机制。进一步调整投资方向和结构,加大对农业结构调整、农业基础设施、农业技术装备、农业科技、农产品质量、农业安全生产和农业合作经济组织建设等方面的投入;对农产品加工、农产品流通、农业机械推广给予贷款贴息;对切实带动农民增收的龙头企业,在基地建设、品种技术、保鲜贮运、市场营销等方面给予资金扶持和政策优惠。深化农村金融体制改革,扩大农户小额信用贷款范围,对农业结构调整项目优先在农民创业担保基金中担保贷款,增加贷款额度;对"三资"开发农业给予奖励,符合农业大项目要求的,实行重奖,并在土地、税收、用水、用电、用油等方面给予优惠、优先安排;积极做好向上项目争取工作,为我市农业发展创造宽松的外部环境。

8.1.3 强化依法护农

加强农业法律法规的宣传,运用法律手段管理农业,保障市场的有序公平竞争,保证农业政策的稳定性和连续性,保护农民的合法权益;坚持从综合执法、专业执法和依法管理 3 个层面推行依法行政,通过违规纠偏与长效管理相结合,改革行政许可管理体制,简化审批手续,公开许可程序,提高整体行政效能;集中行政处罚职能,推行综合执法,切实履行农业生产资料、农业资源和生态环境保护、农业知识产权、转基因生物、农民权益、农产品质量安全等执法监管职责,严厉打击坑农害农违法行为。

8.2 加强农业综合生产能力建设

加强农业综合生产能力建设,是确保粮食安全的基础条件,增加农民收入的必然要求,建设现代农业的重要内容。要用先进的物质条件装备农业,用先进的科学技术改造农业,用先进的管理理念指导农业,用先进的组织形式经营农业。当务之急,是重点加强农业基础设施建设。

8.2.1 大搞农田基本建设

针对丘陵地区中低产田面积大、农田水利设施基础薄弱的实际,大力开展土地整理、复垦,兴建灌排工程、节水工程、蓄水工程、道路工程、农田林网工程及田间配套工程,全面提高抗御自然灾害的能力;加大县乡河道疏浚清淤力度,恢复和提高河道引排标准,改善农村水环境;狠抓丘陵山区水源工程建设,积极开展对小型水库、当家塘坝及骨干渠道的整治,推进以小流域治理为重点的水土流失和生态修复,改善丘陵地区农民生产生活条件;加强用水计划管理,科学调度水资源,因地制宜发展喷灌、滴灌工程,提高灌溉保证率。

8.2.2 实施新一轮"沃土工程"

在依法保护耕地,确保基本农田数量不减少、质量不下降、用途不改变的同时,采取切实措施加强耕地质量建设,构建耕地质量建设与管理长效机制。抓住国家启动实施新一轮"沃土工程"的机遇,落实好土地出让金用于耕地质量建设等政策,以改土培肥和科学施肥为核心,全面推广测土配方施肥、有机肥料综合利用和中低产田改良三大主体技术,加快综合示范区建设,提高耕地综合生产能力和肥料利用率。加快建设高产稳产农田,力争"十一五"末丘陵地区人均半亩高产稳产农田。

8.2.3 大力推进农业机械化

强化农机在提高农业综合生产能力、确保粮食安全、增加农民收入、建设现代农业中的重要作用,进一步推进农机装备的更新换代,明显改善农机结构,提高动力机械的配套利用水平,适应农业发展需求;不断推进农机科技攻关和技术创新,加快新机具、新技术的推广和普及;实现农机装备向大中型、高性能的转变,推动农机发展向产前、产中、产后延伸,向林牧副渔各领域扩展,全面提高农机创新能力和应用水平。

8.2.4 加强农业防灾应急能力建设

进一步提高处置和求助农业突发事件的能力,最大程度预防和减少农业灾害损失,保障农业生产和人民群众生命财产安全,促进社会经济全面、协调、可持续发展。一是坚持预防为主,防救结合。高度重视农业自然灾害、病虫害、外来有害生物、动物疫情和森林火灾等防控工作,常抓不懈,防患于未然;预防与应急相结合,常态与非常态相结合,精心做好应对农业灾害的各项准备工作。二是坚持依法规范,加强管理。依据有关法律和行政法规,加强应急预案的制定与管理,使应对农业灾害的工作规范化、制度化、法制化。三是坚持依靠科技,提高素质。加强农业灾害预警监测体系建设,强化农业灾害研究和防灾抗灾技术开发,采用先进的监测、预警、预防和应急处置技术及设施,充分发挥专家队伍和专业人员的作用,提高应对农业灾害的科技水平和指挥能力。

8.3　加大农业科技创新与推广力度

着力培养一批农业学术技术带头人和优秀农业技能人才,创新农业科技成果转化机制,大力实施农业科技入户工程,形成政府扶持、市场引导、专家负责、农技人员包户的新机制。

8.3.1　加强农业科技研究与开发

依托驻镇高校和科研院所,围绕新品种选育、农副产品加工、农产品质量控制、病虫害防治、资源高效利用、生态环境建设等关键领域、关键环节,整合资源、组织力量,积极组织科技攻关。加强种质资源基因库建设,促进农业种质资源创新。大力发展降低成本与节约资源技术、生态环境保护技术、生物技术、信息技术和设施农业技术,建立农业优质、高效、生态、安全技术体系。以实施农业三项更新工程为重点,加大优质高效高抗新品种和省工节本增效新技术示范推广力度。

8.3.2　建立健全农业技术推广服务体系

按照"强化公益性职能、放活经营性服务"的要求,加大农业技术推广服务体系改革力度,构建一支精干、高效、稳定的公益性农技推广服务队伍。充分调动科研院所、农业企业、各类合作经济组织参与农业科技推广的积极性,逐步构建多元化农业科技推广服务体系,大力促进农业科技进村入户。

8.3.3　加大现代农业示范园区建设力度

按照上档次、上规模、产业特色明显、科技含量高、运行机制活、辐射带动能力强、经济效益好等要求,加快现代农业示范园区建设。以现有农业龙头企业、科技型企业建设的园区为基础,分别在句容、丹徒或润州、丹阳建立经济林果、花卉苗木、立体种养植(殖)等三大各具特色的核心示范区,每区面积1万亩以上;同时,根据其周边自然条件和农业生产特点,建设种植(蔬菜)业、畜牧业、林果业示范区;鼓励农业科技人员进园区领办、创办科技实体,充分发挥园区"孵化器"作用,带动周边农民自发调整种养植(殖)业结构,通过典型引路,示范辐射,推动现代农业的加速发展。

8.3.4　加快提高农民科技素质

充分利用现有的成教中心、职校、农干校、星火学校和民办学校等,积极开展农民职业技能培训,提高农民就业创业能力,推进"富民工程"的实施。创新培训模式,坚持常年培训与岗前培训相结合,推行订单培训和"校企"挂钩合作,提高培训的针对性和有效性,增强农村劳动力技能素质。加大农民经纪人培训力度,重点选择一些种养大户进行专题培训,培养和造就一批思想观念新、生产技术好,既懂经营、又善管理的新型农民。

8.4 全面推进农业产业化经营

以市场为导向,以效益为中心,优化配置农业资源和各种生产要素,从建立农产品生产基地入手,培育壮大多元化的市场竞争主体,将农业产加销集约化,实施标准化运营,创造较高的综合生产力。

8.4.1 大力培育农产品加工龙头企业

坚持因地制宜,大中小并举,多渠道、多途径发展龙头企业,把龙头企业建设与发展外向农业、老企业挖潜改造、优化乡镇企业结构、培育农业合作经济组织等紧密结合起来。突出大规模、高水平、外向型、强带动,鼓励多种经济成分发展龙头企业,提倡龙头企业以资金投入与基地农户的土地使用权入股,组建紧密型股份制或股份合作制企业,通过建立现代企业制度,实施名牌战略,加强企业管理,提高企业经营管理水平。

8.4.2 积极发展农民合作经济组织

建立和发展合作经济组织是克服或缓解农民经营规模小、经营行为过于分散所带来的不利影响,提高市场谈判地位,增强市场竞争力的有效措施。农民合作经济组织的建立,可以是农户自愿组成的经济联合体,也可以是由各单个合作组织跨行政区域组成的合作经济组织系统,但都必须由农民发挥主导和支配作用。它可以与企业供销联合,成为龙头企业的原料生产基地;也可以自己创办加工、流通企业,形成自身的产业体系;还可以以其他更加灵活的方式,与企业、市场衔接,充分发挥各自优势,获取更高的社会经济效益。引导和鼓励多种经济成分兴办各类专业合作社、专业协会,为农民和企业提供生产、加工、贮运、资金、技术、信息、管理等全程服务,通过多渠道、多形式向农民传递市场信息,引导农民调,指导农民种,帮助农民销,实现农民赚,切实维护农民利益。

8.4.3 强化培育农民经纪人队伍

农民经纪人把基地与市场有效地联系在一起,具有灵活性、实用性强的特点,能有效解决规模小、生产分散的问题。关键是要提高农民经纪人思想、业务素质,一方面要有良好的职业道德,讲究诚信,不得欺诈、压级压价;另一方面要获得广泛、及时、可靠的市场信息,确保农民生产的农产品能够顺利地实现其商品价值,有条件的还可以为农民提供品种、技术、生产资料服务。

8.5 加快发展现代农业服务业

加速发展农村服务业尤其是农业产业化现代服务体系,积极开拓农村市场,促进城市商业向农村延伸,重点在良种服务、农资连锁经营、农产品现代物流、现代农业信息、农业保险五个方面求突破。

8.5.1 推行统一供种(苗)

加强种子企业整合,推进种苗专业化生产,加快构建引繁推一体化,市场、科技、资本、现代营销、品牌一体化的现代种业体系;培育一批种子种苗专业化服务组织,大力推广蔬菜、花卉、苗木、瓜果组培、工厂化穴盘育苗,集中育苗,订单供苗模式和良种、饲料、防疫、技术、营销五统一的"公司＋协会＋家户"的温氏模式。

8.5.2 推行农资连锁经营

健全经营网络,延伸乡村服务点,为农民提供及时、便捷、有效的服务;创新农资连锁经营方式,采取统一品牌和连锁形式,通过股份制、股份合作制、特许经营等形式发展跨区域、跨所有制的农资连锁经营,统一标识、统一配送、统一核算、统一价格;充分利用农资连锁经营这个平台,加强技物结合,在营销优质农资的同时,向农民传授农资正确使用办法和先进适用技术,实现"购物一条龙、服务一站式"。

8.5.3 推行农产品现代流通业态

加快大中型农产品批发市场建设,彻底改变我市农产品市场流通格局;积极探索多种形式的"农改超"和"农加超",走农贸市场超市化之路;加快发展连锁经营、直销配送、电子商务、拍卖交易等现代流通业态,支持农业产业化龙头企业到城市开办农产品超市或专卖店,形成规模化、集群化的农产品超市群;充分利用广交会、中国国际农产品交易会、省农洽会、上海农产品交易会、中国−东盟农产品博览会及境外农产品促销活动,积极开展农产品展示展销活动,提高我市农产品的知名度和国际国内市场份额。

8.5.4 构建现代农业信息网络

加快"四电一站"建设,构建现代农业信息服务平台。全力建设好市、县、乡三级农业信息网络,积极引导农业龙头企业、农民专业合作经济组织和种养大户等各类市场竞争主体上网,发展电子商务,强化为农服务,促进农产品流通与销售。推广"网上发信息、网下忙交易"的做法,力争农产品年网上交易额突破1亿元。加大电话、电视、电台等传统信息资源整合。3年内,力争市级电视、电台开办专题节目,报纸开设专栏,电话开办声讯服务,形成传统媒体与信息网络互为补充的信息传播新模式,实现农业信息载体多元化、手段多样化、服务产业化。

8.5.5 积极探索农业保险

借鉴美、日等国发展农业政策性保险的做法,开展政策性农业保险制度试点与推广,将"农业保险"纳入政策性"绿箱";积极探索农产品最低保护价收购制度,增加政府财政补贴,减少自然和市场风险对农民造成的损失。

8.6 加强农业"七大体系"建设

按照"体系服务农业,工程支撑体系,项目保障工程"的总体构架,建立健全良种繁育、动植物保护、农业科技服务、农产品质量安全、农业执法、市场信息、农村经营管理等农业"七大体系",不断提高农业部门的服务能力和服务水平。

8.6.1 切实抓好体系规划的实施

结合本地实际,认真总结经验,制订相应的建设规划,在已有基础上有效整合农业资源,创新机制,确保效果。进一步明确工作目标,深化、细化建设方案,落实具体措施和配套建设,抓好体系规划各项工作任务的落实。

8.6.2 建立长期稳定的支持机制

农业"七大体系"建设是一项基础性、公益性、社会性事业,要通过政策措施与骨干项目的有效整合,稳步推进。农业三项更新工程、农产品质量建设等项目资金要向体系建设倾斜。各级农业部门要积极争取各方面的资金投入,尽可能扩大投入总量。广辟投资渠道,建立多元化、多渠道、多层次的投入机制,积极鼓励和引导民间资本、工商资本、外商资本参与农业"七大体系"建设,形成政府与市场互为发展、内外互动、互为补充的建设格局。

8.6.3 建立高效的协作和管理机制

本着少花钱、多办事、重管理、求实效的原则,建立协调的工作机制,提高资金的使用效益,提高项目建设质量,避免重复建设;加强项目实施管理,制定和完善项目建设管理办法,完善配套规章制度,抓好项目建设监督管理和项目建成后的运营管理;建立健全科学管理机制;完善体系建设投入与监督机制;充分发挥体系对现代农业的支撑和保障作用,为农业增效、农民增收服务。

8.7 加强组织领导

丘陵地区的农业结构调整,事关农业和农村工作大局,只有丘陵农民实现小康,才有全市的全面小康。为此,市委、市政府将成立农业结构调整领导小组,由市委分管书记任组长,市政府分管市长任副组长,市发改委、财政、农林、水利、科技、国土、农业资源开发、农机、农科所、农村信用合作联社、监察局等部门的主要负责同志为成员。领导小组下设办公室,挂靠市农林局,由政府分管秘书长任主任,农林局长任副主任。各辖市、区、各乡镇都要成立相应机构,把农业结构调整工作列入重要议程,由政府一把手负总责,集中精力抓紧抓好;因势利导,明确思路,进一步采取宣传动员、政策激励、典型示范、强化服务等方式,引导基层干部和广大农民,加快农业结构调整;充分利用省、市有关优惠政策,结合各地实际提出具体贯彻实施意见,确保落到实处;按照"重机制、硬约束、严考核"的原则,明确职责,落实责任制,加强考核,奖优罚劣。领导小组及其办公室要定期进行督促检查,及时通报工作进度。市政府把农业结构调整工作纳入各辖市(区)和市各相关部门年度考核体系。对结构调整的任务实行项目化管理,按照项目申报、建设、运行、管理程序,对各项目标任务实行规范化管理,确保结构调整取得明显成效。

附表 1　镇江丘陵山区 2008 年农业结构调整基地建设目标

基地建设项目		合计	丹徒	丹阳	句容	市区
1. 优质粮油（万亩）		60	18	10	30	2
2. 名特茶叶（万亩）		10	2	2	5	1
3. 应时鲜果（万亩）		15	3.5	2.5	8	1
4. 花卉苗木（万亩）		7	1	2	3.5	0.5
5.食草畜禽	种草面积（万亩）	10	1.5	3	5	0.5
	（1）三元杂交猪（万头）	50	12	12	25	1
	（2）奶牛（头）	8 500	800	2 000	4 500	1 200
	（3）羊（万只）	80	20	20	35	5
	（4）兔（万只）	100	20	30	45	5
	（5）家禽（万羽）	2 000	1 000	100	800	100
6. 特色蔬菜（万亩）		10	2	1	5	2
7. 功能性旱杂粮（万亩）		12	3	2	6	1
8. 特色水产（万亩）		8	2	1	4	1
9. 中药材（万亩）		3	0.75	0.75	1.5	
10. 有机农产品（万亩）		4	0.4	0.5	2	0.1